W0201778

Wissensmanagement im Mittelstand

Kai Mertins · Holger Seidel
Herausgeber

Wissensmanagement im Mittelstand

Grundlagen – Lösungen – Praxisbeispiele

Springer

Prof. Dr.-Ing. Kai Mertins
Fraunhofer-Institut für Produktionsanlagen
und Konstruktionstechnik IPK
Pascalstraße 8–9
10587 Berlin
kai.mertins@ipk.fraunhofer.de

Holger Seidel
Fraunhofer-Institut für Fabrikbetrieb
und -automatisierung IFF
Sandtorstraße 22
39106 Magdeburg
holger.seidel@iff.fraunhofer.de

ISBN 978-3-540-69362-8 e-ISBN 978-3-540-69363-5

DOI 10.1007/978-3-540-69363-5

Bibliografische Information der Deutschen Bibliothek
Die Deutsche Bibliothek verzeichnet diese Publikation in der Deutschen Nationalbibliografie; detaillierte bibliografische Daten sind im Internet über http://dnb.ddb.de abrufbar.

© 2009 Springer-Verlag Berlin Heidelberg

Dieses Werk ist urheberrechtlich geschützt. Die dadurch begründeten Rechte, insbesondere die der Übersetzung, des Nachdrucks, des Vortrags, der Entnahme von Abbildungen und Tabellen, der Funksendung, der Mikroverfilmung oder der Vervielfältigung auf anderen Wegen und der Speicherung in Datenverarbeitungsanlagen, bleiben, auch bei nur auszugsweiser Verwertung, vorbehalten. Eine Vervielfältigung dieses Werkes oder von Teilen dieses Werkes ist auch im Einzelfall nur in den Grenzen der gesetzlichen Bestimmungen des Urheberrechtsgesetzes der Bundesrepublik Deutschland vom 9. September 1965 in der jeweils geltenden Fassung zulässig. Sie ist grundsätzlich vergütungspflichtig. Zuwiderhandlungen unterliegen den Strafbestimmungen des Urheberrechtsgesetzes.

Die Wiedergabe von Gebrauchsnamen, Handelsnamen, Warenbezeichnungen usw. in diesem Werk berechtigt auch ohne besondere Kennzeichnung nicht zu der Annahme, dass solche Namen im Sinne der Warenzeichen- und Markenschutz-Gesetzgebung als frei zu betrachten wären und daher von jedermann benutzt werden dürften.

Satz und Herstellung: le-tex publishing services oHG, Leipzig
Einbandgestaltung: WMXDesign GmbH, Heidelberg

Gedruckt auf säurefreiem Papier

9 8 7 6 5 4 3 2 1

springer.de

Geleitwort von Hans-Jörg Bullinger

Innovationen sind der Motor der Wirtschaft: Forschung und Entwicklung bilden die Grundvoraussetzung für Wachstum, Wettbewerbsfähigkeit und sichere Arbeitsplätze, und die Umsetzung der Forschungsergebnisse in Verfahren und Produkte stellt für Unternehmen einen wesentlichen Beitrag zur eigenen Zukunftssicherung dar. Innovationen entstehen heute vor allem durch die Vernetzung interner und externer Wissensbestände. Damit hängt auch die Technologieführerschaft deutscher Unternehmen stark von der optimalen Vernetzung von Wirtschaft und Wissenschaft ab.

Um der heimischen Industrie Spitzenplätze in den wichtigsten Zukunftsmärkten zu ermöglichen, hat die Bundesregierung eine ressortübergreifende Innovationsstrategie entwickelt. Fraunhofer unterstützt diese „Hightech-Strategie für Deutschland" und will den Weg der Forschungsergebnisse in die Anwendung beschleunigen und effizienter gestalten. Viele der 17 Zukunftsfelder der Hightech-Strategie sind auch Schwerpunkte der Fraunhofer-Forschung. So wird beispielsweise das Thema „Wissensmanagement" im Schwerpunkt „Dienstleistungen" bearbeitet, denn Wissen und die Fähigkeit es anzuwenden sind Voraussetzungen für neue Dienstleistungen in der Wissensgesellschaft. Pars pro toto seien hier die Fraunhofer-Institute für Fabrikbetrieb und -automatisierung IFF in Magdeburg und für Produktionsanlagen und Konstruktionstechnik IPK in Berlin genannt; sie haben an der vorliegenden Publikation federführend mitgearbeitet.

Für eine Forschungsorganisation wie Fraunhofer ist Wissen der Erfolgsfaktor schlechthin. Daher ist es für uns selbstverständlich, Wissensmanagement zu erforschen, zu fördern und selbst anzuwenden, wie die folgenden Beispiele zeigen:

- Die zentrale Abteilung Wissensmanagement ist direkt beim Vorstand angesiedelt. Ihre Aufgaben bestehen darin, intern Kompetenzen transparent zu machen und den Wissensaustausch zu fördern, das Wissensmanagement in den Instituten zu stärken und Fraunhofer-Know-how in exzellente Weiterbildung einzubringen. Ein wichtiges Angebot ist die Unterstützung von Community-Building-Prozessen: Damit fördern wir die Vernetzung aller Fraunhofer-Experten.
- Die „Fraunhofer-Wissensmanagement Community" ist ein informeller Zusammenschluss von einschlägigen Experten aus 15 Instituten. Interdisziplinäre Teams aus verschiedenen Kompetenzfeldern entwickeln ganzheitliche Wissensmanagement-Lösungen für unsere Kunden. Thematische Netzwerke beschäftigen sich z. B. mit Marketing und Personalentwicklung.

- Zur Qualitätssicherung von Wissensmanagement-Methoden bietet die Fraunhofer Technology Academy in Zusammenarbeit mit dem Fraunhofer IPK eine Ausbildung von Moderatoren an. Deren Aufgabe wird es sein, Wissensbilanzen zu erstellen sowie ein professionelles Wissensmanagement beim Kunden einzuführen und umzusetzen (s. Kap. 12).
- Methoden der Erfahrungssicherung aus Projekten werden in Fraunhofer-internen Programmen der Vorlaufforschung eingesetzt; sie sollen das Wissen vernetzen und wertvolle Erfahrungen für die Zukunft sichern. Das Konzept orientiert sich an dem Erfahrungssicherungs-Workshop, der vom Fraunhofer IFF und der Abteilung Wissensmanagement gemeinsam entwickelt wurde (s. Kap. 8).
- In den vergangenen Jahren entstand eine einheitliche Informationsbasis für alle Fraunhofer-Institute. Sie umfasst z. B. das Intranet und die so genannte Projektakte – eine Fraunhofer-weite Dokumentenmanagement-Lösung für projektrelevante Dokumente. Informationen können so schneller gefunden und verwendet werden.

Die beschriebenen Beispiele aus der Fraunhofer-Praxis verdeutlichen, wie wichtig es ist, im Wissensmanagement die drei Ebenen „Mensch, Technik und Organisation“ zu verknüpfen. Methoden und Werkzeuge müssen auf allen drei Ebenen ansetzen, um wirklich produktiv zu sein; eine Fokussierung auf Informationstechnologie allein wäre auf Dauer nicht erfolgreich genug.

Lassen Sie sich von den Beispielen und Methoden für Ihr eigenes Wissensmanagement inspirieren. Ich wünsche Ihnen viel Spaß beim Lesen und Erfolg bei der Umsetzung.

Hans-Jörg Bullinger
Präsident der Fraunhofer-Gesellschaft

Geleitwort von Hartmut Schauerte

Deutschland vollzieht momentan den vielzitierten Wandel zur Wissensgesellschaft. Wissen wird neben Arbeit, Kapital und Boden zum vierten Produktionsfaktor. Gerade für die deutsche Wirtschaft mit ihren im Weltmaßstab gesehenen hohen Löhnen und Gehältern wird Wissen zum zentralen Erfolgsfaktor im globalen Wettbewerb.

Viele Konzerne haben diese Bedeutung bereits erkannt und Erfahrungen in der systematischen Nutzung – also dem Management – von Wissen gesammelt. Die Potenziale, die Wissensmanagement für Unternehmen erschließen kann, gelten ebenso für den Mittelstand, der mit seiner Innovationskraft das Rückgrat der deutschen Wirtschaft bildet. Gerade in vielen mittelständischen Unternehmen wird dieses Potenzial bisher zu wenig genutzt – der systematische und effiziente Umgang mit der Ressource Wissen ist leider noch keine Selbstverständlichkeit. Zeitliche und finanzielle Engpässe scheuen viele Mittelständler sich des Themas anzunehmen. Doch Wissensmanagement muss nicht hoch komplex und theoretisch sein, wie die vorliegende Publikation beweist.

Das Bundesministerium für Wirtschaft und Technologie (BMWi) hat sich das Ziel gesetzt, die Verbreitung des Wissensmanagements im Mittelstand zu fördern. In der Mittelstandsinitiative der Bundesregierung findet sich die Thematik ebenso wieder wie in den zwei Initiativen des BMWi „Fit für den Wissenswettbewerb“ und „Wissensmedia“. Diese Initiativen vereinen 18 Verbundprojekte, die mittelständischen Unternehmen den Einstieg ins Wissensmanagement erleichtern.

Die vorliegende Publikation stellt 15 mittelständische Fallbeispiele zur pragmatischen Verbesserung des Umgangs mit Wissen vor. Die 15 Unternehmen waren Partner im Verbundprojekt „ProWis – Prozessorientiertes und -integriertes Wissensmanagement in KMU“ aus der Initiative „Fit für den Wissenswettbewerb“ und stammen aus den besonders innovativen Branchen Elektronik, Maschinenbau und Automobilzulieferindustrie.

Hervorzuheben ist die praktikable Herangehensweise an die zumeist schwer greifbare Problematik „Wissensmanagement“. Die 15 Unternehmen haben mit Hilfe der Fraunhofer-Institute IFF und IPK genau dort angesetzt, wo die größten Verbesserungspotenziale liegen: an den wertschöpfenden Geschäftsprozessen. Mit einfachen, mittelstandstauglichen Methoden, Tools und Hilfsmitteln wurde der Umgang mit Wissen optimiert. Dabei standen weniger hoch-theoretische Konstrukte im Vordergrund als vielmehr der Pragmatismus im operativen Tagesgeschäft der Unternehmen.

Wenn sich die Einstellung des Managements und der Mitarbeiter hin zu einem bewussteren Umgang mit der wichtigsten Ressource Wissen verändert, ist bereits viel gewonnen. Veränderungen im Unternehmen bedürfen Zeit und vor allem Überzeugungsarbeit. Am stärksten überzeugen Maßnahmen, die mit möglichst wenig Aufwand viel erreichen. Hierauf sollten besonders mittelständische Unternehmen im ersten Schritt fokussieren.

Neben den Fallbeispielen aus dem Mittelstand werden nachfolgend daher vor allem praktikable Methoden und Werkzeuge für die Erzeugung, Speicherung, Verteilung und Anwendung von Wissen vorgestellt. Die Auswahl an Lösungen wird darüber hinaus durch eine internetbasierte Plattform ergänzt. Im so genannten ProWis-Shop finden sich unter http://shop.prowis.net über 50 praxiserprobte Wissensmanagement-Lösungen, die Ihnen helfen, einen Einstieg in die Thematik zu finden.

Ich hoffe, dass die hier vorgestellten Fallbeispiele viele andere mittelständische Unternehmen motivieren und inspirieren. Lassen Sie sich auf den nächsten Seiten von einem praktikablen, prozessorientierten Vorgehen überzeugen und eifern Sie den beschriebenen Praxisbeispielen nach. Im Gegensatz zur aktuell stark diskutierten Produktpiraterie ist in diesem Fall eine Nachahmung ausdrücklich erwünscht. Ich wünsche Ihnen für Ihre Lektüre viel Spaß und viele Anregungen für Ihre eigene Unternehmenspraxis.

Hartmut Schauerte MdB
Parlamentarischer Staatssekretär beim Bundesminister
für Wirtschaft und Technologie
Mittelstandsbeauftragter der Bundesregierung

Vorwort der Herausgeber

In einer sehr fruchtbaren Kooperation zwischen zwei Fraunhofer-Instituten im Projekt ProWis ist es uns gelungen, die Wissensmanagement-Einführung im deutschen Mittelstand ein großes Stück voran zu bringen. Mit dem hier veröffentlichten innovativen und prozessorientierten ProWis-Ansatz stellt Wissensmanagement für mittelständische Unternehmen keine Hürde mehr da. Das Prinzip der angewandten Forschung hat sich bewährt: Im engen Dialog mit den Unternehmen sind KMU-gerechte Methoden und Werkzeuge für Wissensmanagement entstanden und umfassend erprobt worden. Mit dem ProWis-Ansatz und dem Angebot im ProWis-Shop steht ein wertvoller Baukasten für KMU-Vertreter zur Verfügung, der helfen kann das auf ein Unternehmen zugeschnittene Wissensmanagement Konzept selbstständig zu erstellen. Das hier beschriebene Vorgehen, die Lösungen und die Beispiele laden den Leser aus der Praxis, die Führungskraft im Mittelstand, den Assistenten der Geschäftsführung sowie den Berater eines KMU ein, erste Schritte zu einem systematischen Umgang mit Wissen zu unternehmen.

Das umfangreiche methodische Know-how und der gute Draht zu den KMU waren die Basis dafür, das Fraunhofer IPK zu beauftragen als offizieller „Kümmerer" des BMWi im Rahmen der Initiative „FIT für den Wissenswettbewerb" zukünftig alle geförderten Wissensmanagement-Projekte zu betreuen und zu beraten. Im Rahmen der BMWi-Initiative wird auch das hier vorgestellte ProWis-Vorgehen in den nächsten Jahren durch ausgewählte Transfermaßnahmen weiter verbreitet und um tragfähige KMU-Netzwerke ergänzt.

Wir bedanken uns sehr herzlich beim BMWi Referat VII C2 „IT-Anwendungen und digitale Integration", Herrn Dr. Hochreiter und Herrn Rupprich, und beim Projektträger im DLR „Neue Medien in der Wirtschaft, IT-Anwendungen, IT-Sicherheit", Herrn Herrmann, für die Förderung und Unterstützung des Projektes ProWis. Den 15 mittelständischen Unternehmen sind wir ebenfalls für ihre kooperative Zusammenarbeit und ihrem Einsatz zu großem Dank verpflichtet.

Besonders bedanken möchten wir uns auch bei zwei ehemaligen Kollegen vom Fraunhofer IFF – Hans-Georg Schnauffer und Dr. Mark Staiger – sowie Markus Will vom Fraunhofer IPK für ihre Unterstützung des Projektes in der Antrags- und Startphase. Des Weiteren möchten wir auch Dr. Peter Heisig danken, der mit seinen Vorarbeiten am Fraunhofer IPK den Grundstein für den hier weiter entwickelten Ansatz gelegt hat. Unsere Anerkennung möchten wir den Studenten ausdrücken, die an beiden Fraunhofer-Instituten im Rahmen von ProWis hervorragende

Arbeit geleistet haben. Hervorheben möchten wir stellvertretend Jessica Gatzke und Matthias Bramkamp vom Fraunhofer IFF, ohne deren Unterstützung die vorliegende Publikation nicht in dieser Qualität möglich gewesen wäre.

Kai Mertins
Direktor Unternehmens-
management
Fraunhofer IPK

Holger Seidel
Geschäftsfeldleiter Logistik-
und Fabriksysteme
Fraunhofer IFF

Inhaltsverzeichnis

Abbildungsverzeichnis

Tabellenverzeichnis

Abkürzungsverzeichnis

BMWi	Bundesministerium für Wirtschaft und Technologie
CRM	Customer Relationship Management
DLR	Deutsches Zentrum für Luft- und Raumfahrt
DMS	Dokumentenmanagement-System
EDV	Elektronische Datenverarbeitung
ERP	Enterprise Resource Planning
FAQ	Frequently Asked Questions
Fraunhofer IFF	Fraunhofer-Institut für Fabrikbetrieb und -automatisierung, Magdeburg
Fraunhofer IPK	Fraunhofer-Institut für Produktionsanlagen und Konstruktionstechnik, Berlin
GPO-WM	Geschäftsprozessorientiertes Wissensmanagement
KMU	Kleine und mittelständische Unternehmen
IUM	Integrierte Unternehmensmodellierung
IT	Informationstechnik
MO²GO	Methode der objektorientierten Geschäftsprozessoptimierung
PLM	Product Lifecycle Management
ProWis	Prozessorientiertes und -integriertes Wissensmanagement in KMU
QM	Qualitätsmanagement
SMD	Surface Mounted Device
SNA	Soziale Netzwerkanalyse
VDA	Verband der Automobilindustrie e.V.
VDMA	Verband Deutscher Maschinen- und Anlagenbau e.V.
WB	Wissensbilanz
WM	Wissensmanagement
WM-Audit	Wissensmanagement-Audit
ZVEI	Zentralverband Elektrotechnik- und Elektronikindustrie e.V.

Kapitel 1
Einleitung

Stefan Voigt, Holger Seidel

Das Wissen der Menschheit verdoppelt sich alle fünf Jahre, während die Hälfte davon in ca. drei Jahren wieder veraltet, so schätzen Experten. Jede Minute entsteht eine neue chemische Formel, alle drei Minuten ein neuer physikalischer Zusammenhang, alle fünf Minuten eine neue medizinische Erkenntnis (vgl. Glaser 2002, S. 123). Wissen wird vielfach als vierter volkswirtschaftlicher Produktionsfaktor beschrieben. Nur auf Grundlage von Wissen können Innovationen entstehen und die Innovationsfähigkeit eines Unternehmens entscheidet letztendlich über seine Wettbewerbsfähigkeit. Damit wird deutlich, wie bedeutsam der systematische Umgang mit dieser Ressource für Unternehmen ist. Ein systematischer Umgang mit Wissen wird als Wissensmanagement bezeichnet.

Wissensmanagement wurde in den vergangenen Jahren von einigen Konzernen bereits erfolgreich eingeführt und weiterentwickelt. Für kleinere und mittelständische Unternehmen (KMU) ist Wissensmanagement allerdings noch keine Selbstverständlichkeit, obwohl gerade der Mittelstand als Rückgrat der deutschen Wirtschaft und als besonders innovativ angesehen wird (vgl. BMWi 2007, S. 6). Um auch dem Mittelstand die Potenziale von Wissensmanagement zu erschließen, war eine Anpassung bestehender Konzepte und Methoden an die Bedürfnisse von KMU notwendig. Das Bundesministerium für Wirtschaft und Technologie (BMWi) hat diesen Bedarf erkannt und die Initiativen „Wissensmedia“ und „Fit für den Wissenswettbewerb“ ins Leben gerufen.

1.1 Das Projekt ProWis

Das Fraunhofer IFF und das Fraunhofer IPK initiierten daraufhin das Projekt „ProWis – Prozessorientiertes und -integriertes Wissensmanagement in KMU“[1]. Ziel

[1] ProWis wurde im Rahmen der BMWi-Initiative „Fit für den Wissenswettbewerb“, Förderkennzeichen: VII B 4 - 00 30 70/4, gefördert und vom Projektträger im DLR betreut.

© Springer 2009

des ProWis-Projektes war nicht die Erforschung neuer theoretischer Konstrukte, sondern die praktische Unterstützung von mittelständischen Unternehmen bei der Einführung von Wissensmanagement. Der Forschungs- und Entwicklungsanteil bestand in der Anpassung vorhandener und erprobter Wissensmanagement-Konzepte und -Methoden an KMU-Bedürfnisse.

Im ProWis-Projekt wurden 15 mittelständische Unternehmen aus drei Branchen bei der Umsetzung eines prozessorientierten Wissensmanagements begleitet. Die drei größten und wichtigsten Industriebranchen in Deutschland sind der Maschinenbau, die Elektrotechnik sowie die Automotive-Industrie, wie Tabelle 1 verdeutlicht.

Somit stellen die drei Branchen immerhin fast 10 Prozent der 26,4 Mio. sozialversicherungspflichtigen Beschäftigungen in Deutschland (vgl. Destatis 2007a) und erwirtschaften etwa 13 Prozent des Produktionswertes (4.275 Mrd. Euro) der deutschen Volkswirtschaft (vgl. Destatis 2007b). Für die Fokussierung innerhalb des Verbundprojektes wurden daher diese drei größten Branchen ausgewählt. Innerhalb der drei gewählten Branchen verteilen sich die 15 Unternehmen des ProWis-Projektes gleichmäßig, wie Tabelle 2 darstellt.

Tabelle 1. Die drei größten deutschen Industriebranchen im Überblick

Branche	Unternehmen in 2005	Beschäftigte 2006 Jahresdurchschnitt	Umsatz in Mrd. Euro 2006
Maschinenbau	5.856	873 Tsd.	151
Elektrotechnik	3.512	785 Tsd.	165
Automotive	1.007	750 Tsd.	236
Summe Branchen	10.375	2.408 Tsd.	552

Quelle: VDMA 2007, S. 4

Tabelle 2. Die 15 ProWis-Unternehmen im Überblick

Unternehmen	Branche	Standort	Anzahl Mitarbeiter
AUCOTEAM GmbH	Elektronik	Berlin	132
Helmut Beyers GmbH	Elektronik	Mönchengladbach	140
BMA AG	Maschinenbau	Braunschweig	310
Klöckner Desma Schuhmaschinen GmbH	Maschinenbau	Achim	200
GWB – Gesellschaft für weltweite Beschaffung mbH	Automotive	Hof	20
Krautzberger GmbH	Maschinenbau	Eltville am Rhein	97
Kristronics GmbH	Automotive	Harrislee	130
LTi DRiVES GmbH	Elektronik	Lahnau	240
Dr.-Ing. Meywald GmbH & Co. KG	Automotive	Bad Arolsen	15

Tabelle 2. (*Fortsetzung*) Die 15 ProWis-Unternehmen im Überblick

Unternehmen	Branche	Standort	Anzahl Mitarbeiter
PLATH GmbH	Elektronik	Hamburg	150
PM-Automotive GmbH	Automotive	Wilkau-Hasslau	82
J. Schmalz GmbH	Maschinenbau	Glatten	500
Stelco GmbH	Elektronik	Neumarkt i.d.O.	140
Terrawatt Planungsgesellschaft mbH	Maschinenbau	Grimma und Leipzig	14
Würth Elektronik ICS GmbH & Co. KG	Automotive	Öhringen	140

Abbildung 1 gibt einen Überblick über die mittelständischen Unternehmen des ProWis-Projektes.

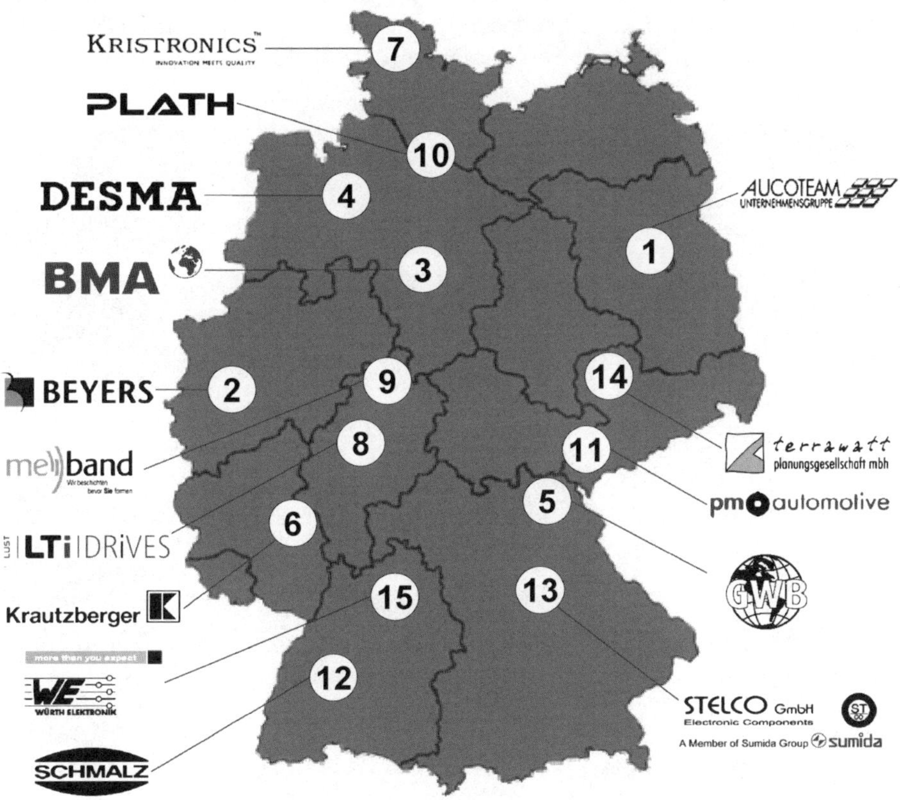

Abb. 1. Übersicht und regionale Verteilung der ProWis-Unternehmen

Die fünfzehn beteiligten Unternehmen bekamen bewährte Hilfsmittel und Methoden an die Hand und wurden bei der Einführung und Umsetzung selbst aktiv. Die Vorgehensweise war dabei für alle Unternehmen gleich. Im Fokus stand die prozessorientierte Herangehensweise an das Thema Wissensmanagement, d. h. Wissensmanagement setzte an den konkreten Problemstellungen innerhalb der wertschöpfenden Prozesse an, um so Verbesserungen im Umgang mit Wissen in diesen Prozessen zu erreichen. Das Buch stellt damit eine der ersten umfassenden Darstellungen zu Umsetzungsbeispielen eines prozessorientierten Wissensmanagement-Ansatzes dar.

1.2 Aufbau der Publikation

Die vorliegende Publikation gliedert sich anhand der Schwerpunkte *Grundlagen, Lösungen* und *Praxisbeispiele* (s. Abb. 2).

In **Teil I** wird ein mittelstandsgerechter Wissensmanagement-Ansatz mit seinen Grundlagen umfassend vorgestellt. Vor dem Hintergrund des Wissensmanagement-Referenzmodells des Fraunhofer IPK wird der Einführungsprozess von Wissensmanagement beschrieben. Anhand der Instrumente WM-Audit und GPO-WM-Analyse werden anschließend zwei Verfahren vorgestellt, die es ermöglichen, den

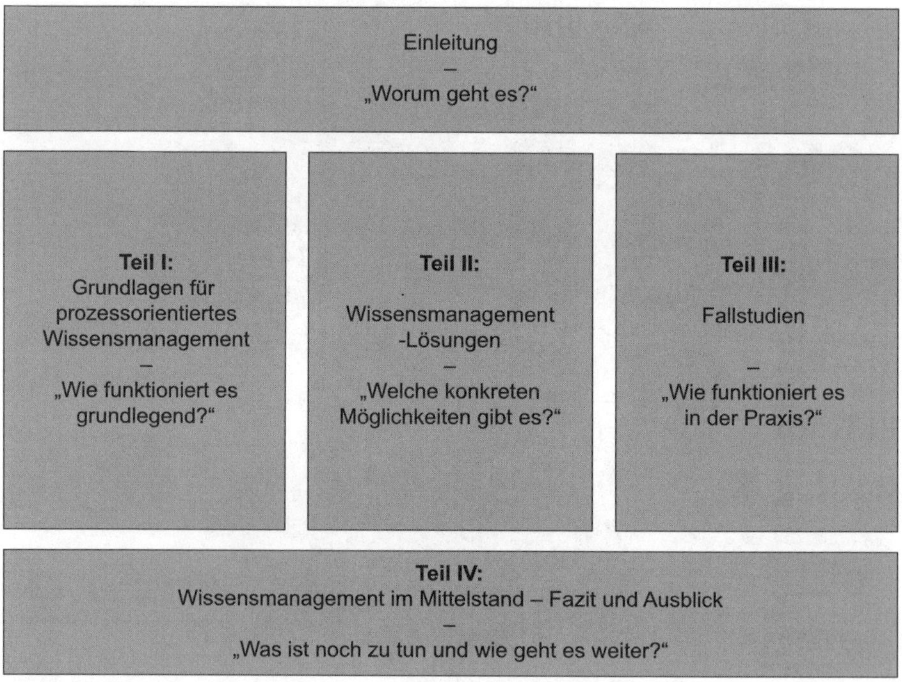

Abb. 2. Aufbau der Publikation und zentrale Fragestellungen der Kapitel

Status quo im Umgang mit Wissen im Unternehmen zu bewerten. Mit der webbasierten Lösungsbox, dem ProWis-Shop, wird eine professionelle Maßnahmenauswahl unterstützt.

Teil II befasst sich mit Wissensmanagement-Methoden und -Lösungen, die sich in den KMU bei der Umsetzung besonders bewährt haben. Es werden sieben ausgewählte WM-Lösungen im Detail beschrieben. Das Spektrum erstreckt sich von technischen Lösungen über Lösungen zur Verbesserung der Wissenskommunikation im Unternehmen bis hin zu Methoden, die eine Kopplung von Wissensmanagement an die Unternehmensstrategie ermöglichen.

Im **Teil III** werden schließlich die 15 Praxisbeispiele aus den KMU vorgestellt. In allen Praxisbeispielen wurde das komplette Vorgehen wie in Teil I beschrieben durchgeführt. Hier kann man direkt von den Erfahrungen der Unternehmen – vor allem aus der Umsetzungsphase – profitieren und lesen wie der ProWis-Ansatz in der Praxis funktioniert. Die Praxisbeispiele erschließen sich dem Leser durch drei verschiedene Zugänge. Für Unternehmensvertreter, die sich mit möglichst ähnlichen Unternehmen vergleichen möchten, bietet sich die branchenorientierte Auswahl der Praxisbeispiele an. Leser, die sich eher für bestimmte Wissensmanagement-Lösungen und deren unternehmensspezifische Umsetzung interessieren, sollten den lösungsorientierten Zugang wählen. Wenn eher ein individuelles Wissensmanagement-Problem gelöst werden soll, bietet sich der problemorientierte Zugang an.

Teil IV bildet den Abschluss der Publikation. Hier wird ein Fazit zum Wissensmanagement im Mittelstand gezogen, indem die 15 Praxisbeispiele bezüglich gemeinsamer Herausforderungen und Muster in der Bewältigung analysiert werden. Abschließend erfolgt ein Ausblick auf zukünftige Herausforderungen im Wissensmanagement für den Mittelstand.

Teil I
Grundlagen für prozessorientiertes Wissensmanagement

Kapitel 2
Herausforderung für Unternehmen

Stefan Voigt, Holger Seidel

Die Studie „Wissen und Information 2005" bescheinigt, dass Wissensmanagement für 93 Prozent der 540 befragten deutschen Unternehmen wichtig oder gar sehr wichtig ist (vgl. Schnalzer u. Wesoly 2005, S. 28). Bisher haben sich vor allem große Unternehmen der Herausforderung gestellt ihr Wissen systematischer für ihre Wertschöpfung und Innovationsleistung einzusetzen. Zur aktuellen Standortbestimmung des Wissensmanagements im Mittelstand wurde im Rahmen des ProWis-Projektes eine Studie durchgeführt. Neben der Kostenreduzierung am Gesamtprodukt und der Steigerung des Wettbewerbsdrucks wird Wissen als kritischer Erfolgsfaktor unter den TOP3 der nachgefragten Herausforderungen von KMU gesehen (vgl. Voigt et al. 2006, S. 9). Die Gründe hierfür sind vielfältig.

Unternehmen agieren heutzutage zumeist global und müssen sich entsprechend dem weltweiten Wettbewerb stellen. Die Globalisierung macht vor dem Wissen nicht halt. Weltweit sind unzählige Wissensquellen verfügbar, die es in geeigneter Weise in die Unternehmenstätigkeit einzubeziehen gilt. Dies betrifft das Wissen über entfernte Märkte und Kunden ebenso, wie die Fähigkeit mit fremden Kulturen umgehen zu können oder die Einbindung des Mitarbeiter-Know-hows am ausländischen Standort.

Darüber hinaus sind Unternehmen stärker als früher dezentral organisiert. Zwischen mittelständischen Unternehmen entstehen kleine Unternehmensverbünde oder bspw. Niederlassungen im Ausland. Mit dieser Dezentralisierung ist neben einer Vielzahl positiver Effekte allerdings auch eine erhöhte Anzahl von Schnittstellen zu verzeichnen. Diese Schnittstellen wiederum behindern den Austausch von Wissen im gesamten Unternehmen. Zusätzlich hat sich in den vergangenen Jahren die Arbeitswelt gewandelt. Mitarbeiter wechseln viel häufiger den Arbeitgeber. Mit dieser Mitarbeiterfluktuation gehen sowohl Wissensverlust als auch Wissenszuwachs einher. Vielen Unternehmen fehlen Strategien und Hilfsmittel das Wissen ausscheidender Mitarbeiter im Unternehmen zu binden und neue Mitarbeiter schnell ins Unternehmen einzubinden. Aufgrund der immer kürzer werdenden Produktlebenszyklen bei steigenden Kundenanforderungen stehen

© Springer 2009

Unternehmen vor der Aufgabe das intern vorhandene Wissen effektiv und effizient (auch mit externen Wissensbeständen) zu verknüpfen und in neue Produkte zu überführen.

2.1 Herausforderungen im Umgang mit Wissen

Die Herausforderungen im Umgang mit Wissen sind dabei vielfältig. So bewerten mittelständische Unternehmen die schnelle Integration von neuen Mitarbeitern ins Unternehmen als das zentrale Wissensmanagement-Problem. Ebenso problematisch wird die konsequente Nutzung bestehenden Wissens gesehen, sowohl für die Entwicklung neuer Produkte als auch die Nutzung gemachter Erfahrungen in Projekten, wie Abb. 3 verdeutlicht. (vgl. Voigt et al. 2006, S. 20f.)

Für Unternehmen stellen sich also unterschiedlichste Herausforderungen im Umgang mit Wissen. Doch was genau ist Wissen eigentlich – Wissen ist nicht greifbar und wird daher vielfach als nicht zu managen betrachtet. Im Folgenden sollen daher einige wichtige Begriffe geklärt werden, ohne zu tief in die Theorie einzusteigen.

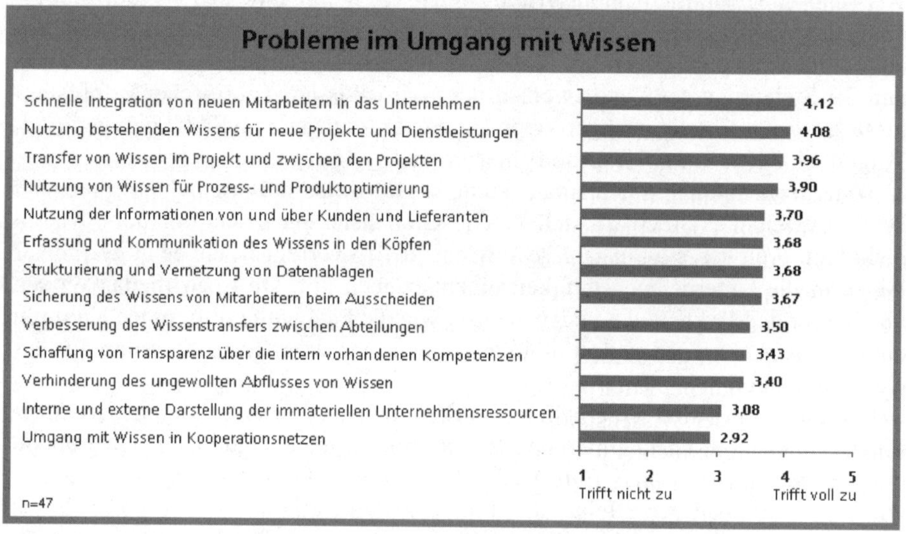

Abb. 3. Ergebnis der ProWis-Studie: Probleme im Umgang mit Wissen in KMU[1]

[1] Abbildung: Voigt et al. 2006, S. 20.

2.2 Was ist Wissen?

Wissen wird vielfach mit Daten und Informationen vermischt, was häufig dazu führt, dass Wissensmanagement auf informationstechnische Lösungen reduziert wird. Zeichen repräsentieren in der Begriffshierarchie das kleinste Strukturelement (Buchstaben oder Ziffern). Daten wiederum sind durch Ordnungsregeln (Syntax) miteinander verknüpfte Zeichen, die nicht interpretiert sind. Informationen sind Daten, die in einen Kontext – also einen Problemzusammenhang – gestellt wurden (vgl. Rehäuser u. Krcmar 1996, S. 4). Eine Information an sich ist nur von geringem Wert. Erst durch den Menschen, der diese mit anderen Informationen verknüpft, entsteht der Nutzen (vgl. North 1998, S. 40; Sveiby 1998, S. 73).

> „Wissen bezeichnet die Gesamtheit der Kenntnisse und Fähigkeiten, die Individuen zur Lösung von Problemen einsetzen. Dies umfasst sowohl theoretische Erkenntnisse als auch praktische Alltagsregeln und Handlungsanweisungen. Wissen stützt sich auf Daten und Informationen, ist im Gegensatz zu diesen jedoch immer an Personen gebunden. Es wird von Individuen konstruiert und repräsentiert deren Erwartungen über Ursache-Wirkungs-Zusammenhänge.“ (Probst et al. 2006, S. 22)

Anhand dieser Definition der vielfach zitierten Wissensmanagement-Wegbereiter im deutschen Sprachraum lässt sich feststellen, das Wissensmanagement mehr sein muss als die Verwaltung von Daten und Informationen. Während sich Daten und Informationen vielfach mit IT-Lösungen verwalten lassen, befindet sich das Wissen in den Köpfen der Mitarbeiter. In der ersten Welle (1990er Jahre und Jahrtausendwende) des Wissensmanagement in Unternehmen wurden vielfach Versuche unternommen, mittels ausgefeilter IT-Systeme Wissen greifbar und für alle Mitarbeiter zugänglich zu machen. Viele der ambitionierten Projekte sind jedoch im Sande verlaufen. In der aktuell zu beobachtenden zweiten Welle des Wissensmanagement rückt nun der Mitarbeiter als der eigentliche Know-how-Träger stärker in den Mittelpunkt der Wissensmanagement-Bestrebungen. Ein ausgewogenes Wissensmanagement betrachtet dabei sogar die drei Gestaltungsdimensionen Technik, Organisation und Mensch (vgl. Bullinger et al. 1998).

2.3 Wissensmanagement und Geschäftsprozesse

Betrachtet man die Organisationsdimension dabei genauer, fallen neben der Aufbauorganisation insbesondere die Geschäftsprozesse (Ablauforganisation) als Gestaltungsfeld des Wissensmanagement auf. Innerhalb der Geschäftsprozesse wird mit Wissen umgegangen, in ihnen wird Wissen erzeugt und angewendet. Daher stehen die Prozesse auch im Zentrum des Wissensmanagement-Referenzmodells des Fraunhofer IPK (s. Kap. 3). Bei einer genaueren Untersuchung der Geschäftsprozesse fällt auf, dass diese unterschiedlich wissensintensiv ausgeprägt sind. Im Rahmen der ProWis-Studie wurden daher mittelständische Unternehmen befragt, wie erfolgskritisch einzelne Geschäftsprozesse sind und wie hoch der Handlungsbedarf zur Verbesserung des Umgangs mit Wissen in diesen Prozessen ist. Die erfolgskritischsten Geschäftsprozesse waren dabei auch die mit dem höchsten Handlungsbedarf in Bezug auf Wissensmanagement, wie in Abb. 4 dargestellt.

Im Rahmen des ProWis-Projektes haben 15 mittelständische Unternehmen (s. Teil III) ihre Prozesse bezüglich des Umgangs mit Wissen analysiert. Dabei kam die GPO-WM-Analyse (s. Kap. 6) zur Anwendung, dabei wurden 47 Gruppeninterviews mit insgesamt 152 Personen durchgeführt. Im Vorfeld der GPO-WM-Workshops wurden durch die Unternehmen die zu untersuchenden Prozesse ausgewählt. Dabei wurde der Umgang mit Wissen pro Unternehmen in ein bis drei ausgewählten Prozessen näher betrachtet. Bei einer Orientierung an der allgemein anerkannten Prozessklassifikation von Schmelzer und Sesselmann (2006) lassen sich die meisten analysierten Prozesse dem Produktentwicklungsprozess und dem Vertriebsprozess zuordnen, wie in Abb. 5 dargestellt.

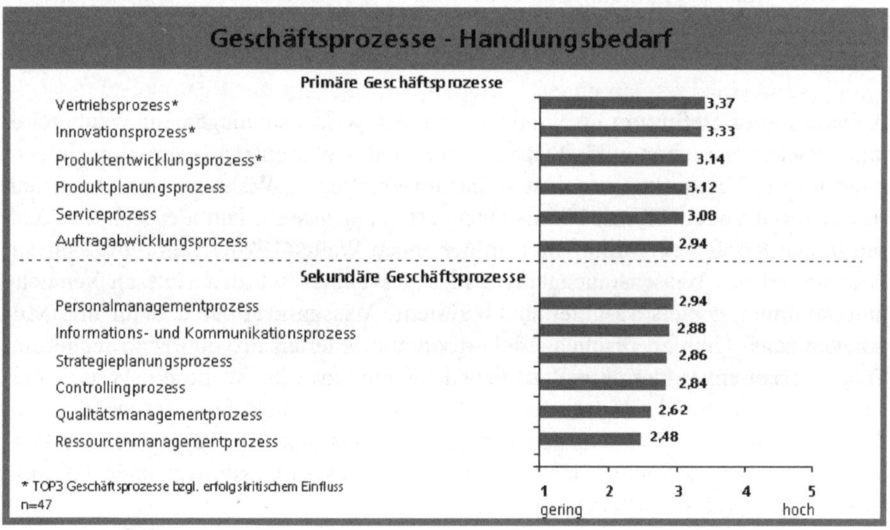

Abb. 4. Ergebnis der ProWis-Studie: Handlungsbedarf in den Prozessen[2]

[2] Abbildung: Voigt et al. 2006, S. 16.

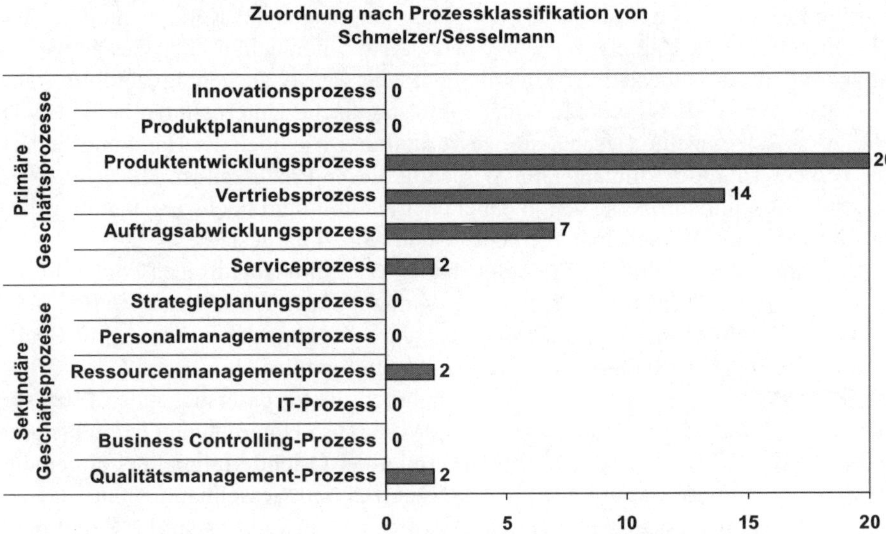

Abb. 5. Durchgeführte Prozessanalysen im Rahmen von ProWis bei 15 KMU[3]

Die zunehmende Bedeutung der Ressource Wissen für die Aufrechterhaltung der Wettbewerbsfähigkeit von Unternehmen ist unbestritten. Vor diesem Hintergrund ist das Interesse an einem gezielten Management der Ressource Wissen in den Vordergrund gerückt. Wettbewerbsvorteile werden demnach in erster Linie auf Wissensvorsprünge zurückgeführt und unter dem Begriff Wissensmanagement wird nach effizienten Formen des systematischen Umgangs mit dieser wertvollen Ressource gesucht. Wissensmanagement ist nicht grundsätzlich neu, aber durch die zunehmende Verbreitung von Informationstechnik sowie durch verbesserte und neue Methoden, lässt sich die systematischere Nutzung von Informationen, Wissen und Erfahrungen beschleunigen und optimieren. Ausgehend von diesem Verständnis sind im Folgenden Grundlagen, Methoden und Lösungen für den Umgang mit Wissen dargestellt, die in den Praxisbeispielen zum Einsatz gekommen sind.

[3] Abbildung: Orth et al. 2008, S. 19.

Kapitel 3
Ein Referenzmodell für Wissensmanagement

Kai Mertins, Ina Finke, Ronald Orth

Das Verständnis von Wissensmanagement ist ebenso vielfältig wie die unterschiedlichen Interpretationen des Begriffs Wissen selbst. Insbesondere die Unternehmenspraxis verlangt daher nach klaren Konstrukten und stringenten Vorgehensweisen. Ein bewährtes Konzept, um wesentliche Elemente des Wissensmanagements und die Prinzipien ihrer Interaktion besser verstehen und strukturieren zu können, ist die Entwicklung so genannter Referenzmodelle. Solche Modelle ermöglichen es, innerhalb vielschichtiger Phänomene und komplexer Beziehungen auf relevante Zusammenhänge aufmerksam zu machen.

Abb. 6. Das WM-Referenzmodell des Fraunhofer IPK

© Springer 2009

Für die Unternehmenspraxis schafft ein Referenzmodell somit einen systematischen Ausgangspunkt für Entscheidungen hinsichtlich der Implementierung und Anwendung von Wissensmanagement. Ein übersichtliches Modell sensibilisiert für die komplexen Probleme in der Unternehmenspraxis und ermöglicht aufgrund seines Abstraktionsgrades einen hilfreichen Interpretationsspielraum. Somit kann es in unterschiedlichen Situationen angewendet werden. Das Referenzmodell des Fraunhofer IPK bildet die Basis für die Analyse, Gestaltung und Einführung von Wissensmanagement und liegt allen Aktivitäten in den Praxisbeispielen (s. Teil III) zugrunde.

Eine europäische Unternehmensbefragung zum Thema Wissensmanagement (Heisig u. Vorbeck 2001), eine weltweite Delphi-Studie (Scholl u. Heisig 2003), zahlreiche Unternehmensfallstudien und Experteninterviews zum Wissensmanagement (Mertins et al. 2001) sowie eine Analyse von insgesamt 160 Wissensmanagement-Modellen aus Forschung und Praxis (Heisig u. Orth 2005) bilden die empirische Grundlage für das Referenzmodell.

Basis des Referenzmodells sind die **wertschöpfenden Geschäftsprozesse** und die **zentralen Wissensdomänen.** In Geschäftsprozessen wird Wissen eingesetzt und damit die Leistungserstellung und Wertschöpfung erst möglich. Die Geschäftsprozesse stellen somit den Anwendungskontext für das Wissen im Unternehmen dar. Die reibungslose Umsetzung der vier **WM-Kernaktivitäten** Wissen erzeugen, speichern, verteilen und anwenden unterstützt den Umgang mit Wissen bzw. bestimmten Wissensdomänen. In den sechs **Gestaltungsfeldern** des Wissensmanagements werden optimale Rahmenbedingungen für den Lebenszyklus des Wissens im Unternehmen realisiert.

Vor dem Hintergrund des WM-Referenzmodells ergibt sich (in Anlehnung an Heisig 2005) folgendes Begriffsverständnis zum Wissensmanagement:

> Wissensmanagement umfasst alle Verfahren, Methoden, Instrumente und Werkzeuge, die einen systematischen Umgang mit Wissen in allen Bereichen des Unternehmens unterstützen, um die Leistungsfähigkeit der Geschäftsprozesse zu verbessern und somit zur Erreichung der Unternehmensziele beitragen.

3.1 Geschäftsprozesse

Im Mittelpunkt des Referenzmodells stehen die wertschöpfenden Geschäftsprozesse. Wissensmanagementlösungen werden mit dem klaren Ziel eingeführt, die Wirtschaftlichkeit des Unternehmens zu erhöhen (North 1998). Prozesse leiten sich aus den Geschäftszielen ab (Hammer u. Champy 1994), so dass eine Anbindung von Wissensmanagement an Kern- und Unterstützungsprozesse eine Orientierung an den Geschäftszielen und der strategischen Ausrichtung zur Folge hat.

In einem Geschäftsprozess sind Aufgaben funktionsübergreifend zusammengefasst, die für die Erstellung einer spezifischen Kundenleistung erforderlich sind.

Wissen wird neben anderen (materiellen) Ressourcen im Rahmen dieser Leistungserstellung eingesetzt. Die Mitarbeiter kennen sich mit den operativen Prozessen am besten aus und können im Rahmen des prozessorientierten Vorgehens einen sehr guten Beitrag zur Optimierung der Abläufe leisten. So fällt es den Mitarbeitern auf dieser Ebene leicht, vorhandene Best Practices zu identifizieren und in Hinblick auf Transfermöglichkeiten zu diskutieren.

Die Prozessorientierung hilft auch bei der Maßnahmenumsetzung. Dort, wo Wissen nachgefragt und angewendet wird, müssen auch die Maßnahmen des Wissensmanagements implementiert werden, um wirksam zu werden. Aus der Verflechtung von Wissensmanagement mit den laufenden Prozessen des Unternehmens erwachsen somit wertsteigernde Vorteile (Heisig 2005). Laufen Wissensmanagement-Aktivitäten entkoppelt von den operativen Tätigkeiten, befürchten Mitarbeiter zur Recht einen Mehraufwand und die geplanten Maßnahmen drohen zu versanden.

Die Geschäftsprozesse stellen somit aus strategischen und motivationalen Gründen den besten Ausgangspunkt für die Planung von Wissensmanagement dar.

3.2 Wissensdomänen

In der WM-Literatur existieren zahlreiche Auffassungen zum Verständnis des Begriffs Wissen (vgl. z.B. die Übersichten bei Krogh u. Venzin 1995, Romhardt 1998, Al-Laham 2003, Heisig u. Orth 2005). Für Unternehmenspraktiker ist dieser Zustand häufig verwirrend. Der Wissensbegriff bleibt meist auch nach einiger Diskussion abstrakt und undifferenziert – das gilt (leider) auch für die Praxis! Deshalb werden Konzepte und Methoden benötigt, die helfen, das Abstrakte für die Anwender greifbar und konkret zu machen.

Wissen ist immer Wissen über etwas, d. h. Wissen bezieht sich auf bestimmte Gebiete z. B. als Wissen über den Kunden, Wissen über das eigene Produkt oder Wissen über Methoden und Vorgehensweisen. Bei der Einführung von Wissensmanagement ist es daher von zentraler Bedeutung, konkrete Wissensgebiete und Wissensinhalte des jeweiligen Unternehmens zu beschreiben und zu konkretisieren.

Im Mittelpunkt des Begriffsverständnisses, das dem Referenzmodell zugrunde liegt, steht das Konzept der „Wissensdomäne“. Die Beschreibung einer Wissensdomäne, d. h. eines konkreten Wissensgebietes ermöglicht es, in der Praxis eine genau umrissene Definition von Wissen für das jeweilige Unternehmen zu erarbeiten und festzulegen. Zur Abbildung und Beschreibung können sich Unternehmen einfacher Mittel, wie z. B. der MindMap-Technik, bedienen. Ähnlich wie im Konzept der Wissensräume (vgl. Doignon u. Falmagne 1999) sind alle wesentlichen Aspekte des Wissensgebietes wie konkrete Inhalte und Erfahrungswerte in der Domäne zusammengefasst. Erste Studien zeigen, dass sich Standardwissensdomänen formulieren lassen, die zu einem großen Teil zwischen verschiedenen Unternehmen inhaltlich übertragbar sind (vgl. Orth et al. 2008; s. Anhang dieses Buches).

Die Beschreibung von Wissensdomänen hilft den Unternehmen, sich auf die Wissensgebiete zu konzentrieren, deren Umgang es zu verbessern gilt.

3.3 Kernaktivitäten

Der im deutschsprachigen Raum oft zitierte Ansatz für Wissensmanagement beschreibt acht zentrale Aktivitäten des Wissensmanagements (Probst et al. 2006). Empirische Studien belegen, dass Praktiker in Unternehmen lediglich vier Aktivitäten als essentiell oder sehr wichtig einschätzen (Heisig u. Vorbeck 2001). Somit wurden die Kernaktivitäten erzeugen, speichern, verteilen und anwenden von Wissen als wesentliche Elemente im Umgang mit Wissen identifiziert.

Die Kernaktivitäten beziehen sich auf Wissensangebot und -nachfrage im Geschäftsprozess und bilden zusammen einen geschlossenen Kreislauf (Mertins et al. 2007b). Um Wissensangebot und -nachfrage zusammenzuführen, ist es entscheidend, dass das richtige Wissen intern entwickelt bzw. aus dem externen Umfeld des Unternehmens bezogen wird (Wissen erzeugen), dass vorhandenes Wissen gesichert wird und zur richtigen Zeit an den richtigen Stellen verfügbar ist (Wissen speichern, Wissen verteilen), so dass es dort zielgerichtet zur Aufgabenerfüllung eingesetzt werden kann (Wissen anwenden). Dieser Prozess sollte störungsfrei ablaufen, damit Wissen im Unternehmen optimal genutzt werden kann. Wissensmanagement umfasst daher alle Methoden und Hilfsmittel, die diese vier Aktivitäten unterstützen und deren Verknüpfung untereinander herstellen. Dieser Kreislauf wird stets aufs Neue durchlaufen, ähnlich eines Lebenszyklus. Wissensmanagement ist damit keine einmalige Angelegenheit, sondern ein fortwährender Prozess, den es systematisch zu gestalten gilt.

3.4 Gestaltungsfelder

Da sich der Umgang mit Wissen teilweise einer direkten Steuerung entzieht, ist bei der Einführung von Wissensmanagement der organisationale Kontext zu gestalten. In der Vergangenheit konzentrierten sich Unternehmen während der Wissensmanagement-Einführung meist ausschließlich auf ihre Informationsarchitektur und -systeme. Mittlerweile ist die Erkenntnis verbreitet, Wissensmanagement auch auf einer organisationalen und personalen Ebene zu gestalten. In diesem Zusammenhang leiten sich aus empirischen Arbeiten (Heisig u. Vorbeck 2001) sechs erfolgskritische Gestaltungsfelder ab:

Führungssysteme

Als Entscheidungsträger sind Führungskräfte verantwortlich für die Zielerreichung in den von ihnen betreuten Bereichen. Die erfolgreiche Umsetzung von Wissensmanagement als Beitrag zum Unternehmenserfolg obliegt somit ihrem Tätigkeitsbereich und erfordert, dass sie die Anwendung von Wissensmanagement fordern und fördern (Davenport u. Prusak 1998).

Einerseits müssen die Führungskräfte ihre Entscheidungsmacht einsetzen, um Wissensmanagement voranzutreiben, indem sie z. B. Wissensmanagement zum festen Bestandteil in Mitarbeitergesprächen machen und diesbezüglich positive Leistungen herausstellen. Andererseits müssen sie ihr eigenes Auftreten an die Anforderungen von Wissensmanagement durch das Vorleben einer offenen Kommunikation und das Angebot persönlicher Unterstützung anpassen (Hespe 2007). Als fachlich Vorgesetzte nehmen sie bei Veränderungsprozessen eine Vorreiterstellung und Vorbildfunktion ein. Sie sind die Treiber in Veränderungsprozessen, die ihre Mitarbeiter auf den Projekterfolg einschwören.

Es verwundert daher kaum, dass die Unterstützung und das Vorleben durch die Führungskräfte im Unternehmen als zentrale Erfolgsfaktoren für die erfolgreiche Implementierung von Wissensmanagement angesehen werden (Bullinger et al. 2000). Dabei wird oft zwischen aktiven und passiven Aspekten der Führung unterschieden. Während passive Führung sich auf das Schaffen von günstigen Rahmenbedingungen für das eigenverantwortliche Agieren der Mitarbeiter bezieht, sind mit aktiver Führung Schritte zur Förderung der Akzeptanz von externem Wissen oder die Anstiftung zum Lernen aus Erfahrungen gemeint.

Führungskräfte besitzen eine starke Hebelwirkung in der Umsetzung von Wissensmanagement im Tagesgeschäft. Für diese Verantwortung müssen sie auch befähigt werden.

Organisation

Der Begriff der Organisation umfasst sowohl den Bereich der Aufbau- als auch der Ablauforganisation – oftmals auch als Strukturen und Prozesse bezeichnet. Die Durchdringung der Organisation mit Wissensmanagement hängt maßgeblich davon ab, inwiefern die vorhandenen Strukturen und Prozesse eine reibungslose Ausführung der WM-Kernaktivitäten ermöglichen.

Ergänzend zu den konventionellen Organisationsstrukturen treten daher zunehmend neue Strukturen und Prozesse der Wissensorganisation in den Vordergrund. Diese Veränderungen erstrecken sich beispielsweise von der Initiierung einzelner Pilotprojekte, über die Einrichtung neuer Abteilungen oder Arbeitsgruppen bis hin zur Schaffung neuer Rollen, Aufgaben und Verantwortlichkeiten auf den verschiedenen Hierarchieebenen des Unternehmens.

Dabei ist insbesondere der abteilungsübergreifende Wissenstransfer auf eine Aufbauorganisation angewiesen, die isoliertes Abteilungs- und Bereichsdenken durchbricht und Brücken zwischen Wissensinseln schlägt. Zur Förderung des Wissenstransfers gilt es daher, Schnittstellen zwischen unterschiedlichen Abteilungen im Unternehmen aufeinander abzustimmen. Häufig werden in diesem Zusammenhang flache Unternehmenshierarchien als stimulierendes Element eines erfolgreichen Wissensmanagements hervorgehoben. Flache Hierarchien erleichtern die direkte Kommunikation, die einen enormen Vorteil bei der Übertragung von personengebundenem Erfahrungswissen birgt und schaffen auf diese Weise günstige Voraussetzungen für die wissensorientierte Unternehmensführung (vgl. North 2001).

Unternehmenskultur

Die Kultur eines Unternehmens ist in mannigfaltigen Formen präsent. Vision, Erfolgsdefinitionen, Problemlösungsroutinen, Kommunikations- und Führungsstil oder sogar physische Strukturen sind Ausdruck der organisationsübergreifend geltenden Annahmen und Werte (Schein 1999, Sackmann 2002). Obwohl die Unternehmenskultur kein formaler Bestandteil der Organisation ist, übt sie eine starke Einflusskraft auf die Organisationsmitglieder aus (Macharzina 1999).

Unternehmenskultur an sich kann genau so wenig erfasst werden wie die für das Wissensmanagement relevanten Kulturaspekte im Einzelnen. Vielmehr ist man darauf angewiesen, die beobachtbaren Ausprägungen zu bewerten. Zu diesen sichtbaren Elementen gehören Traditionen, Gewohnheiten oder die verwendete Sprache im Unternehmen, z. B. Redensarten und Begriffe mit spezieller Bedeutung (Schreyögg 1998).

Die Unternehmenskultur spielt im Wissensmanagement eine Schlüsselrolle, denn die Bereitschaft, offen zu kommunizieren, Wissen weiterzugeben oder Fehler zu tolerieren, wird durch die geltenden Verhaltensmuster und Normen massiv beeinflusst (vgl. Armutat et al. 2002). Eine gezielte Einflussnahme auf kulturelle Faktoren ist schwer umzusetzen, da zugrundeliegende Werte subtil wirken und von den Mitarbeitern als bewährtes und legitimes Verhalten wahrgenommen werden. Ansätze bietet z. B. die Reflexion über den Soll- und Ist-Zustand der vorherrschenden Werte, wie diese die Arbeitsweise im Unternehmen beeinflussen und welche Gestaltungsmaßnahmen die kulturellen Rahmenbedingungen näher an den Sollzustand rücken (vgl. Sackmann 2004). Einen umfassenden Interventionsrahmen für eine wissensorientierte Unternehmenskultur entwickelt beispielsweise Staiger (2008).

Informationstechnik

Im Bereich der Informationstechnik finden sich zahlreiche Lösungen, die ein wirksames Wissensmanagement unterstützen, indem sie z. B. Funktionen zur Erleichterung von Kommunikation, Kooperation und den bedarfsgenauen Zugriff auf Informations- und Wissensbestände erfüllen (vgl. Alwert u. Hoffmann 2003, Riempp 2004, Riempp u. Smolnik 2007). Web 2.0-Anwendungen wie Blogs und Wikis helfen dabei, das Wissensmanagement in Unternehmen qualitativ zu steigern: Im zukünftigen „Enterprise 2.0“ (Koch u. Richter 2007) werden Informationen nicht mehr gehortet, sondern zentral bereitgestellt, so dass sie über Suchmaschinen abfragbar sind und so nachhaltig verfügbar gemacht werden. Insofern ist die Wahl adäquater Instrumente aus der Informations- und Kommunikationstechnologie entscheidend für den Erfolg von Wissensmanagement.

Bevor auf den Einsatz neuer Technologien oder Software gesetzt wird, sind das Nutzungsverhalten und die Zufriedenheit mit vorhandenen Systemen zu prüfen. Die Praxisbeispiele zeigen, dass viel ungenutztes Potenzial in bereits eingesetzten

Systemen steckt und nicht genutzt wird. Nachdem in der Vergangenheit viele Projekte daran gescheitert sind, dass Wissensmanagement einzig aus der Bereitstellung einer viel versprechenden Software bestand, werden mittlerweile in der Planung die Mitarbeiter stärker einbezogen und die organisationalen Rahmenbedingungen berücksichtigt.

Personal

Einen zentralen Erfolgsfaktor des Wissensmanagements stellen die Mitarbeiter eines Unternehmens als Träger von Wissen, Erfahrungen und Kompetenzen dar. Im Gestaltungsfeld Personal geht es daher darum, Schlüsselqualifikationen für das Wissensmanagement genauer zu untersuchen und Entwicklungsbedarf aufzuzeigen. Bislang wurde die Funktion des Personalmanagements im Wissensmanagement einseitig auf die Motivations- und Anreizgestaltung reduziert, obwohl das Erlernen von Wissensmanagementkompetenzen genau so wichtig ist (Vorbeck u. Finke 2001).

Zu diesen Kompetenzen gehören unter anderem die Fähigkeiten zu sachlicher Äußerung und Annahme von Kritik oder fremde Ideen und Anregungen aufzunehmen und weiterzuentwickeln sowie die Anwendung technischer Systeme. Verfügen die Mitarbeiter über die elementaren Kompetenzen, sind sie auch in der Lage, eigenständig einen Nutzen aus den Lösungen zu ziehen (Mandl u. Reinmann 2000). Fehlen Qualifikationen in diesen Bereichen, kommt dem Personalmanagement die Aufgabe zu, passende Fortbildungs- und Schulungskonzepte auszuarbeiten.

Controlling

Wissensmanagement bzw. ausgewählte Wissensmanagement-Lösungen werden meist in Form von Projekten eingeführt. Das Gestaltungsfeld Controlling umfasst daher herkömmliche Maßnahmen des Projektmanagements, die auf die Ausgewogenheit von Kosten und Rentabilität der implementierten Lösungen abzielen. Entzieht sich das Wissensmanagement einer solchen Bewertung, fehlen der Initiative im Vergleich zu anderen Projekten oftmals solide kaufmännische Argumente, die dessen Unterstützung rechtfertigen. Hier gilt es, entsprechende Erfolgskennzahlen zu definieren und deren Entwicklung kontinuierlich zu überwachen.

Über diese projektbezogene Sichtweise hinaus besteht ein weiterer Aspekt im Bereich des Controllings in der stärkeren Verknüpfung zwischen der Unternehmensstrategie und den daraus abgeleiteten Maßnahmen zur Entwicklung der organisationalen Wissensbasis.

Solche Bewertungsverfahren sind bislang jedoch nur vereinzelt erforscht worden und meist auch mit der Schwierigkeit behaftet, dass der Nutzen nur schwerlich zu beziffern und in monetären Größen auszudrücken ist. Es kann in der Tat sein, dass

Wissensmanagement zu höheren Umsätzen führt, trotzdem fällt es oftmals schwer, die so erwirtschafteten Erträge wieder auf die Initiative im Wissensmanagement zurückzuführen. Doch qualitative Ansätze wie die Methode der Wissensbilanzierung helfen dem Management, Zusammenhänge zwischen Unternehmenserfolg und der Entwicklung der Wissensbasis, dem so genannten Intellektuellen Kapital, nachzuvollziehen (vgl. Mertins et al. 2005, Alwert 2006, Kap. 12). Aus Sicht einer wissensorientierten Unternehmensführung ist es anzustreben, eine Auswahl wissensorientierter Kennzahlen als festen Bestandteil des Unternehmenscontrollings zu etablieren und dies periodisch zu erheben.

3.5 Einsatz in der Praxis

Das Referenzmodell des Fraunhofer IPK ist die Grundlage für die Methodenentwicklung und das generelle Verständnis von Wissensmanagement in der Praxis. Die Aussagen, die sich aus dem Modell ableiten lassen, sind in den Unternehmen auf fruchtbaren Boden gefallen. Die Einführung von Wissensmanagement wird durch die systematische Beschreibung der Ausgangssituation (Ist-Zustand) und der Rahmenbedingungen mit Hilfe des Referenzmodells erleichtert. Die Analyse wird dabei durch zwei sich ergänzende Verfahren methodisch unterstützt. In Kapitel 5 wird das WM-Audit, eine onlinebasierte Mitarbeiterbefragung zur Bewertung des allgemeinen Status quo im Wissensmanagement, vorgestellt. Kapitel 6 beschäftigt sich mit der Methode zum Geschäftsprozessorientierten Wissensmanagement, einem Interviewverfahren zur Analyse der Wissensdomänen und WM-Kernaktivitäten. Beide Methoden basieren auf den Kernelementen des WM-Referenzmodells und werden in den folgenden Kapiteln näher vorgestellt. Eingebettet sind beide Methoden in die Analysephase des Einführungsprozesses, der im anschließenden Kapitel beschrieben wird.

Kapitel 4
Einführung von Wissensmanagement

Ina Finke

Kleine und mittelständische Unternehmen stehen vor der besonderen Herausforderung, mit knappen Ressourcen neben dem Tagesgeschäft Wissensmanagement in die laufenden Prozesse einzuführen. Die Hauptbarriere gegenüber geplanten Wissensmanagement-Aktivitäten ist der Mangel an Zeit und damit auch die fehlende Bereitschaft einen Mehraufwand für neue Methoden oder Verfahren einzuplanen.

Viele Wissensmanagement-Projekte scheitern daher vor allem in der Umsetzungsphase. Während sich zur Stärken- und Schwächen-Analyse noch eine hohe Beteiligung interessierter Mitarbeiter erreichen lässt, sinkt in der Regel das Engagement, wenn es um die Umsetzung der beschlossenen Maßnahmen geht. Die Umsetzung ist zeitraubend und aufwändig, die Analyse hingegen kurz und aufschlussreich. Das Scheitern in der Umsetzung hat viele verschiedene Ursachen, die sich aber in weiten Teilen auf eine unzureichende Kommunikation zurückführen lassen (vgl. Finke et al. 2005). Die Erfahrung in zahlreichen Einführungsprojekten zeigt, dass entweder zu wenig oder inkonsistent über Ziele, Vorgehen und Ergebnisse in dem Wissensmanagement-Vorhaben berichtet wird. Der Zusammenhang mit den eigenen Aufgaben und dem persönlichen Nutzen wird häufig für die Mitarbeiter nicht deutlich. Zudem werden Prioritäten nicht eindeutig kommuniziert, so dass die Umsetzung sorgfältig ausgesuchter Maßnahmen immer wieder dem aktuellen Tagesgeschehen weichen muss. Daher ist es zentral, die entsprechenden Wissensmanagement-Verantwortlichen, in den meisten Fällen die Führungskräfte, für die Bedeutung und den Einfluss der Kommunikation bereits im Anfangsstadium der Einführung (zu Projektbeginn) zu sensibilisieren und zu qualifizieren.

Die Einführung beginnt bereits mit den ersten Initialaktivitäten, den ersten informellen Gesprächen zum Thema Wissensmanagement. Über erste Informationen und Gerüchte werden hier bereits Meinungen gebildet und dadurch über die erfolgreiche oder erfolglose Platzierung des Themas innerhalb der Organisation entschieden.

K. Mertins, H. Seidel, *Wissensmanagement im Mittelstand*

© Springer 2009

Kommunikation und Motivation sind die beiden zentralen Stellschrauben bei der erfolgreichen Einführung von Wissensmanagement. Beide Phänomene lassen sich grundsätzlich schwer voneinander trennen. Die zentrale Abhängigkeit besteht zum einen darin, dass Motivation maßgeblich durch Kommunikation beeinflusst werden kann. Denn Kommunikation hinterlässt immer eine Wirkung beim Empfänger und kann so handlungsleitend werden. Zum anderen bestehen viele Motivationsmaßnahmen aus kombinierten Kommunikationsinstrumenten (z. B. Anerkennung besonderer Leistungen eines Mitarbeiters in der Mitarbeiterzeitschrift).

Im Folgenden werden analog zu den Einführungsphasen von Wissensmanagement-Lösungen entsprechende Kommunikationsinstrumente empfohlen. Die wichtigsten Gestaltungsziele sind die inhaltliche Konsistenz der Botschaften und die Herstellung von Transparenz über das Vorhaben.

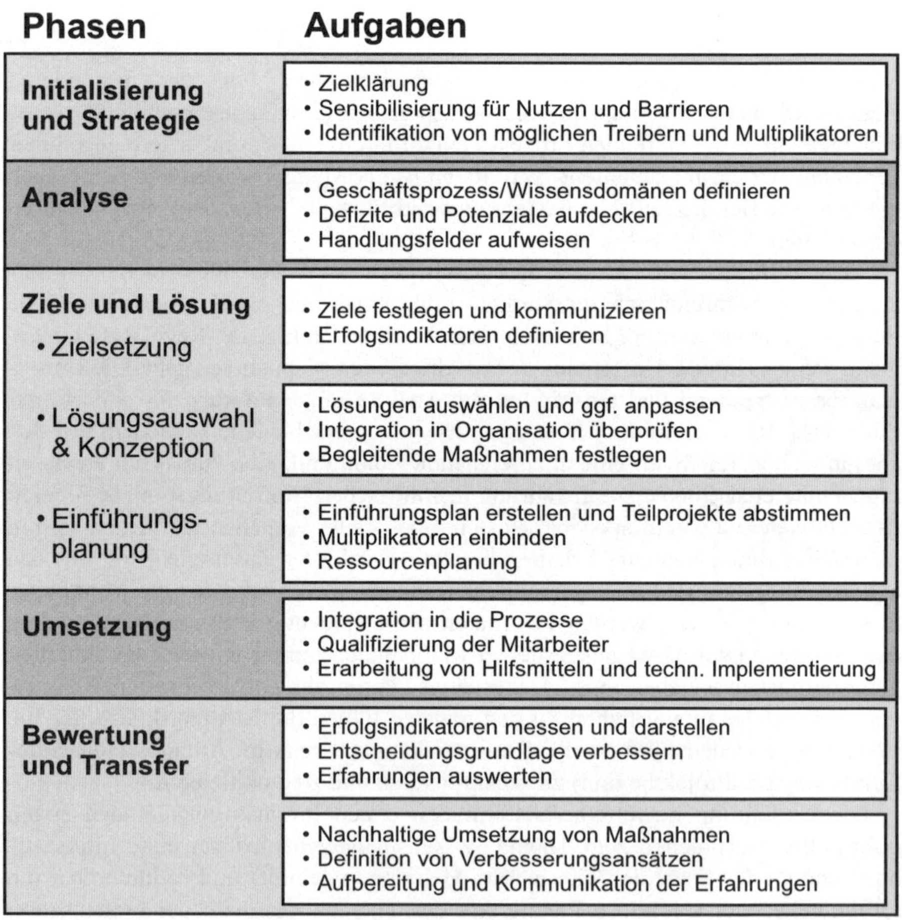

Abb. 7. Einführungsprozess für Wissensmanagement

Das Einführungsvorgehen folgt einem einfachen Vorgehen:

1. Phase: Initialisierung und Strategie
2. Phase: Analyse (Erhebung und Ergebnisrückmeldung)
3. Phase: Ziele und Lösung
4. Phase: Umsetzung
5. Phase: Bewertung und Transfer

Dieses Vorgehen liegt den meisten Einführungsprozessen in der Praxis zugrunde. Die Phasen sind eng an das klassische Projektmanagement-Vorgehen angelehnt (Bick 2004). Der Einsatz bestimmter Analyseverfahren (Mitarbeiterbefragung s. Kap. 5, Gruppeninterviews s. Kap. 6) hat einen Einfluss auf das gesamte Vorgehen bei der Einführung. Daher wird der Prozess hier prototypisch beschrieben und vor allem Wert auf die Beschreibung der begleitenden Kommunikationsmaßnahmen gelegt. Implikationen für Wissensmanagement, die durch den Einsatz von Analyseverfahren und eine entsprechende Maßnahmenauswahl entstehen, werden dann in den folgenden Kapiteln beschrieben. Die konkrete Ausgestaltung bei den 15 mittelständischen Unternehmen wird im Teil III aufgeführt.

In jeder Phase sind entsprechende Kommunikationsinstrumente einzusetzen, die den Nutzen und die Notwendigkeit der Einführung von Wissensmanagement erkennbar werden lassen.

4.1 Phase 1: Initialisierung und Strategie

Vor dem offiziellen Kick-off eines WM-Projektes in einem Unternehmen wird zunächst in den Ebenen, in denen die Projektidee entstanden ist, informell diskutiert und beraten. Ist der Bedarf für Wissensmanagement klar identifiziert, wird das Anliegen gegebenenfalls an die nächst höhere Ebene eskaliert. Meist ist dann auf informellem Wege eine Ziel- und Nutzendiskussion bereits angestoßen. Auf der Führungsebene gilt es dann, die konkrete Zielstellung festzulegen und gegebenenfalls einen Abgleich mit der vorhandenen Strategie vorzunehmen. Hierzu kann z. B. die Wissensbilanz eingesetzt werden (s. Kap. 12). Bevor ein internes Projekt aufgelegt wird, werden der Nutzen und mögliche Ergebnisse sowie auch Barrieren und Risiken abgewogen und diskutiert bis eine Entscheidung für oder gegen die Einführung von Wissensmanagement fällt. Dies kann dann in den offiziellen Projektstart münden. In dieser Phase werden erste Treiber sichtbar und Multiplikatoren für das weitere Vorgehen identifiziert und angesprochen. Multiplikatoren sind in der Regel Befürworter des Vorhabens und besitzen gleichzeitig eine starke Vernetzung innerhalb des Unternehmens („Meinungsführer"). So können sie einfach und schnell viele Mitarbeiter und Kollegen informieren und motivieren, das Vorhaben zu unterstützen. Die Initialisierungsphase endet mit einem Kick-off für die gesamte Belegschaft.

Tabelle 3. Kommunikation in der Phase Initialisierung und Strategie

Kommunikationsinstrumente	Nutzen für die Wissensmanagement-Einführung
(Informelle) Besprechung	• Dient der persönlichen Klärung und dem Verständnis von Wissensmanagement. • Bereits hier Aufwand- und Nutzenargumentation für WM bereithalten. • Erste Barrieren und Bedenken von Mitarbeitern identifizieren. • Informelle Kommunikation wird kanalisiert und gesteuert.
Kick-off Veranstaltung	• Dient der breiten Information über das Vorhaben • Nutzenargumentation klar herausstellen. • Gruppenveranstaltung fördert Gefühl der Zusammengehörigkeit. • Signalisiert Wichtigkeit des Vorhabens.
Statement der Geschäftsleitung	• Dient vor allem der Signalisierung der Top-Management Unterstützung bei dem Vorhaben. • Erhöht Sicherheit der Mitarbeiter, sich zu engagieren (Prioritätensetzung).

4.2 Phase 2: Analyse (Erhebung und Ergebnisrückmeldung)

Die Analysephase unterteilt sich in die Erhebung und die Ergebnisrückmeldung an die Beteiligten. In der Erhebungsphase wird zunächst der genaue Handlungsbedarf identifiziert und beschrieben. Hierzu werden in der Regel Befragungsinstrumente wie Interviews und Fragebögen in Kombination mit Beschreibungen von Geschäftsprozessen eingesetzt. Defizite und Potenziale im Umgang mit Wissen werden so aufgedeckt (s. Kap. 5 und 6). Im Anschluss an die Analyse werden Handlungsfelder ausgewiesen, in denen ein konkreter Verbesserungsbedarf im Umgang mit Wissen im Unternehmen besteht.

Die Phasen Strategie, Analyse und Lösung hängen eng miteinander zusammen. Wenn hier nicht der Grundstein für die Motivation und die Akzeptanz der Mitarbeiter gelegt wird, kann dieses in den späteren Phasen der Umsetzung nur schwer nachgeholt werden. Deshalb ist die umfassende Kommunikation, das Erreichen jeden Mitarbeiters wichtig. Die Analyse stellt dabei das wesentliche Element der Partizipation dar, über das versucht wird, auf breiter Basis Defizite und Handlungsbedarfe zu identifizieren und gemeinsam durch die Lösungsfindung an einer Verbesserung zu arbeiten. Dabei transportieren die Analyseinstrumente selbst, wie z. B. der Fragebogen oder das Geschäftsprozessmodell, wichtige inhaltliche Zusammenhänge (wie z. B. Wissen wird in Prozessen angewendet oder was gehört zu einer wissensförderlichen Unternehmenskultur). Neben der Sensibilisierung für das Thema Wissensmanagement werden somit den Mitarbeitern Informationen zum allgemeinen Verständnis gegeben. Über die Analyse werden die Mitarbeiter in ihren Arbeitsprozessen abgeholt und direkt befragt, wo sie Verbesserungsbedarf sehen – und zwar genau den, der sonst im Tagesgeschäft immer wieder hinten angestellt wird. Die externe Sicht und Aufbereitung der Ergebnisse ist nur ein Vehikel für das Unternehmen, wichtige Organisationsentwicklungsthemen in den Fokus zu bringen und zwar so, dass es nicht bei der nächsten Gelegenheit in Vergessenheit gerät.

Die Ergebnisrückmeldung ist ein ganz entscheidendes Element, um die Akzeptanz und Motivation der Mitarbeiter für die aus den Ergebnissen abzuleitenden Maßnahmen zu erzeugen und zu sichern. Barrieren in der Phase der Umsetzung

Tabelle 4. Kommunikation in der Phase Analyse

Kommunikations-instrumente	Nutzen für die WM-Einführung
(Formelle) Besprechungen wie Abteilungs-/Team-sitzungen; für die Ergebnis-rückmeldung auch Betriebs-versammlung (BV)	• Während der Erhebung muss klar kommuniziert werden, wann, wie lange und mit wem die Analyse aus welchen Gründen durchgeführt wird (hohe Transparenz steigert Akzeptanz für das Ergebnis). • Gemeinsame Interpretation der Ergebnisse auf Gruppenebene möglich. Intensivere, inhaltliche Auseinandersetzung erhöht Akzeptanz der abzuleitenden Maßnahmen. • BV: Einheitliche Kommunikation der Ergebnisse. Hohe Erreichbarkeit aller Mitarbeiter. Infomaterial kann an breite Masse verteilt werden.
E-Mail (Anschreiben, Einladung zur Analyse)	• Dient nach dem Kick-off als Zeichen dafür, dass es weiter geht wie geplant. • Gegebenenfalls Verknüpfung zu aktuellen Themen (z. B. Qualität) herstellen („dem Kind einen Namen geben"). • Einladung zur Analyse (auch Kick-off) kann von der Geschäftsführung verschickt werden (erhöht Wichtigkeit). • Ermöglicht Versendung von Detailinformationen, die jeder nach Bedarf zur Kenntnis nehmen kann.
Befragungsinstrumente (s. WM-Audit, GPO-WM)	• Ermöglicht breite Beteiligung und persönlichen Einbezug der Mitarbeiter. • Dient indirekt ebenfalls der Klärung und dem Verständnis von Wissensmanagement (durch Inhalte der Fragen). • Möglichkeit Erfolgsstories und Best Practices sowie kulturelle Informationen zu erfassen. • Dient der aktiven Klärung „Was ist WM für uns?"
Infomaterial, Poster/ Aushang, Mitarbeiter-zeitschrift/Intranet	• Visualisierung erhöht Aufmerksamkeit! • Signalisiert Engagement und Aktivität (mehr als eine E-Mail). Dient der eingehenden Beschäftigung mit den Inhalten. • Regt zu Diskussionen unter den Mitarbeitern an. • Festen Standort oder Rubrik für das Projekt/die Einführung einplanen. Feedbackmöglichkeit anbieten.

entstehen meistens dadurch, dass Analyseergebnisse nicht oder mehrdeutig kommuniziert werden und die Maßnahmenableitung damit für die Mitarbeiter nicht mehr nachvollziehbar ist. Um sicherzustellen, dass auch alle Mitarbeiter erreicht werden, ist eine Kombination von verschiedenen Medien zu empfehlen (z. B. Betriebsversammlung und Bereitstellung von Informationsmaterial).

4.3 Phase 3: Ziele und Lösung

In der Lösungsphase werden angelehnt an die Handlungsfelder aus der Analyse nun gemeinsam Ziele festgelegt und möglichst mit harten Messkriterien hinterlegt. Die genaue Definition von Erfolgsindikatoren ermöglicht die Erfolgsmessung der umzusetzenden Maßnahmen. Die Ziele werden den Beteiligten kommuniziert.

Auf Basis der Zielsetzung werden im Anschluss Lösungskonzepte ausgearbeitet, die untereinander hinsichtlich ihrer Machbarkeit geprüft und bewertet werden. Passende Lösungen mit entsprechenden unterstützenden Maßnahmen werden nach der Kosten-Nutzen-Betrachtung ausgewählt. Sind die Lösungskonzepte soweit vorhanden, müssen ein Einführungsplan und die Lösungen selbst erstellt werden. Der Plan dient dazu, die Teilprojekte untereinander abzustimmen und eine gezielte Ressourcenplanung zu ermöglichen (s. beispielhaft die Lösungs-Roadmap in Kap. 6, Abb. 14). In der unter Umständen etwas länger dauernden Lösungsentwicklungsphase ist es von Vorteil, den Mitarbeitern Informationen über die laufenden Aktivitäten (was wird in welchen Zeiträumen erarbeitet und umgesetzt) zukommen zu lassen. Im Intranet könnten laufende Zwischenergebnisse aus den Arbeitsgruppen

Tabelle 5. Kommunikation in der Phase Ziele und Lösung

Kommunikations-instrumente	Nutzen für die WM-Einführung
Ziel-Workshop	• Inhaltliche Ziele auf Basis der identifizierten Handlungsfelder gemeinsam definieren. Aus den vereinbarten Zielen ergeben sich die Maßnahmen. Ziele sollten SMART sein, d. h. spezifisch, messbar, attraktiv, realisierbar und terminiert. An den Zielen lassen sich Erfolge messen.
Infomaterial (z. B. Einführungsplan, Roadmap), Poster/Aushang, Mitarbeiterzeitschrift/Intranet	• Veröffentlichte Ziele geben Mitarbeitern Orientierung, motivieren und verleihen dem Vorgehen eine Verbindlichkeit. Erzeugen Transparenz über das Vorgehen. Erlauben rechtzeitige Vorbereitung in den betroffenen Bereichen.
Projektgruppen, Workshops	• In der Lösungsphase werden durch Kleingruppen aus den betroffenen Bereichen Lösungskonzepte erarbeitet bzw. für einfache, kurzfristig umzusetzende Maßnahmen direkt Entscheidungsvorlagen erstellt. Beteiligung der Betroffenen sichert Akzeptanz der Lösungen. • Lösungen können abgestimmt auf die Arbeitsprozesse entwickelt werden.

berichtet werden. Die Multiplikatoren müssen in dieser Phase besonders aktiv mit eingebunden werden, da sie in der Umsetzung wichtige Treiber des Vorhabens sind.

4.4 Phase 4: Umsetzung

Während der Maßnahmenumsetzung sind verschiedene Aktivitäten zu steuern: die kontinuierliche Information der Mitarbeiter über Erfolge und den Fortschritt des Vorhabens sowie die begleitende Qualifizierung für bestimmte Lösungen und die technische Implementierung. Da die WM-Lösungen in der Regel in die Prozesse integriert werden müssen, kann es sein, dass bestimmte Hilfsmittel (z. B. Vorlagen) erarbeitet werden müssen. In dieser Phase findet auch die technische Implementierung von Lösungen statt. Es wurden bereits viele Methoden zur Implementierung von WM-Lösungen entwickelt (wie z. B. Communities of Practice, Wissensmarkt).

Diese Phase dauert in der Regel am längsten. Nur einige Quick Wins, wie neue Vorlagen oder Checklisten, lassen sich relativ schnell umsetzen. Die einzelnen Aktivitäten der Maßnahmenumsetzung in den Bereichen sind dezentral verteilt und daher wenig transparent. Oft verläuft die konsequente Maßnahmenverfolgung im Sande bzw. geht im Tagesgeschäft unter. Die kontinuierliche (glaubhafte) Kommunikation aus den Vorphasen soll dem bereits vorbeugen! Werden in den Vorphasen Analyseinstrumente nicht anerkannt, Ergebnisse nicht transparent gemacht, bestimmte Zielgruppen aus der Lösungsfindung ausgeschlossen, wird die Umsetzung scheitern. In der Umsetzung können keine Fehler oder Vernachlässigungen aus den Vorphasen ausgebessert werden, es sei denn, es würde ein unverhältnismäßig hoher Aufwand geleistet!

Tabelle 6. Kommunikation in der Phase Umsetzung

Kommunikationsinstrumente	Nutzen für die WM-Einführung
Management-by-walking-around, Multiplikatoren	• Persönlicher Kontakt wird gepflegt. • Erhöht Glaubwürdigkeit des Einsatzes der Führungskraft. • Erhöht Motivation der Beteiligten. • Signalisiert Wichtigkeit (sich Zeit nehmen = ist mir wichtig). • Probleme und Bedenken aufnehmen, zuhören, Ziele und Nutzen erläutern.
Mitarbeitergespräch (z. B. Zielvereinbarung)	• Zielvereinbarungen bezüglich des Umgangs mit Wissen einbauen (z. B. abteilungsübergreifender Wissensaustausch) und verbindlich für die Leistungsbeurteilung festlegen. • Feedback zur Wissensteilung. • Dient der gezielten Barrierenidentifikation und deren Abbau. • Ermöglicht eine nachhaltige Umsetzung auf Mitarbeiterebene.

Tabelle 6. (*Fortsetzung*) Kommunikation in der Phase Umsetzung

Kommunikationsinstrumente	Nutzen für die WM-Einführung
Poster/Aushang, Mitarbeiterzeitschrift/Intranet (z. B. erste Erfolge)	• In Kombination mit den Berichten in den Besprechungen kann mit zusätzlichen Visualisierungen das Vorhaben präsent gehalten werden. • Da viele Mitarbeiter erreicht werden können, sollten vor allem erste Erfolge aus der Umsetzungsphase berichtet werden. • Anerkennung und Herausstellen von erfolgreichen Bereichen oder Mitarbeitern/Teams.
Wissensmarkt *Halbtägige unternehmens- oder bereichsweite Veranstaltung, die analog zum Marktplatz an verschiedenen Ständen Informationen über bestimmte Prozesse oder über das Unternehmen darbietet. In spielerischer Form werden in kleinen Gruppen Fragen und Antworten an den Ständen diskutiert.*	• Dient der Förderung der bereichsübergreifenden, informellen Vernetzung von Mitarbeitern. • Fördert informelle Kommunikation. • Verbreitet Informationen aus dem Unternehmen oder über Prozesse nachhaltig, da an persönliches Erlebnis gekoppelt. • Geballter Wissenstransfer. • Erhöht das Wir-Gefühl. • (Nähere Informationen zur Methode Wissensmarkt sind im ProWis-Shop unter http://shop.prowis.net abrufbar.)

4.5 Phase 5: Bewertung und Transfer

Die Bewertung richtet sich nach dem Grad der Umsetzung der einzelnen Maßnahmen. Nach der Umsetzung und Konsolidierung der Aktivitäten werden die Erfolgsindikatoren überprüft und ausgewertet. Aufgrund der Ergebnisse können neue Maßnahmen entschieden oder laufende angepasst werden. Um eine nachhaltige Umsetzung der Maßnahmen zu sichern, werden die Erfahrungen aufbereitet und im Unternehmen kommuniziert. Es werden Verbesserungsansätze und -schleifen analog zum single und double–loop–learning–Prozess (Argyris u. Schön 1996) definiert, um den Prozess der kontinuierlichen Verbesserung zu etablieren.

Wichtig ist, dass Kommunikation aus der Empfängerperspektive gedacht wird. Nicht nur die von der Wissensmanagement-Projektleitung initiierten Kommunikationsmaßnahmen kommen beim einzelnen Mitarbeiter an, sondern der Mitarbeiter ist in seinem Arbeitsumfeld vielen Kommunikationsquellen ausgesetzt, die Einfluss auf seine Einstellungsbildung in Bezug auf Wissensmanagementrelevante Themen haben können. Dies schließt beispielsweise auch den informellen Meinungsaustausch mit dem Kollegen oder die Auseinandersetzung mit einem technischen Wissensmanagement-Tool ein. Beides wird mindestens genauso große Wirkung auf die Einstellung der Mitarbeiter haben wie die „Motivations-Mail" des Geschäftsführers oder des Projektleiters. Die Frage ist, ob alle Stimuli zu einer positiven Einstellung des Empfängers – und somit zur Akzeptanz der Veränderung – beitragen und sich nicht gegenseitig widersprechen.

Tabelle 7. Kommunikation in der Phase Bewertung und Transfer

Kommunikationsinstrumente	Nutzen für die WM-Einführung
Story-Telling	• Story-Telling zur Verbreitung von Erfolgsgeschichten einsetzen. • Geschichten und Anekdoten bleiben länger im Gedächtnis und prägen die Unternehmenskultur.
Lessons Learned	• Über die Lessons Learned werden bestimmte Erfahrungen und Erkenntnisse aus dem Projekt kommuniziert. • Dienen vor allem als Grundlage für die Definition von Verbesserungsmaßnahmen. • Dienen als Grundlage für weiterführende, aufbauende Projekte.
Leitfäden, Handbücher, Checklisten, Prozessbeschreibungen, Arbeits-/ Verfahrensanweisungen	• Dokumentation macht verbindlich (Standards für alle). Je nach eingeführter WM-Methode dienen die Hilfsmittel dazu, den Einsatz neuer Verfahren und Methoden zu erleichtern. • Die Hilfsmittel sind zukünftig flexibel anpassbar. Anweisungen dienen dazu, Standards zu sichern, aber auch die Umsetzung und Realisierung verbindlich für alle Beteiligten zu machen. • Signalisieren auch in der Endphase des Projektes, das die nachhaltige Umsetzung von großer Bedeutung ist.
Mitarbeiterzeitschrift/ Intranet	• In der ständigen Rubrik zum Thema WM kann über weitere Entwicklungen (auch sporadisch, weniger regelmäßig) berichtet werden. Nach Abschluss des Projektes sollten über die Mitarbeiterzeitschrift nur noch wichtige Neuigkeiten und Entwicklungen in dem Bereich WM berichtet werden.

Folgende Erfolgsfaktoren zur Gestaltung der internen Kommunikation haben sich in den 15 Unternehmensbeispielen herausgestellt:

- **Prioritäten setzen:** Die oberste Führungskraft (hier in der Regel die Geschäftsführung) muss von Beginn an bis zum Ende des Vorhabens signalisieren, dass die Aktivitäten gewollt sind und eine gewisse Priorität gegenüber dem Tagesgeschäft einnehmen.
- **Sich ein Bild machen:** Die Initiatoren oder der Projektleiter sollte sich vor dem offiziellen Start ein möglichst genaues Bild über Wissensmanagement machen. Er sollte verstanden haben, worum es geht und wozu ihm die Aktivitäten nutzen können. Der Begriff Wissensmanagement muss gar nicht unbedingt im Unternehmen kommuniziert werden. Es kann durchaus offiziell, um die Zusammenarbeit oder „das Miteinanderreden" in der Organisation gehen.
- **Nutzen kommunizieren:** Die persönliche Erkenntnis „Das hat mir etwas gebracht" bewegt Mitarbeiter dazu, ihr Verhalten anzupassen und zu verändern. Es ist wichtig, in Bezug auf den Umgang mit Wissen diese Erkenntnis zu fördern. Schnelle, durchaus kleine Erfolgserlebnisse helfen in der Anfangsphase die Mitarbeiter zu überzeugen (z. B. der positive Effekt einer aufgeräumten Verzeichnisstruktur, in der man plötzlich viel schneller als früher Dokumente wieder

findet). Nach dem Motto „tue Gutes und sprich drüber" müssen die Führungskräfte sicher stellen, dass Erfolge spürbar, aber vor allem auch kommuniziert werden. Unabdingbar ist es, den tatsächlichen Bedarf der Mitarbeiter zu kennen und zu wissen, was ihnen bei ihrer Arbeit weiterhilft.

- **Informelle Kommunikation gestalten und Meinungsführer einbinden:** Die Bedeutung der informellen Kommunikation in KMU ist groß. In den nicht formalen Prozessen wird informiert, bewertet und entschieden. Dieser Kanal ist von den Verantwortlichen genauso mit zu gestalten wie die offizielle Kommunikation. Meinungsführer dienen als Multiplikatoren und Verbündete. Sie müssen dazu auch mit den aktuellsten Informationen und den richtigen Argumenten ausgestattet sein.
- **Das Wissensmanagement „der kleinen Schritte":** Zu Anfang des Vorhabens gilt es keine illusorischen Erwartungen aufzubauen, sondern eher kleine, überschaubare Ziele zu definieren. Entsprechend müssen die Maßnahmen realistisch geplant werden. Kleine, aber schnell wirksame Schritte sind dabei zunächst langfristig angelegten, großen Aufgabenstellungen vorzuziehen. Empfehlenswert ist der Start der Aktivitäten im Rahmen eines Pilotprojektes in einem ausgewählten Bereich der Organisation.
- **Controlling einplanen:** Nur wenige KMU bringen die Disziplin auf aus reiner Überzeugung die alten Regeln über Bord zu werfen und ihre Gewohnheiten dauerhaft zu ändern. Die ProWis-Unternehmen haben erfahren, wie bedeutsam die Steuerung und Kontrolle der Maßnahmenumsetzung sind. Der gute Wille reicht oft nicht aus, um Neuerungen am Leben zu halten.

Der Einführungsprozess von Wissensmanagement ist ein noch relativ wenig erforschtes Feld. Er stellt jedoch die Basis für den langfristigen Erfolg des Wissensmanagements dar. Fehler, die während der Einführung gemacht werden, können später nur noch mit hohem Aufwand korrigiert werden, führen zu falschen Erwartungen in der Organisation oder zerstören nachhaltig die Akzeptanz für das Thema (Trillitzsch 2004). Die nutzenorientierte und strukturierte Kommunikationsgestaltung hilft, Wissensmanagement nachhaltig in der Organisation zu verankern.

Kapitel 5
Den Status quo im Umgang mit Wissen erkennen

Ina Finke

5.1 Ausgangssituation

Mit wachsender Akzeptanz des Themas Wissensmanagement steigt der Bedarf der Unternehmen, den Umgang mit Wissen zu messen oder zumindest zu beschreiben. Eine zunehmende Anzahl an Messverfahren steht mittlerweile zur Verfügung, um möglichst objektive Aussagen darüber zu ermöglichen, inwieweit Wissensmanagementaktivitäten wirkungsvoll im Unternehmen umgesetzt werden (Auinger 2008, Ehms u. Langen 2002, Bukowitz u. Williams 2002, Pfeifer et al. 2000, Liebowitz et al. 2000).

Mit solchen Messverfahren können allgemeine Schwachstellen im Umgang mit Wissen aufgedeckt und konkrete Bereiche identifiziert werden, in denen Verbesserungen notwendig sind. Zusätzlich können bereits erfolgreich eingesetzte Verfahren oder Best Practices im Unternehmen aufgedeckt werden, die bis dahin nur von einem kleinen Kreise eingeweihter Mitarbeiter genutzt wurden. Als Ergebnis entsteht ein Stärken- und Schwächenprofil, das den Umgang mit Wissen im Unternehmen oder einem ausgesuchten Bereich abbildet.

Zusätzlich ermöglicht eine solche Erhebung auch das Controlling von Maßnahmen. Setzt man das Messverfahren wiederholt ein, können Veränderungen im Wissensmanagement gemessen werden. Die Messverfahren dienen damit als Startpunkt für die Entwicklung eines leistungsfähigen Kontrollinstrumentariums zur Überwachung der Wirtschaftlichkeit von Investitionen in immaterielle Größen wie Wissen.

5.2 Methode

In den 15 Unternehmen ist das sog. WM-Audit (Heisig 2005, Mertins et al. 2001, Mertins et al. 2003) zur Bestimmung der Stärken und Schwächen im Umgang mit

© Springer 2009

Wissen eingesetzt worden. Es handelt sich dabei um einen beständig weiterentwickelten Fragenkatalog, der unternehmensspezifisch angepasst werden kann. In seinen Grundzügen wird der Katalog dem ganzheitlichen Verständnis von Wissensmanagement gerecht. Das WM-Audit basiert auf dem Prinzip des Fraunhofer IPK WM-Referenzmodells (s. Kap. 3) und setzt sich somit aus Fragen zu den vier Kernaktivitäten (Wissen erzeugen, speichern, verteilen und anwenden) sowie zu den sechs Gestaltungsfeldern zusammen. Ergänzt werden diese Fragenbereiche durch die Einschätzung der Wissensdomänen. So entsteht ein Gesamtbild zum Umgang mit Wissen im Unternehmen.

5.3 Vorgehen

Das WM-Audit wird als eine Mitarbeiterbefragung durchgeführt Die Befragung aller Mitarbeiter ist ein wichtiges Instrument zur Beteiligung und Sensibilisierung im Rahmen der Einführung von Wissensmanagement. Die Mitarbeiter erhalten zum einen die Mitgestaltungsmöglichkeit durch ihre Einschätzungen der Sachverhalte und zum anderen werden sie durch die Beschäftigung mit den Fragen dazu eingeladen, sich mit dem Umgang mit Wissen in ihrer täglichen Arbeit auseinanderzusetzen.

Ein einfach verständliches Wissensmanagement-Modell, welches der Befragung zugrunde liegt, ist daher ganz wichtig, da es die Sprache und Begriffswelt für die Beschäftigung mit Wissensmanagement im Unternehmen nachhaltig prägen kann. Das Fraunhofer IPK WM-Referenzmodell hat sich in diesem Zusammenhang als praktikables System bewährt wie die Fallstudien aus der Praxis zeigen.

Das WM-Audit ist eine Analysemethode, die einen hervorragenden Einstieg in die Thematik Wissensmanagement ermöglicht. Sie kann als alleinige Analysemethodik ebenso wie in Kombination mit der GPO-WM-Analyse – wie im Rahmen der 15 Fallstudien – angewendet werden. Die Durchführung des WM-Audits glie-

Tabelle 8. Vorgehensweise für das WM-Audit

Auditphase	Aktivitäten
Vorbereitung	Auswahl der Zielgruppe, Auswahl der Fragen und Anpassung an die Organisation, Planung der begleitenden Kommunikation, Abstimmung mit Betriebsrat.
Durchführung	Einladung der Teilnehmer, Erhebung der Daten max. 30 min pro Mitarbeiter (Zeitraum: ca. 2 Wochen), Nachfassaktionen.
Auswertung	Analyse und Aufbereitung der Daten, Identifikation von Handlungsfeldern
Feedback	Bericht der Analyseergebnisse, Zieldefinition und Priorisierung der empfohlenen Maßnahmen, Kommunikation zentraler Ergebnisse an Teilnehmer.
Umsetzung	Planung und Realisierung der beschlossenen Maßnahmen.

dert sich in fünf Phasen. Für gewöhnlich umfasst der Zeitraum von der Vorbereitung bis zu Beginn der Maßnahmenplanung zwei bis drei Monate.

Vor der Durchführung des WM-Audits ist es erforderlich, dass die Zielgruppe festgelegt wird. Die Praxisbeispiele zeigen, dass es sinnvoll sein kann, das gesamte Unternehmen mit einzubeziehen oder lediglich Teilbereiche auszuwählen wie beispielsweise die Entwicklungsabteilung. Je weiter die Befragung über die Organisationseinheiten gestreut ist, desto stärker zeichnet sich der unternehmensweite Stand von Wissensmanagement ab. Soll nach Standorten, Funktionen oder Positionen ausgewertet werden, müssen auch diese im Fragebogen abgebildet werden. Dies stellt letztendlich eine strategische Entscheidung dar, an der häufig auch der Betriebsrat beteiligt werden muss. Durch die Auswahl eines kleinen Pilotbereiches und einer schnellen Sichtbarkeit von Erfolgen erleichtert sich in der Regel die Ausweitung der Erhebung auf andere Bereiche im Unternehmen.

Zudem ist es möglich die Wissensdomänen, die zu Anfang des WM-Audits bewertet werden, an das gängige Verständnis der Mitarbeiter anzupassen. Gerade die Auseinandersetzung mit den Wissensdomänen (Welche sind relevant für uns? Was verstehen wir unter Kundenwissen usw.?) ist ein erster Schritt, den Umgang mit Wissen im Unternehmen systematisch und strukturiert zu reflektieren. Je nach Branche sind bestimmte Wissensgebiete für Unternehmen irrelevant (z. B. Wissen über Patente) und müssen daher nicht in die Befragung mit aufgenommen werden.

Die Befragung erfolgt elektronisch, durch ein Online-Tool gestützt oder auch persönlich vor Ort. Bei entsprechenden technischen Voraussetzungen ist die elektronische Form vorzuziehen, da dies die Datenauswertung vereinfacht und ein geringerer personeller und zeitlicher Aufwand entsteht. Diese Form der Mitarbeiterbefragung bietet den Vorteil, möglichst schnell viele Personen zu erreichen und somit in den Einführungsprozess von Wissensmanagement mit einzubeziehen. Die Beantwortungszeit für das WM-Audit variiert zwischen 15 bis 30 Minuten, je nach dem, was einerseits den Mitarbeitern zugemutet werden kann und andererseits wie umfassend der Informationsbedarf hinsichtlich Wissensmanagement ist. Die Beantwortung der Fragen erfolgt überwiegend anhand einer fünfstufigen Likert-Skala (sehr wichtig, eher wichtig, teils-teils, eher unwichtig, gar nicht wichtig).

Neben der inhaltlichen Gestaltung spielt die kommunikative Begleitung der Befragung eine ebenso wichtige Rolle. Ziele, Vorgehen und Nutzen der Befragung müssen den Mitarbeitern jeder Zeit klar sein, sonst schwindet die Bereitschaft zur Teilnahme (s. Kap. 4). Die Partizipation durch die Teilnahme an der Befragung kann insgesamt zu einer höheren Motivation der Mitarbeiter im Einführungsprozess von Wissensmanagement beitragen. Wichtig ist natürlich, dass aus der Befragung unmittelbar und nachvollziehbar Maßnahmen abgeleitet und auch verfolgt werden. Gerade in kleinen Unternehmen ist oftmals die Bereitschaft hoch, an einer Befragung teilzunehmen und die Ergebnisse kontrovers zu diskutieren. Die abgeleiteten Maßnahmen konsequent umzusetzen, stellt jedoch für manches Unternehmen eine schwer zu bewältigende Herausforderung dar.

Liegen die Ergebnisse des WM-Audits vor, kann es sinnvoll sein, diese im kleineren Kreise vor zu besprechen und zu entscheiden, wie die Kommunikation an die Teilnehmer gestaltet werden soll. Neben der schriftlichen und umfassenden Information empfiehlt sich auch immer eine Präsenzveranstaltung, in der die Mitarbeiter Fragen zu den Ergebnissen und zum weiteren Vorgehen stellen können. Grundsätzlich ist es nicht erforderlich, alle Ergebnisse im Detail darzustellen. Anstatt dessen genügt ein zusammenfassender Überblick, in dem die wesentlichen festgestellten Defizite deutlich benannt und die Handlungsfelder klar definiert werden.

5.4 Ergebnisse

Die Ergebnisse der Befragung bieten eine Übersicht über den Status quo im Umgang mit Wissen in Bezug auf die konkreten Aktivitäten wie Wissen erzeugen, speichern, verteilen und anwenden sowie hinsichtlich der Rahmenbedingungen im Unternehmen. Wichtige Wissensdomänen werden identifiziert und in ihrer Verfügbarkeit eingeschätzt. So entsteht ein Gesamturteil hinsichtlich des Umgangs mit Wissen im Unternehmen, welches durch die Einschätzung der Mitarbeiter zustande kommt.

Erfolgskritisches Wissen und interne Verfügbarkeit

Die für das Unternehmen relevanten Wissensdomänen werden hinsichtlich ihrer Wichtigkeit für die eigene Arbeit sowie nach ihrer Verfügbarkeit eingeschätzt (s. Abb.8). Daraus kann zum einen abgeleitet werden, welche Wissensgebiete einer näheren Betrachtung bedürfen z.B. in Zusammenhang mit dem jeweiligen Geschäftsprozess (s. Kap. 6). Zum anderen ergibt sich aus der Diskrepanz von hoher Wichtigkeit und geringer Verfügbarkeit ebenfalls ein konkreter Handlungsbedarf in Bezug auf das Wissensgebiet. Diese Information hilft vielen Unternehmen, ihre Aktivitäten zum Wissensmanagement entsprechend zu fokussieren. Die oftmals zu Beginn eines Wissensmanagement-Vorhabens befürchtete Komplexität (Wo soll mit Wissensmanagement begonnen werden? Um welches Wissen geht es eigentlich?) löst sich zugunsten einer zielgerichteten Betrachtungsweise auf.

Wissensträger

Zusätzlich zur Wichtigkeit und Verfügbarkeit der einzelnen Wissensgebiete erfolgt eine Einschätzung, ob das Wissen eher personengebunden oder überwiegend in Dokumenten vorhanden ist. Liegt eine Wissensdomäne in einer der beiden Ausprägungen vor, sind die beiden Strategien der Personalisierung und Kodifizierung (Hansen et al. 1999) in der Maßnahmenableitung zu berücksichtigen. Die Personalisierungsstrategie zielt auf die Vernetzung von Personen wohingegen sich die Kodifizierungsstrategie auf Dokumentationsmöglichkeiten konzentriert.

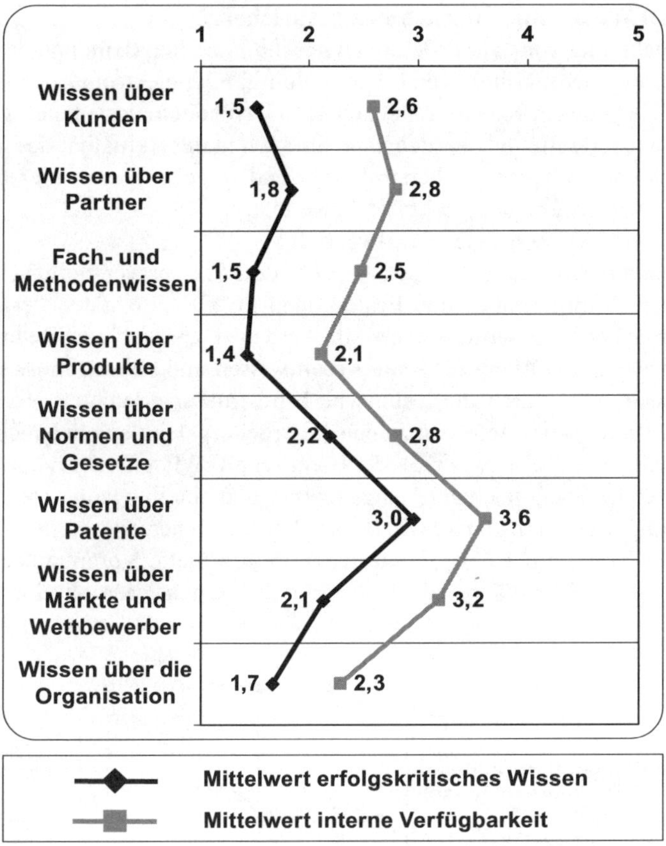

Abb. 8. Beispiel-Auswertung Wissensdomänen: Wichtigkeit und Verfügbarkeit

Kernaktivitäten

Der Umgang mit Wissen kann anhand bestimmter Kernaktivitäten oder Bausteine (vgl. Probst et al. 2006, Heisig 2005) beschrieben werden. Der Bewertung im WM-Audit liegen die vier Kernaktivitäten erzeugen, speichern, verteilen und anwenden von Wissen zugrunde. Anhand verschiedener Fragen wird erfasst, wie systematisch und methodisch bei der Aktivität vorgegangen wird und wie zufrieden die Mitarbeiter mit den Ergebnissen sind. Die Fragenkomplexe sind überblicksartig im Folgenden dargestellt:

- **Wie wird Wissen erzeugt und angewendet?**
  Damit Wissen im Unternehmen zur Anwendung kommen kann, muss es irgendwo entstehen bzw. erzeugt werden. Wissen zu erzeugen und anzuwenden, weist einen hohen kreativen und schöpferischen Anteil auf. Der Einsatz von Methoden zur bewussten Steuerung dieses Prozesses, wie z. B. die Diskussion und Reflexion von in Projekten gemachten Erfahrungen, wird hier hinterfragt.

- **Wie wird Wissen im Unternehmen gespeichert?**
  Die Speicherung von Wissen kann auf der individuellen (Bindung der Person an das Unternehmen), kollektiven (Teambuilding) oder elektronischen Ebene stattfinden. Die Güte der Kernaktivität äußert sich sowohl in der Schnelligkeit, in der Wissen wieder gefunden werden kann als auch in der Aktualität des gefundenen Wissens. Vorhandene Speicherstrukturen und -regeln werden hier hinsichtlich ihrer Effizienz in Frage gestellt und bewertet.
- **Wie gut wird Wissen geteilt und verteilt?**
  In diesem Fragenkomplex stehen Aspekte der Wissens(ver-)teilung im Vordergrund. Um Informationen und Erfahrungen für alle relevanten Personen nutzbar zu machen, müssen diese verteilt werden. Dabei ist von Bedeutung, wer was in welchem Umfang für seine Arbeit wissen und können muss. Das Teilen von Wissen wird durch die technische Infrastruktur erleichtert, ersetzt jedoch nicht die Bereitschaft jedes einzelnen Mitarbeiters. Hier spielen auch kulturelle Phänomene eine Rolle, wie z. B. die Bereitschaft, Wissen mit anderen zu teilen. Die Differenzierung nach abteilungsinterner und abteilungsübergreifender Wissensteilung hat sich in den KMU ebenso als sinnvoll herausgestellt. Es wird zwar gerade in Bezug auf KMU die ausgeprägte informelle Kommunikation immer wieder betont. Hier kann jedoch festgestellt werden, dass ab einer kritischen

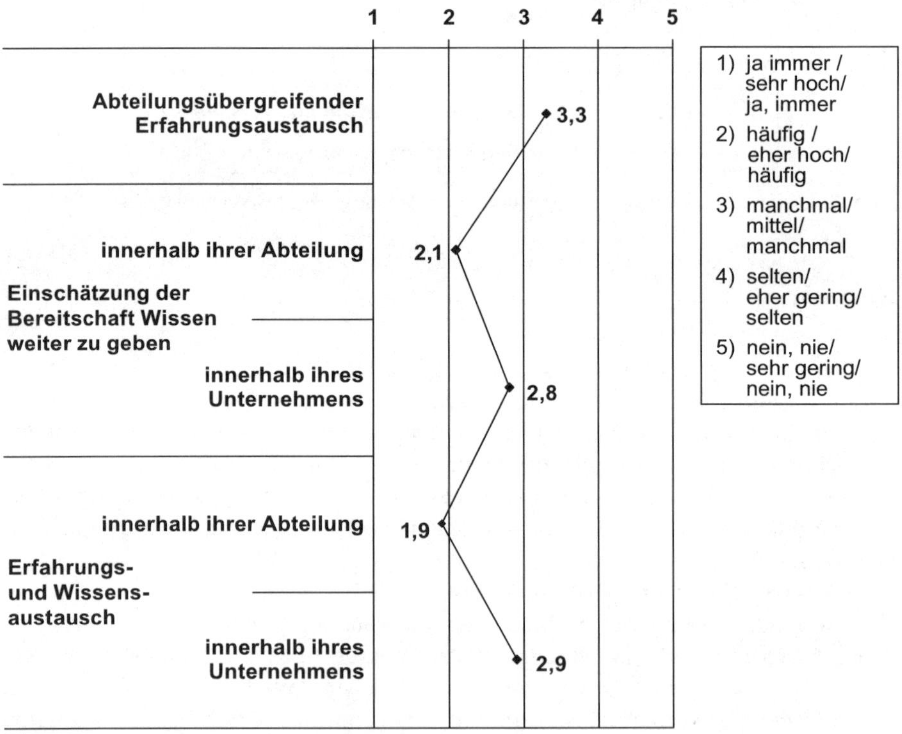

Abb. 9. Auswertung zur Kernaktivität „Wissen teilen“

Größe von 20–30 Mitarbeitern die Abteilungsgrenzen bereits starke Hürden im Wissenstransfer darstellen können.

Durch die Einschätzung der Befragten im WM-Audit erfahren die Unternehmen, welche Aktivitäten bereits gut und welche weniger gut gelebt werden. Zudem werden Zusammenhänge im Wissenstransfer transparent (z.B. wer finden will, muss auch teilen). Allein diese Erkenntnis bei den Mitarbeitern zu fördern, lohnt bereits den Aufwand der Analyse.

Die Fragen nach Wissensdomänen und Kernaktivitäten abteilungsweise auszuwerten[1], bringt den Mehrwert, zu erkennen, wie sich einzelne Bereiche im Unternehmen sehen, worauf ihr Fokus gerichtet ist und welche Best Practices jeweils im Einsatz sind.

Gestaltungsfelder

Die sechs Gestaltungsfelder des Referenzmodells umfassen die wesentlichen Rahmenbedingungen im Wissensmanagement. Der Umgang mit Wissen kann ganz unterschiedlich in den verschiedenen Feldern gefördert, aber auch erschwert werden. Folgende Schwerpunkte werden in den einzelnen Bereichen gesetzt:

- Unternehmenskultur: Umgang mit Fehlern, Kommunikation und Zusammenarbeit, Kulturmerkmale (z.B. offen/geschlossen, lernförderlich/lernhinderlich).
- Führungssysteme: Feedbackkultur, Vorbildfunktion.
- Personal: Kompetenzentwicklung (Bedarfserkennung und -förderung).
- Informationstechnik: Unterstützung des Wissenstransfers, Nutzung und Zufriedenheit mit vorhandenen IT-Lösungen.
- Controlling: Aspekte der Bewertung und Messung des Umgangs mit Wissen.
- Prozessorganisation: Rollen und Verantwortlichkeiten bezüglich Wissensmanagement.

Durch die breite Berücksichtigung der Rahmenbedingungen werden die Mitarbeiter für die verschiedenen Perspektiven auf den Umgang mit Wissen im Unternehmen sensibilisiert. Führung und Kultur beeinflussen den Wissenstransfer und -austausch gleichermaßen wie vorhandene Technologien.

Wichtige Zusammenhänge können aus den Ergebnissen abgeleitet werden, die hier exemplarisch an einigen Fallbeispielen dargestellt werden:

Das Unternehmen BEYERS identifizierte Defizite in der Wissensspeicherung und fehlende Transparenz über Prozesse, verfügt aber über eine sehr offene und kooperative Unternehmenskultur. Sie verbesserten die interne Kommunikation, aktualisierten die gemeinsamen Regeln und Strukturen im Umgang mit Wissen und schafften Transparenz über Wissen durch die Wissensbilanz (s. Kap. 12).

---

[1] Dies sollte nur nach Abstimmung mit dem Betriebsrat vorgenommen werden.

LTi DRiVES deckte Defizite im abteilungsübergreifenden Wissenstransfer sowie bei der Erfahrungssicherung auf (Wissen teilen). Durch die gezielte Entwicklung von Kompetenzen u.a. durch die Einführung der Lessons Learned-Methode wird der Wissenstransfer optimiert. Zukünftig wird die Arbeit an den Schnittstellen weiter verbessert werden (s. Kap. 13).

Den Mitarbeitern bei DESMA fehlte es teilweise an Methoden- und Prozesswissen, die unterstützende IT-Infrastruktur hilft hier nur wenig. DESMA konzentriert sich auf die Erhöhung der Prozesstransparenz und stößt mit dem Einsatz des Prozessassistenten eine der wichtigsten Maßnahmen an (s. Kap. 11).

Bei PM-Automotive trugen vor allem die Ergebnisse zur Führung und Unternehmenskultur dazu bei, dass Überlegungen zur Delegation von Aufgaben an die Mitarbeiter und zum Aufbau von Selbstorganisationsfähigkeiten angestellt wurden. Die Erhöhung von Kundenwissen bei den Mitarbeitern führte zu kompetenzbildenden Maßnahmen wie z.B. den selbstgesteuerten Projektgruppen (s. Kap. 24). Durch den erneuten Einsatz des WM-Audits erhofft sich die Geschäftsführung hier eine insgesamt kritischere Bewertung durch die Mitarbeiter. Durch die gestärkte Selbstverantwortung sollen sie Umstände im Unternehmen zukünftig realistischer eingeschätzt werden, als sie es in der ersten Befragung getan haben.

5.5 Fazit

Die mit dem WM-Audit abgefragten Themenblöcke geben den Unternehmen ein umfassendes Bild über den Stand ihrer Wissensmanagement-Aktivitäten. Die Kernaktivitäten bilden dabei die Basis. Werden Stärken und gute Praktiken bei der Durchführung einzelner Kernaktivitäten gefunden, eignen sich diese besonders für die Übertragung in andere Unternehmensbereiche, welche die in Frage stehende Aktivität weniger erfolgreich umsetzen. Unternehmensintern generierte Lösungen erzielen generell eine höhere Akzeptanz als Lösungen von extern. Die nachhaltige Umsetzung ist damit auch wahrscheinlicher.

Für die Maßnahmenplanung nach dem WM-Audit steht eine speziell auf das WM-Referenzmodell zugeschnittene Lösungssammlung im ProWis-Shop (s. Kap. 3 sowie Kap. 7) zur Verfügung. Es können dort nach den Kernaktivitäten und den Gestaltungsfeldern Lösungen für das unternehmensspezifische Wissensmanagement gefiltert und ausgewählt werden (z.B. Filtern nach dem Problem der Wissensteilung und dem Gestaltungsfeld Kultur).

Das WM-Audit dient einer ersten und breiten Orientierung im Unternehmen zum Thema Wissensmanagement. Mit dem standardisierten Vorgehen und umfassenden Fragenkatalog kann das Thema Wissensmanagement im Unternehmen zielorientiert angepackt werden. Der wiederholte Einsatz des WM-Audits ermöglicht die Messung von Veränderungen im Umgang mit Wissen im Unternehmen.

Der sich anschließende GPO-WM-Analyse (s. Kap. 6) kann helfen, die hier identifizierten, relevanten Wissensgebiete im Rahmen des entsprechenden Geschäftsprozesses detaillierter zu bewerten.

Kapitel 6
Wissensorientierte Analyse und Gestaltung von Geschäftsprozessen

Kai Mertins, Ronald Orth

6.1 Ansatz

Basis der wissensorientierten Analyse und Gestaltung von Geschäftsprozessen ist die am Fraunhofer IPK entwickelte Methode des Geschäftsprozessorientierten Wissensmanagements (GPO-WM) (Heisig 2005)[1]. Die konzeptionelle Grundlage hierzu liefert das eingangs beschriebene WM-Referenzmodell (s. Kap. 3). Vor diesem Hintergrund stellt die Analyse- und Gestaltungsmethode die wertschöpfenden Prozesse des Unternehmens in den Mittelpunkt der Betrachtung, da sich hier der tägliche Umgang mit Wissen vollzieht. Die Integration der WM-Kernaktivitäten in die Geschäftsprozesse gewährleistet die Verknüpfung zwischen dem Wissensmanagement und den Aufgaben des Tagesgeschäfts.

Die GPO-WM-Analyse ist eine workshopbasierte Methode, die darauf abzielt, den systematischen Umgang mit Wissen im Rahmen eines bestimmten Geschäftsprozesses zu bewerten, Stärken und Verbesserungspotenziale zu identifizieren und Lösungen abzuleiten. Die grundlegende Basis für die Bewertung stellen hier die Wissensdomänen dar. Mit Hilfe von einfach zu füllenden, elektronischen Formularen werden auf Basis eines standardisierten Verfahrens ausgewählte Wissensdomänen anhand der vier Wissensmanagement-Kernaktivitäten (erzeugen, speichern, verteilen und anwenden) analysiert.

Ein zentrales Merkmal der GPO-WM-Analyse ist der Einsatz von Prozessbeschreibungen und die Fokussierung auf das relevante Wissen im jeweiligen Prozess. Unter Einbezug der Mitarbeiter, die im Workshop ihre Prozesskenntnisse und Anforderungen einbringen können, gelingt es den aktuellen Status des Umgangs

[1] Im Rahmen des ProWis-Projektes wurde die ursprüngliche GPO-WM-Analyse (Heisig 2005) weiterentwickelt. Im Mittelpunkt der Modifizierung stand insbesondere die noch stärkere Ausrichtung an den Bedürfnissen und Anforderungen der KMU und somit eine noch weitere Vereinfachung der Methode (Schmid & Orth 2008).

© Springer 2009

mit Wissen aus unterschiedlichen Blickwinkeln zu beleuchten und gleichzeitig die Integration der späteren Lösungen in den Prozess zu berücksichtigen. Das Verfahren stößt auf große Akzeptanz bei den Mitarbeitern, da sie sich zu den Abläufen im Unternehmen direkt äußern können und den Umgang mit Wissen mit Hilfe der Methode einfach und konkret beschreiben können. Die Workshops lassen sich sehr gut nach der Mitarbeiterbefragung zum Status quo im Umgang mit Wissen (s. Kap. 5) einsetzen.

6.2 Vorgehen in drei Schritten

Die GPO-WM-Analyse gliedert sich in drei aufeinander aufbauende Schritte (s. Abb. 10), die im Folgenden näher beschrieben werden.

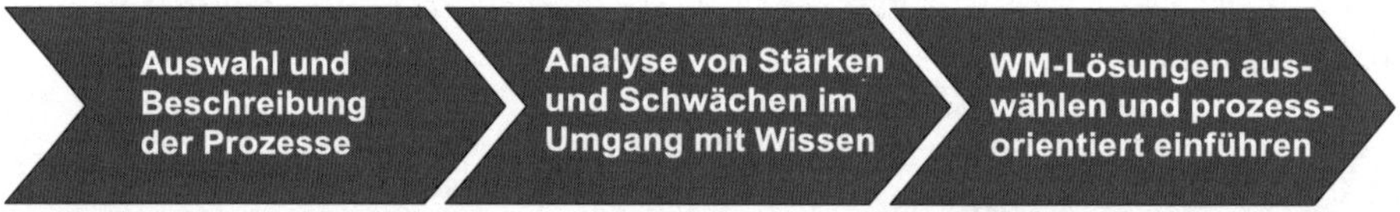

Abb. 10. Drei Schritte der GPO-WM-Analyse

Schritt 1: Auswahl und Beschreibung der Prozesse

Die Erfahrungen von Unternehmen zeigen, dass die erfolgreiche Einführung von Wissensmanagement von einer konkreten Schwerpunktsetzung abhängig ist. In diesem Zusammenhang ist bereits mehrfach die Prozessorientierung bei der Einführung von Wissensmanagement als zentrale Forderung formuliert worden (Scholl et al. 2004, Fraunhofer-Wissensmanagement Community 2005, Bahrs et al. 2007). Die Ausrichtung der WM-Aktivitäten an konkreten Geschäftsprozessen gewährleistet, dass die operativen Abläufe im Unternehmen betrachtet werden und somit die Integration von Wissensmanagement in die alltäglichen Abläufe des Unternehmens sichergestellt wird.

Zu Beginn des Projektes gilt es daher, geeignete Geschäftsprozesse auszuwählen, die mit Methoden und Instrumenten des Wissensmanagements zukünftig verbessert werden sollen.[2] In diesem Zusammenhang stellen **Prozessmodelle** ein wertvolles

[2] Bei der Auswahl der Geschäftsprozesse kann beispielsweise das Instrument der Wissensbilanz (s. Kap. 12) sinnvoll eingesetzt werden. Abgeleitet aus der strategischen Ausrichtung des Unternehmens ermöglicht sie, die Geschäftsprozesse zu identifizieren, die eine wichtige Rolle für die Erreichung der Unternehmensziele spielen. Ferner werden durch die Wissensbilanz Wechselwirkungen zwischen verschiedenen Geschäftsprozessen und anderen immateriellen Erfolgsfaktoren des Unternehmens aufgezeigt (Mertins u. Orth 2006, Mertins et al. 2006b).

Instrument dar, um Abläufe im Unternehmen abzubilden und somit Transparenz zu schaffen. Prozessmodelle ermöglichen es, ein gemeinsames Prozessverständnis zu erarbeiten, dienen somit als Kommunikationsgrundlage und unterstützen die Auseinandersetzung und Diskussion der Abläufe und Strukturen im Unternehmen (Mertins et al. 2007b).[3]

Daher gilt es, in einem ersten Schritt ein Prozessmodell mit dem Projektteam zu erarbeiten. Die Modellierung von Geschäftsprozessen ermöglicht es, Abläufe im Unternehmen abbilden, beschreiben, analysieren und gestalten zu können. Als grafische Repräsentation eines ausgewählten Bereichs stellt das Prozessmodell die Grundlage für die weitere Analyse des Umgangs mit Wissen dar. Die relevanten Wissensdomänen werden im Prozessmodell verortet. Liegen im Unternehmen bereits Prozessbeschreibungen – beispielsweise aus dem Qualitäts-, Geschäftsprozess- oder Projektmanagement – vor, so kann auf diesen aufgebaut werden.

Neben der Visualisierung der Unternehmensabläufe und der Beschreibung des Kontexts für den Umgang mit Wissen, ist das Prozessmodell für das weitere Vorgehen in zweierlei Hinsicht nützlich. Erstens liefert das Prozessmodell eine Eingrenzung des Betrachtungssystems und verdeutlicht die Schnittstellen zwischen unterschiedlichen Teilprozessen bzw. Abteilungen. Zweitens unterstützt das Prozessmodell dahingehend, dass es wertvolle Hinweise für die Auswahl und Zusammenstellung des Projektteams für die weiteren Schritte der Analyse liefert.

Schritt 2: Analyse von Stärken und Schwächen im Umgang mit Wissen

Nach Abgrenzung des zu untersuchenden Prozesses werden in diesem Schritt zentrale Wissensgebiete, die für den ausgewählten Prozess von besonderer Relevanz sind, näher betrachtet. Ziel ist es, Stärken und Verbesserungspotenziale im Umgang mit Wissen zu identifizieren und Handlungsfelder für Verbesserungsmaßnahmen abzuleiten. Dazu muss der Umgang mit Wissen konkret beschrieben und bewertet werden.

Im Rahmen der GPO-WM-Analyse wird in diesem Zusammenhang auf das Konzept der **Wissensdomänen** zurückgegriffen (Heisig 2005, Orth et al. 2008). Dieses Konzept ermöglicht die Fokussierung von Wissensmanagement-Aktivitäten auf wesentliche Inhalte und damit auf das relevante Know-how im Unternehmen. Zu Beginn gilt es daher, die zentralen Wissensgebiete des Unternehmens zu identifizieren und zu beschreiben. Bei der Auswahl von Wissensdomänen, die für den ausgewählten Prozess von Bedeutung sind, kann auf die Ergebnisse des WM-Audits zurückgegriffen werden (s. Kap. 5). Beispielhafte Wissensdomänen[4] sind:

---

[3] Der Nutzen der Prozessorientierung sowie der Einsatz von Modellierungswerkzeugen werden im Kapitel 11 ausführlich beschrieben.

[4] Standarddefinitionen für Wissensdomänen wurden im Anhang zusammen getragen.

- *Wissen über Produkte* (z. B. Wissen über das eigene Produktportfolio, eingesetzte Fertigungstechnologien, Bauteile und Komponenten)
- *Wissen über Kunden* (z. B. Wissen über Zielmarkt des Kunden, Ansprechpartner, Kundenprobleme oder -anforderungen)
- *Fach- und Methodenwissen* (z. B. Problemlösungstechniken und deren Anwendungsgebiet, Qualifikation, fachspezifisches Anwendungswissen)
- *Wissen über Märkte und Wettbewerber* (z. B. Marktentwicklungen, Zugänglichkeit, Trends, Stärken und Schwächen von Wettbewerbern)

Nach der Festlegung und der unternehmensspezifischen Beschreibung der Wissensdomänen durch die Mitarbeiter werden im Anschluss die **Wissensträger** benannt, auf die sich die entsprechenden Wissensinhalte verteilen. Hierbei wird zwischen personellen Wissensträgern (z. B. Experten im Unternehmen) und materiellen Wissensträgern (z. B. Datenbanken, Dokumente) unterschieden. Für die Dokumentation dieser Teilergebnisse werden Vorlagen (Templates) genutzt. In der Abb. 11 ist ein Beispiel für die Wissensdomäne „Kundenwissen" dargestellt.

Im Anschluss werden die ausgewählten Wissensdomänen anhand der vier WM-Kernaktivitäten (erzeugen, speichern, verteilen und anwenden) analysiert. Hierzu werden die gegenwärtig eingesetzten Methoden und Instrumente im Umgang mit Wissen bewertet. Für die Analyse wird ein Leitfaden, der sowohl offene als auch geschlossene Fragen beinhaltet, als Erhebungs- und Bewertungsinstrument eingesetzt. Die Formulare (Templates) des standardisierten Interviewleitfadens dienen gleichzeitig dem Zweck, die entsprechenden Methoden und Instrumente für den Umgang mit Wissen zu benennen, Stärken und Schwächen zu bewerten sowie die Ergebnisse und erste Verbesserungsvorschläge zu dokumentieren (Abb. 12).

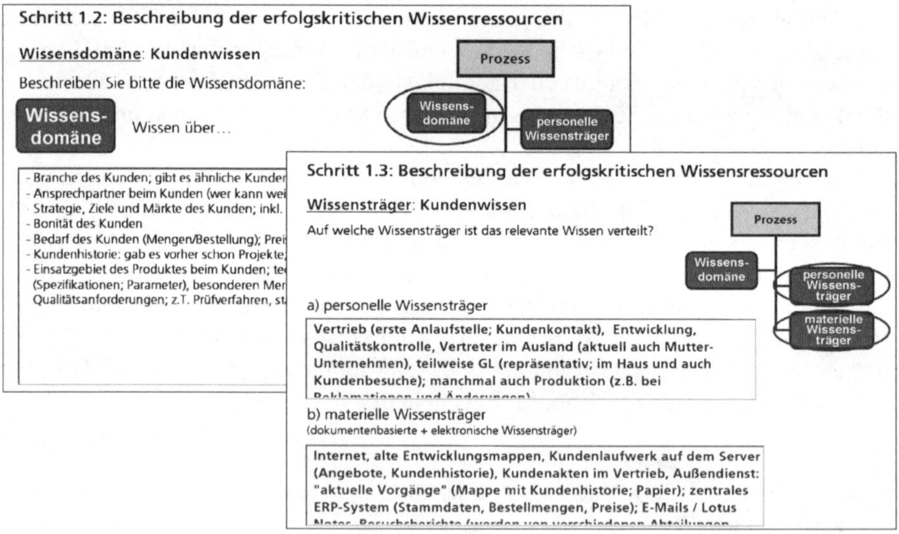

Abb. 11. Template zur Beschreibung der Wissensdomäne und Wissensträger

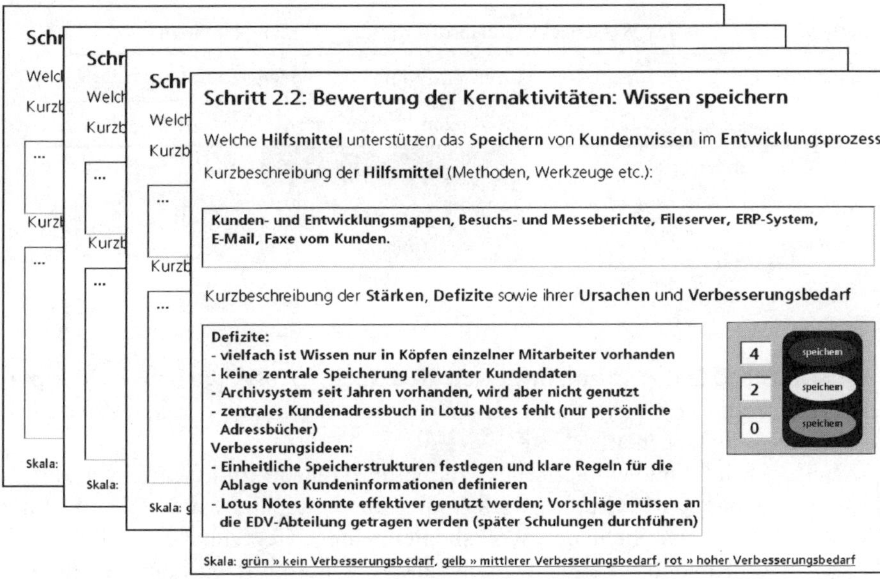

Abb. 12. Templates zu den WM-Kernaktivitäten der GPO-WM-Analyse

Die Bewertung der gegenwärtig eingesetzten Methoden und Instrumente zur Unterstützung des Umgangs mit Wissen erfolgt anhand eines leicht verständlichen **Ampelprinzips**. Die einzelnen Farben der Ampel gliedern dabei den Verbesserungsbedarf je Kernaktivität in drei Kategorien: *rot* steht für hohen, *gelb* für mittleren und *grün* für keinen Verbesserungsbedarf im Umgang mit Wissen (Abb. 13). Auch eine „grüne Ampel" (kein Verbesserungsbedarf) kann nützliche Hinweise für die weitere Gestaltung des Wissensmanagements im Unternehmen liefern. Hier beherrscht ein Unternehmen eine Kernaktivität besonders gut, d. h. es haben sich bestimmte Verfahren in der täglichen Praxis bewährt. Dies ist ein Ausgangspunkt für die Identifikation guter Praktiken im Unternehmen, die ggf. in andere Prozesse oder Bereiche des Unternehmens transferiert werden sollten.

Das Ergebnis dieses Schrittes stellt das **Wissensaktivitätsprofil** des untersuchten Geschäftsprozesses dar. Das Wissensaktivitätsprofil repräsentiert den gegenwär-

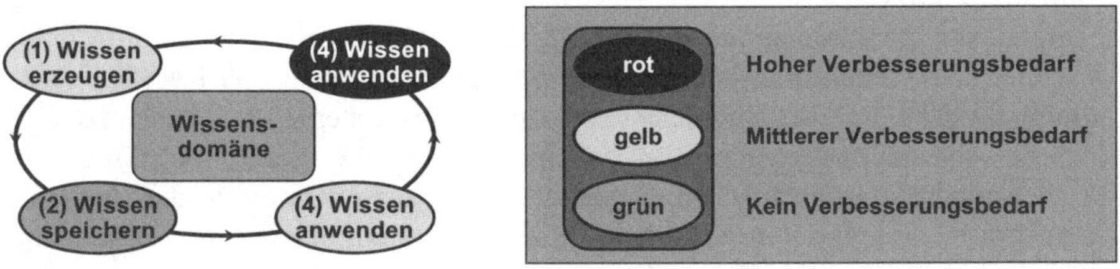

Abb. 13. WM-Kernaktivitäten und Ampelprinzip

Tabelle 9. Beispielhaftes Wissensaktivitätsprofil mit drei Wissensdomänen

Wissensdomäne	Kernaktivitäten			
	Erzeugen	Speichern	Verteilen	Anwenden
Wissen über Kunden	rot	rot	gelb	gelb
Wissen über Produkte	grün	gelb	grün	gelb
Wissen über Märkte	rot	gelb	gelb	grün

tigen Ist-Zustand und zeigt auf, inwieweit die aktuellen Aufgaben im Geschäftsprozess die einzelnen Kernaktivitäten des Wissensmanagements bereits erfüllen und wo noch Defizite bestehen.

Tabelle 9 zeigt ein exemplarisches Wissensaktivitätsprofil dreier Wissensdomänen, die im Rahmen der Gruppenworkshops näher betrachtet wurden. Der höchste Handlungsbedarf aus Sicht der Workshopteilnehmer liegt in diesem Fall beim „Wissen über Kunden". Ferner werden, über die drei Wissensdomänen hinweg betrachtet, insbesondere die Kernaktivitäten „erzeugen" und „speichern" als besonders verbesserungswürdig eingeschätzt.

Mit Hilfe des Wissensaktivitätsprofils werden die Ergebnisse des Workshops in kompakter Form zusammengefasst und visualisiert. Es eignet sich somit auch für die interne Kommunikation und für die Vermittlung der Ergebnisse im Unternehmen. In Kombination mit den dokumentierten, qualitativen Ergebnissen der Templates, die eine inhaltliche Begründung für die schlechte oder gute Bewertung der Kernaktivitäten liefern, zeigt das Wissensaktivitätsprofil konkrete Ansatzpunkte für Verbesserungsmaßnahmen auf.

Schritt 3: WM-Lösungen auswählen und prozessorientiert einführen

Die zuvor identifizierten Verbesserungspotenziale lassen sich durch geeignete Gestaltungsbausteine des Wissensmanagements erschließen. Dabei ist der Gestaltungsspielraum bei der Lösungsauswahl und -entwicklung groß. Mit dem **ProWis-Shop** steht für diese Phase der Wissensmanagement-Einführung eine umfangreiche Lösungssammlung mit Gestaltungsempfehlungen als Auswahlhilfe bereit (s. Kap. 7). Die Strukturierung des ProWis-Shops anhand der vier Kernaktivitäten ermöglicht die zielgerichtete Suche und Auswahl adäquater WM-Lösungen.

Nach Auswahl geeigneter WM-Instrumente sind diese bei ihrer Einführung an die organisationsspezifischen Gegebenheiten anzupassen und in die Unternehmensabläufe zu integrieren. Um die nachhaltige Verankerung des Wissensmanagements im Unternehmen zu unterstützen, empfiehlt es sich, die Lösungsbausteine im

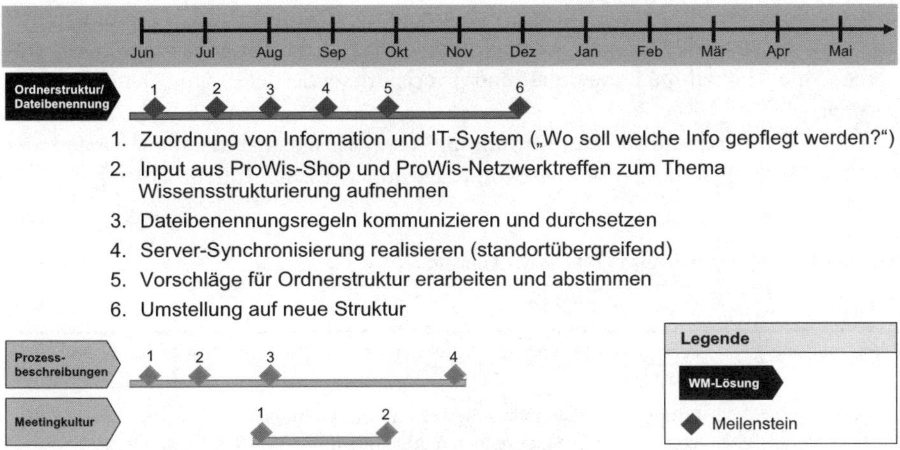

Abb. 14. Beispielhafte Roadmap mit WM-Lösungen

unternehmensspezifischen Prozessmodell eindeutig zu benennen und die entsprechenden Aufgaben klar zu definieren.

Auch der sich anschließende Einführungsprozess selbst sollte systematisch geplant werden. Als Hilfsmittel hat sich hier die Erstellung einer **Lösungs-Roadmap** bewährt. Die Roadmap ermöglicht es, den angestrebten Zielzustand zu spezifizieren, wichtige Meilensteine auf dem Weg zur Zielerreichung zu definieren und die zeitliche Planung des Einführungsprozesses zu konkretisieren. Abbildung 14 zeigt eine solche Roadmap mit drei Handlungsfeldern und den entsprechenden Lösungen.

6.3 Zusammenfassung

Ziel der wissensorientierten Analyse und Gestaltung von Geschäftsprozessen ist es, den Umgang mit Wissen in operativen Geschäftsprozessen zu verbessern. Hierzu sind ausgewählte WM-Lösungen und Bausteine in die täglichen Arbeitsaufgaben zu integrieren.

Die prozessorientierte Arbeitsweise garantiert eine hohe Akzeptanz durch die Mitarbeiter. Für die systematische Bestandsaufnahme und Maßnahmenplanung liefert die workshopbasierte Methode ein bewährtes und effizientes Verfahren.

Im Rahmen der Workshops wird der Umgang mit Wissen anhand der vier Kernaktivitäten (Wissen erzeugen, speichern, verteilen und anwenden) bewertet. Hier werden Stärken und Defizite im Umgang mit Wissen ermittelt und erste Verbesserungsvorschläge mit den Mitarbeitern erarbeitet. Die Ergebnisse der GPO-WM-Analyse bestehen in einer wissensorientierten Prozessbeschreibung und einem Wissensaktivitätsprofil der untersuchten Wissensdomänen. Darauf aufbauend werden die Analyseergebnisse mit den Mitarbeitern diskutiert und Handlungsfelder zur Verbesserung des Umgangs mit Wissen identifiziert. Gemeinsam werden entsprechende Maßnahmen abgeleitet und priorisiert sowie deren Umsetzung zeitlich geplant.

Die einzelnen Schritte zur Einführung von Wissensmanagement anhand der GPO-WM-Analyse lassen sich wie folgt zusammenfassen (Tabelle 10):

Tabelle 10. Vorgehensweise GPO-WM-Analyse

Phase	Vorgehen
Vorbereitung	Zusammenstellung des Projektteams, Auswahl und Beschreibung der Prozesse.
Durchführung	Gruppenworkshops zur Bewertung des Umgangs mit Wissen (Analyse von ca. 3 Wissensdomänen à 90 Minuten, ca. 5–10 Teilnehmer pro Gruppeninterview). Anschließend Auswertung und Aufbereitung der Ergebnisse.
Feedback und Maßnahmen	Diskussion der Analyseergebnisse mit den Workshopteilnehmern, Priorisierung von Handlungsfeldern, Ableitung und Planung von Maßnahmen. Erstellung einer Lösungs-Roadmap (zeitliche Planung und Meilensteine für die Umsetzung).

Kapitel 7
Wissensmanagement-Lösungen auswählen

Stefan Voigt

Im Bereich Wissensmanagement existiert eine Vielzahl an Wissensmanagement-Methoden und -Lösungen, die für den unerfahrenen Anwender nur schwer überschaubar erscheinen. Die Bedürfnisse der Unternehmen sind unterschiedlich. Daher stellt sich die Frage, welche Methode oder welches Werkzeug ist das Richtige? Im Folgenden wird gezeigt, wie aus den Analyseergebnissen selbstständig und mit Hilfe einer webbasierten Anwendung konkrete Lösungen abgeleitet und deren Einführung systematisch gestaltet werden können.

7.1 Der ProWis-Shop

Aufgrund der Vielzahl bestehender Wissensmanagement-Lösungsoptionen (Werkzeuge, Methoden) war die zentrale Idee im Rahmen des ProWis-Projektes die Aufbereitung und Bereitstellung praxiserprobter Wissensmanagement-Methoden, mit dem Ziel, mittelständische Unternehmen über konkrete Maßnahmen, Chancen und Risiken aufzuklären. Folglich stellte sich die Herausforderung, ein Angebot zu entwickeln, welches umfangreiche Informations- und Kommunikationsmöglichkeiten bietet, aber in seiner Komplexität dennoch übersichtlich und anwendbar ist. Um derartige Informationen für die Allgemeinheit zugänglich zu machen, bot sich eine portalbasierte Internetplattform an. Die Onlineplattform stellt sich als günstiges Mittel dar, um komplexe Informationen bereitzustellen, abzurufen, zu ergänzen, zu kommunizieren und weiter zu entwickeln.

Als portalbasierte Internetplattform stellt der ProWis-Shop[1] fast 60 Lösungen und Methoden für das Wissensmanagement zur Verfügung. Dabei steht das Bild des „Heimwerkers der durch den Baumarkt schlendert und sich die passenden

[1] Der ProWis-Shop ist online unter http://shop.prowis.net erreichbar.

© Springer 2009

Werkzeuge für seine Arbeit zusammen sucht" für den ProWis-Shop Pate. Im ProWis-Shop werden neben Wissensmanagement-Methoden weitere Hilfsmittel zur Einführung von Wissensmanagement bereitgestellt.

7.2 Nutzen des ProWis-Shops

Die Internetplattform richtet sich an mittelständische Unternehmen, die sich allgemein über das Thema Wissensmanagement informieren möchten oder ganz konkret an einem prozessorientierten Vorgehen zur Einführung von Wissensmanagement interessiert sind. Die Zielgruppen innerhalb dieser Unternehmen sind wiederum vielfältig. Primär bietet die Internetplattform dem Projektleiter für die Einführung des Wissensmanagements für jede Phase Unterstützung an. Der Shop richtet sich ferner an die Geschäftsleitung, die einen schnellen Überblick über die Potenziale des Wissensmanagements erhalten möchte genauso wie an den Mitarbeiter, der sich Detailinformationen über eine aktuelle Wissensmanagement-Lösung aus anderen Unternehmen einholen möchte.

Dem Projektleiter bietet der Shop neben der Lösungsbox vor allem das in Kapitel 6 aufgezeigte Vorgehen zur prozessorientierten Umsetzung von Wissensmanagement als roten Faden an. Zu jeder Phase bietet der Shop die wichtigsten Schritte sowie Checklisten zur begleitenden Kommunikation im Rahmen der unternehmensinternen Umsetzung an. Die Plattform ist für alle angemeldeten Nutzer kostenfrei verfügbar. Interessierte Unternehmensvertreter können sich ein Nutzerprofil anlegen lassen.

Der ProWis-Shop wurde vor allem konzipiert, um Wissensmanagement-Methoden und -Tools transparent zu machen und bei ihrer Nutzung zu unterstützen. Zent-

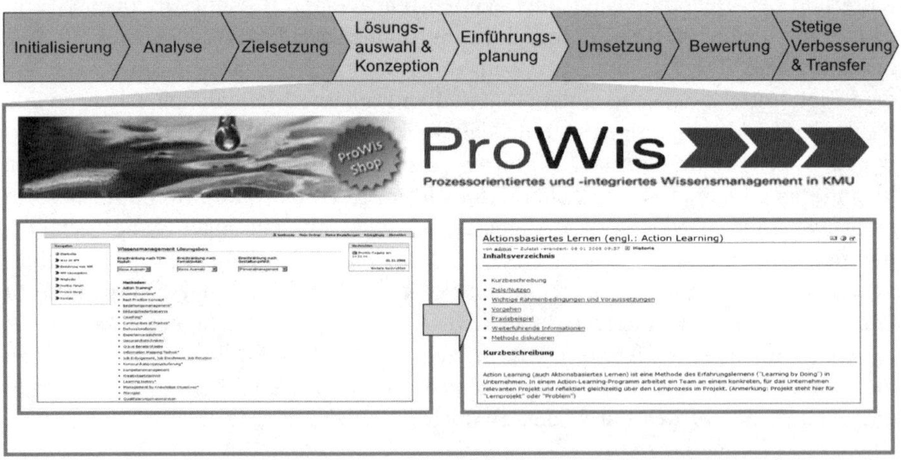

Abb. 15. Der ProWis-Shop in Rahmen der Einführung von Wissensmanagement

raler Bestandteil ist daher die Lösungsbox, die vor allem die Phase Lösungsauswahl und Konzeption unterstützt (s. Abb. 15).

Um direkt aus den Analyseergebnissen des WM-Audits und der GPO-WM-Analyse (s. Kap. 5 sowie Kap. 6) mögliche Lösungen abzuleiten, wurden die zentralen Konstrukte der Analysetools im Shop aufgegriffen. So werden die Methoden nach drei verschiedenen und untereinander kombinierbaren Kriterien strukturiert. Unternehmen haben damit die Möglichkeit, nach Lösungen entlang ihrer Verbesserungspotenziale zu suchen. Eine Navigation kann nach

- den Kernaktivitäten[2] oder
- Gestaltungsfeldern[3] des Wissensmanagements,
- nach dem TOM-Modell[4] (ganzheitliche Sicht auf Wissensmanagement),
- sowie nach aktuellen Fragestellungen aus der Praxis erfolgen.

Mit diesen vielfältigen und an den Bedürfnissen von KMU orientierten Zugängen ist es möglich, die Lösungssuche selbstständig und ohne fremde Hilfe durchzuführen. Der Einstieg in den Shop unterstützt sowohl die Suche nach Lösungen anhand analytischer Kriterien als auch ganz explorativ, nach allgemeinen Fragestellungen aus der Praxis. Daher können sich Anwender auch ohne den vorherigen Einsatz bestimmter Analysetools von den Empfehlungen im ProWis-Shop für ihr eigenes Wissensmanagement inspirieren lassen.

Es lassen sich demnach verschiedene Suchstrategien anwenden. Werden zum Beispiel nach der Analyse vor allem Probleme bei der Kernaktivität „Wissen speichern“ identifiziert, führt die Filterung nach dieser Kernaktivität u. a. zur Methode Debriefing (s. auch Kap. 8) und zum Werkzeug Enterprise Information Portal, wie Abb. 16 verdeutlicht. Ein zweiter Suchpfad kann über die Standard-Wissensmanagementprobleme erfolgen. Zum Beispiel die Frage nach der Sicherung von Wissen nach dem Ausscheiden von Mitarbeitern. Parallel kann nach Schlagwörtern eine Volltextsuche durchgeführt werden.

Der Nutzer der Lösungssammlung muss sich auf die Qualität der Methodenbeschreibungen verlassen können. Der Erstellung der Lösungsbox ging daher ein professioneller Auswahlprozess voran.

---

[2] Kernaktivitäten des Wissensmanagements: Wissen erzeugen, speichern, verteilen und anwenden (s. Kap. 6).

[3] Gestaltungsfelder des Wissensmanagements: Personalmanagement, Unternehmenskultur, Führungssysteme, Prozessorganisation, Informationstechnologie und Controlling (s. Kap. 3).

[4] TOM = Technologie, Organisation und Mensch als zentrale Gestaltungsdimensionen des Wissensmanagements (vgl. Bullinger et al. 1998).

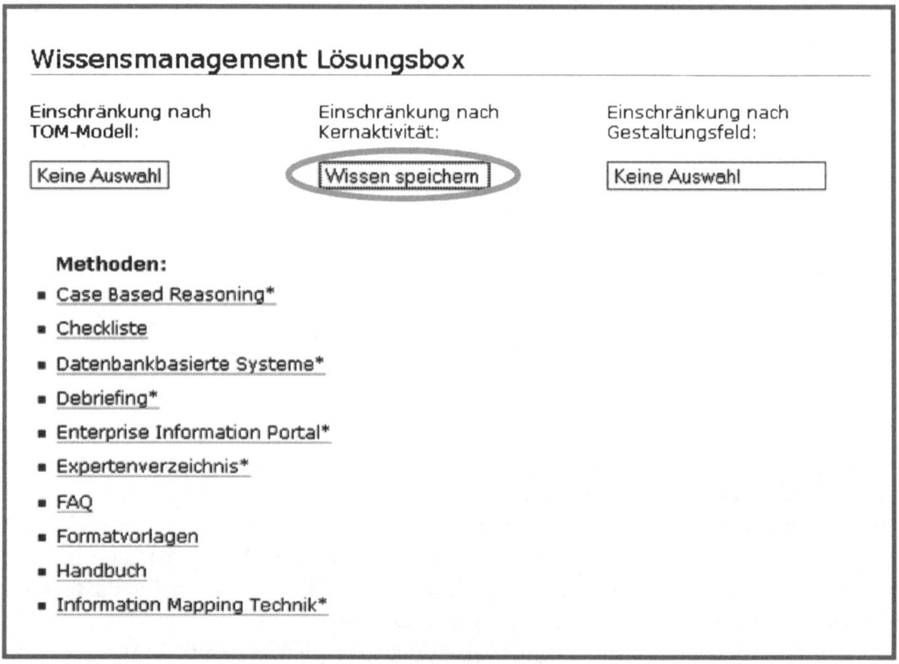

Abb. 16. Lösungsauswahl nach der Kernaktivität Wissen speichern

7.3 Methoden und Instrumente in der Lösungsbox

Verschiedene Methodenbeschreibungen aus der Fachliteratur und aus Internetportalen wurden gesammelt und untersucht. Über 100 Methoden und Instrumente mit Bezug zum Thema Wissensmanagement wurden so zusammengetragen. Die Vielzahl unterschiedlicher Synonyme für gleiche oder stark ähnliche Lösungen machte es notwendig, Dopplungen zu beseitigen. Im nächsten Schritt wurden KMU-orientierte Kriterien aufgestellt, um die Tauglichkeit der Lösungen für mittelständische Unternehmen bewerten zu können. Hierfür wurde eine Kosten-Nutzen-Analyse für die Lösungen durchgeführt. Die „Gesamtkosten" für die Anwendung einer Methode/eines Instrumentes setzen sich aus dem Implementierungsaufwand und dem Betriebsaufwand zusammen (s. auch Staiger u. Kilian 2006). Der Nutzen hingegen wird durch einen Erfolgsindikator erhoben. Lösungen mit zu hohem Aufwand bei geringem Nutzen wurden als nicht KMU-tauglich eingeschätzt und folglich nicht in den ProWis-Shop aufgenommen. Übrig blieben 54 Lösungen, die noch einmal hinsichtlich ihrer originären Wissensmanagement-Herkunft untersucht wurden. Originäre Wissensmanagement-Lösungen sind Methoden, die speziell in Bezug auf den Umgang mit Wissen angewendet werden und auch mit dieser Intention entwickelt wurden. Diese Lösungen sind im ProWis-Shop besonders gekennzeichnet (s. Sternchen hinter den Lösungsnamen in Abb. 16). Abbildung 17 fasst den beschriebenen Prozess zur Lösungsauswahl zusammen.

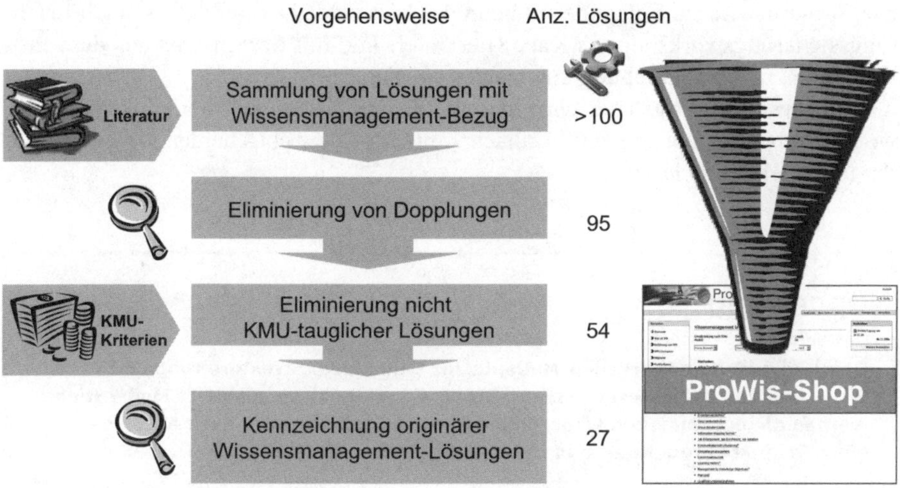

Abb. 17. Vorgehen zur Auswahl der im ProWis-Shop aufgenommenen Lösungen

Wie Abb. 18 verdeutlicht, wurde zur Vereinfachung der Navigation durch den Nutzer jede Lösung zunächst mit einer Kurzbeschreibung vorgestellt, bevor im nächsten Schritt die detaillierten Informationen angezeigt werden.

Die Methodenbeschreibungen sind nach folgenden Punkten gegliedert:

- Kurzbeschreibung
- Ziele/Nutzen
- Rahmenbedingungen und Voraussetzungen
- Vorgehensweise und Hilfsmittel
- Praxisbeispiel
- Weiterführende Informationen

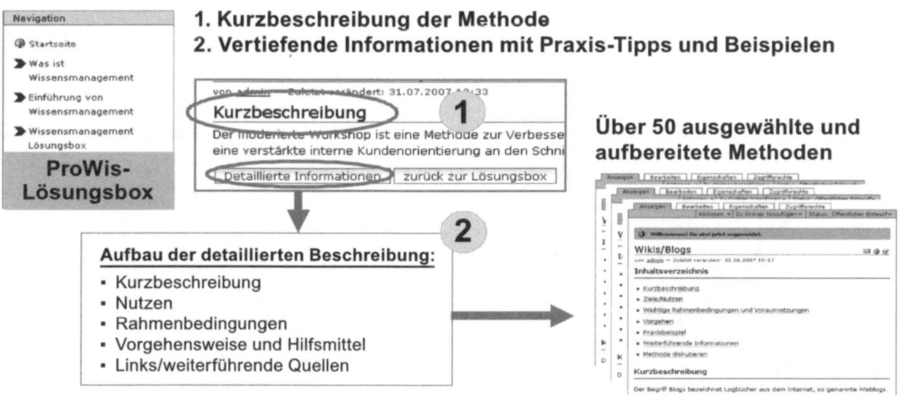

Abb. 18. Beschreibung der Lösungen im ProWis-Shop

Die Struktur wird im Folgenden anhand der Methode „Debriefing“ (s. auch Erfahrungssicherungsworkshops in Kap. 8) erläutert und mit Screenshots aus dem ProWis-Shop zur Verdeutlichung untersetzt.

Kurzbeschreibung: Hier wird in zwei bis drei Sätzen auf den Punkt gebracht, worum es bei der Lösung geht. Danach kann der Leser entscheiden, ob es sich für ihn lohnt, weiter zu lesen.

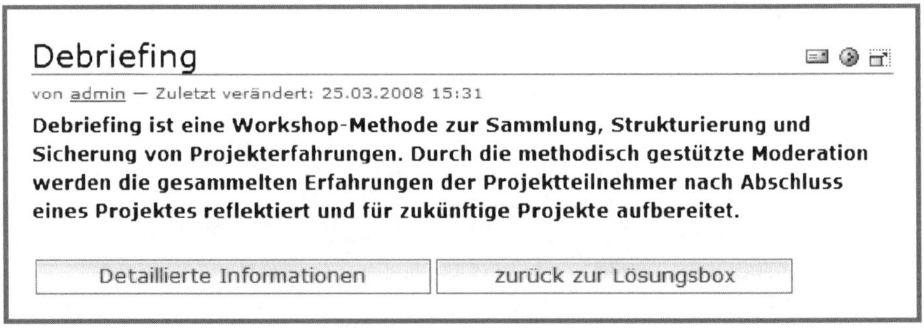

Abb. 19. Kurzbeschreibung Debriefing

Ziele und Nutzen: Von besonderer Bedeutung ist hierbei die explizite Herausstellung des Nutzenaspektes der jeweils zur Anwendung kommenden Lösung. Es muss dem potenziellen Anwender aufgezeigt werden, ob die Lösung die richtige für ihn ist, ob sie ihm Nutzen verschafft und seine Zielstellung erfüllt. Gerade die Faszination neuer Technologien führt in der Praxis oft zu einer spontanen Investition in Systeme, die aber gar nicht dafür geeignet sind, die vorherrschenden Probleme auch tatsächlich zu lösen. Daher ist der richtige Filter für die Lösungsauswahl auch so entscheidend!

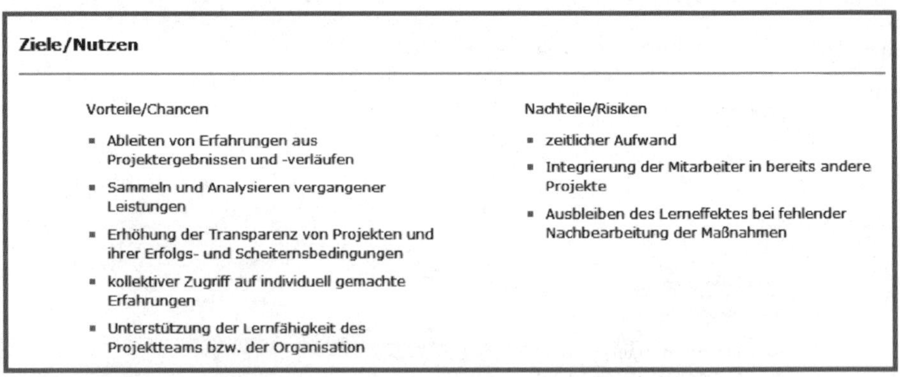

Abb. 20. Auszug aus Zielen und Nutzen der Methode Debriefing

Rahmenbedingungen und Voraussetzungen: Bevor eine Lösung ausgewählt wird, ist die Entscheidung über die Realisierungsmöglichkeiten zu fällen. Nicht jede Methode eignet sich für jedes Unternehmen. Es ist immer die jeweilige Situation des Unternehmens und die bisherige Beanspruchung an die Veränderungsbereitschaft der Mitarbeiter zu berücksichtigen. Nicht zuletzt können auch harte Fakten entscheidend für die Auswahl sein (z. B. fehlende Räumlichkeiten).

Wichtige Rahmenbedingungen und Voraussetzungen

- zeitnahe Identifikation und Analyse von Projekterfahrungen zum Projektabschluss
- kurze Workshops zum Projektende (je nach Projektgröße) möglichst außerhalb des Unternehmens halten
- Workshop-Design an Projektgegebenheiten anpassen
- Einladung aller am Projekt Beteiligten
- einheitliches und einfaches Schema, sowie möglichst informeller Charakter
- Feiern des Lernerfolges
- detaillierte Sammlung von Fehlern und Erfolgen des Projektes
- gemeinsame Ausarbeitung von Maßnahmen zum Transfer von Good Practice und zur Fehlervermeidung
- Dokumentation der gesammelten Erfahrungen und Sicherstellung des Maßnahmen- Controllings
- (Projekt-) externer Moderator
- Übersicht über die Voraussetzungen für die Durchführung von Erfahrungssicherungsworkshops

Abb. 21. Rahmenbedingungen der Methode Debriefing

Vorgehensweise und Hilfsmittel: Im Hauptteil wird die Vorgehensweise zur Anwendung bzw. Einführung der Lösung beschrieben. Hier erfährt der Nutzer die wesentlichen Schritte für die Umsetzung der Lösung. Checklisten helfen bei der praktischen Ausführung und Kontrolle.

Vorgehen

Nachfolgend wird beispielhaft das Workshop-Modell des Fraunhofer IFF beschrieben, welches sich sowohl in verschiedenen Unternehmen als auch innerhalb der Fraunhofer-Gesellschaft bewährt hat.

1. Vorbereitung
   - Benennung eines Workshop- Moderators
   - Erhebung der Projektrahmendaten
   - ggf. Interview mit dem Projektleiter
   - Anpassung des Workshop-Designs an Projektgegebenheiten, z.B. Erstellen einer Agenda
   - Publizierung der Workshop-Agenda
   - Vorbereitung der Moderationsmaterialien
2. Debriefing-Einstieg
   - Eröffnung
   - Klären der Erwartungen
   - Formulieren der Zielsetzung
   - Erklären der Methodik
3. Projektrückblick

Abb. 22. Auszug aus der Vorgehensweise zur Einführung von Debriefings

Debriefing – Beispiel »Post Mortem Review« zum Projektende

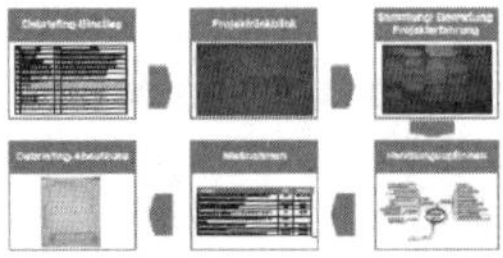

Ausgangslage:

– Aus Projekterfahrungen wurde nicht gelernt, d.h. Fehler wurden in neuen Projekten wiederholt. Verbesserungspotenziale wurden nicht ausreichend identifiziert und weiter verfolgt.

Lösungsansatz:

– Durchführung von 2- bis 5-stündigen Debriefings nach Abschluss von Entwicklungsprojekten. Erarbeitung von Verbesserungsvorschlägen, die u.a. in Prozessbeschreibungen, Checklisten und Vorlagen einfließen. Über die Erfahrungen wird im monatlichen Projekt-Review-Meeting diskutiert. Der Ablauf des Workshops folgt einem einheitlichen Schema und lässt sich aus einzelnen Moderationsmethoden individuell zusammen setzen.

Nutzen/Erfolg:

– Durch die Post Mortem Reviews werden alternative Vorgehens- oder Arbeitsweisen gefunden und Verbesserungspotenziale identifiziert und ausgeschöpft. Ein zusätzlicher Nutzen besteht in der Verbesserung des Arbeitsklimas durch das Feiern von Erfolgen und Erkennen von „Helden".

Quelle: Vortrag Dullweber: Prozessunterstützung für das Wissensmanagement bei der Basler AG, 1. März 2005

Abb. 23. Praxisbeispiel zur Methode Debriefing

Praxisbeispiel: Jede aufgeführte Lösung ist mit einem Praxisbeispiel untersetzt, um die Anknüpfung an die Unternehmenspraxis zu verdeutlichen. Praxisbeispiele haben sich als wichtiges Lernelement für Unternehmen herausgestellt. Die Erfahrung Anderer bzw. die Kenntnis, wie es Andere bereits gemacht haben, stellt ebenfalls eine wichtige Unterstützung bei der eigenen Realisierung dar. Durch den Praxisbezug wird die Anwendbarkeit von Lösungen noch besser nachvollziehbar.

Weiterführende Informationen: Links und weiterführende Quellen helfen bspw. Projektleitern, sich detailliertes Wissen anzueignen. Hier befindet sich auch

Weiterführende Informationen

Synonyme / Ähnliche Methoden

- Lessons Learned
- Post Mortem Review (Synonym)
- Post Project Appraisal
- After Action Review (Synonym)
- Manöverkritik (Synonym)
- Best Practice Konzept

Literatur / Links

- Praxisarena Wissensmanagement: Instrumente.
- Schnauffer, H.-G.; Stieler-Lorenz, B.; Peters, S. (2004): Wissen vernetzen. Berlin: Springer Verlag.
- Kerth, N.L. (2003): Post Mortem – IT- Projekte erfolgreich auswerten. Bonn: mitp- Verlag.
- Königswieser, R.; Exner, A. (2002): Systemische Intervention. Clett Cotta: Stuttgart
- Voigt, S.; Fischer, M. (2007): Erfahrung sichern - Projektwissen transferieren. In: Wissensmanagement - Das Magazin für Führungskräfte, H.2, S. 32-34.
- Methode diskutieren

Ansprechpartner

- Fraunhofer IFF

Abb. 24. Weiterführende Informationen für Debriefings

jeweils der Link auf das zur Lösung gehörige Diskussionsforum. Zukünftig können sich dort Methoden-Anwender austauschen und ihre Erfahrungen hinterlegen.

Mit dieser anwenderfreundlichen Darstellung von Lösungen ist die selbstständige Gestaltung eines unternehmensspezifischen Wissensmanagement-Konzeptes möglich. Der Schritt von Analyseergebnissen oder Handlungsfeldern zu konkreten Lösungen wird mit dem ProWis-Shop systematisch unterstützt. Durch die Einordnung in das Vorgehensmodell (s. Kap. 4) gerät dem Anwender der Blick für den Einführungsprozess nicht aus den Augen und er kann mit den Schritten Einführungsplanung und Umsetzung fortfahren.

Teil II
Wissensmanagement-Lösungen

Kapitel 8
Erfahrungssicherungsworkshops

Stefan Voigt, Jörg von Garrel

Projekte sind die zentrale Arbeitsform in vielen Unternehmen, ein Großteil des Erfahrungsschatzes wird damit innerhalb verschiedenster Formen von Projekten erzeugt, weiterentwickelt und angewendet. Die Verteilung des erzeugten Know-hows über die Projektgrenzen hinaus ist dabei nicht immer optimal geregelt. Dabei geht es nicht nur darum, so genannte Lessons Learned und Best Practices aus abgeschlossenen Projekten für nachfolgende Entwicklungen zu nutzen, sondern auch die dabei gemachten Erfahrungen und Ergebnisse in anderen Abteilungen einzusetzen.

Vielfach enden Projekte mit der Erstellung eines Projektabschlussberichtes. Erfahrungsgemäß erfassen einfache Projektabschlussberichte jedoch nur einen Bruchteil der im Projekt gesammelten relevanten Informationen. Der direkte Wissenstransfer zwischen den Mitarbeitern wird vernachlässigt. Dies führt im Allgemeinen zu Doppelarbeiten, Wiederholungsfehlern, Zeitverzug und Ineffizienz. Projekterfolge und -misserfolge werden zudem nicht ausreichend kommuniziert und Optimierungsaufgaben innerhalb laufender Projekte häufig zu spät getroffen.

Eine Möglichkeit den Erfahrungstransfer zwischen und innerhalb von Projekten zu verbessern, kann in Erfahrungssicherungsworkshops gesehen werden. Derartige Erfahrungssicherungsmaßnahmen sind theoretisch Bestandteil eines jeden funktionierenden Projektmanagements und werden daher auch in vielen Prozessbeschreibungen vorgesehen, aber nicht konsequent genug umgesetzt. Vielfach fehlt es einfach an einer funktionierenden, erprobten und dennoch einfachen Methodik, um Erfahrungen systematisch einzusammeln, aufzubereiten, zu verbreiten und zu nutzen.

Mittels Erfahrungssicherungsworkshops kann einerseits schon während der Laufzeit zu bestimmten Meilensteinen das laufende Projekt verbessert werden, andererseits können zum Projektende die zentralen Erfahrungen aufbereitet und zukünftigen sowie parallelen Projekten zur Verfügung gestellt werden. Neben derartigen Workshops werden Verfahren und Mittel benötigt, die Erfahrungen weiteren Projekten zur Verfügung zu stellen.

© Springer 2009

8.1 Aufbau und Ergebnisse von Erfahrungssicherungsworkshops

Im Rahmen des BMBF-Forschungsprojektes „Inno-how“ wurden vom Fraunhofer IFF die im Wissensmanagement verbreiteten Methoden „Lessons Learned“ und „Debriefing“ (vgl. Schnauffer et al. 2004, S. 25ff.) zu einem standardisierten Erfahrungssicherungsworkshop weiterentwickelt.

Grobablauf von Erfahrungssicherungsworkshops

Ein standardisierter Erfahrungssicherungsworkshop kann in sechs wichtige Phasen untergliedert werden, die in Abb. 25 dargestellt sind.

Workshop-Einstieg: Für den Einstieg in einen Erfahrungssicherungsworkshop sollte sich Zeit genommen werden, um eine angenehme Atmosphäre zu schaffen und die Zielstellung zu kommunizieren. Dabei sollten die wesentlichen Tagesordnungspunkte mit jeweils verwendeter Moderationsmethode und Hinweis auf die verwendete Zeit kurz und prägnant vorgestellt werden. Die gemeinsame Definition wichtiger Spielregeln ist dabei für den reibungslosen Ablauf zentral.

Projektrückblick: Der Rückblick dient zum einen der Bewusstmachung des erreichten Standes und zum anderen der Überprüfung des Lernerfolges der vergangenen Projektphase – sofern es sich um einen Workshop im laufenden Projekt handelt. Nach Projektende bietet sich ein Rückblick auf die wichtigsten Ereignisse des gesamten Projektes und externer/interner Störeinflüsse an, um die Teilnehmer zu erinnern und für die Erfahrungssammlung vorzubereiten.

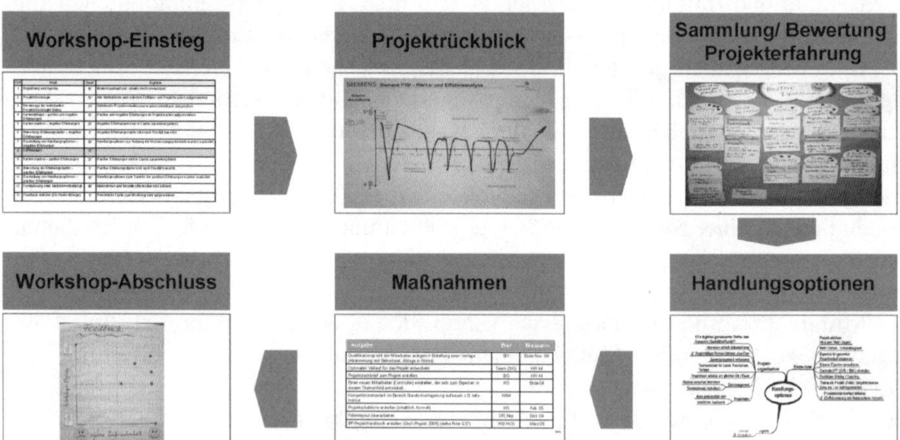

Abb. 25. Grobablauf von Erfahrungssicherungsworkshops

Als besonders wirksam hat sich hierzu der Projektzeitstrahl in Verbindung mit sogenannten Stimmungskurven erwiesen. Stimmungskurven geben jeweils die persönliche Wahrnehmung des Projektverlaufes der Teilnehmer wieder und laden zu interessanten Diskussionen ein. Ein erfahrener Moderator kann hieraus bereits erste wichtige Erkenntnisse des Projektteams ableiten. Verschiedene andere Methoden für die Rückbesinnung auf den Projektverlauf werden beispielsweise von Kerth (2003) zusammengetragen.

Sammlung und Bewertung von Projekterfahrungen: Die Sammlung von positiven und negativen Erfahrungen und fachlich Gelerntem sollte bewusst von der Bewertung getrennt werden. So kann sichergestellt werden, dass wirklich alle Erfahrungen offen kommuniziert werden. Methodisch können hierfür Standard-Moderationen mit unterschiedlich farbigen Moderationskarten und Pinnwand genutzt werden. Zentrale Fragen bei der Erfahrungssammlung sind beispielsweise: „Was war gut und richtig?“, „Was können andere Projekte von unserem Projekt lernen?“, „Was würde ich beim nächsten Mal anders machen?“ oder „Was hätte getan werden können, um das Projekt zu verbessern?“

Nicht alle Erfahrungen können vertieft diskutiert werden, auch wenn genau dieser Punkt vielen Workshopteilnehmern schwer fällt. Sind erste Hemmnisse überwunden, sprudeln aus vielen Projektmitarbeitern förmlich die Erfahrungen heraus und es kann sich als schwierig gestalten, die Aufbereitung der Projekterfahrungen auf die wesentlichen Aspekte zu konzentrieren. Die Identifikation und Fokussierung der wichtigsten Erfahrungen ist unumgänglich, um anschließend mögliche Ursachen und Verbesserungs- bzw. Transfermaßnahmen zu erarbeiten.

Erarbeitung von Handlungsoptionen: Nach der Sammlung der positiven und negativen Erfahrungen wird analysiert, wie es zu diesen Erfahrungen kam und welche Schritte unternommen werden können, um diese Probleme zu beheben bzw. Erfolge zu wiederholen. Um mehrere Themen gleichzeitig zu bearbeiten, bietet sich hierfür Gruppenarbeit an. Bei der Erarbeitung von Handlungsoptionen hat sich vielfach bewährt, tiefer nach den Ursachen zu forschen, da zumeist lediglich erste Symptome von den Teilnehmern identifiziert werden. Um die wirklich relevanten Erfahrungen herauszuarbeiten, bieten sich in dieser Workshop-Phase verschiedene systemische Interventionsmaßnahmen an (vgl. Königswieser u. Exner 2002). Auf Basis dieser Analyse werden mögliche Handlungsoptionen gesammelt, ohne eine Bewertung auf Umsetzbarkeit oder Relevanz vorzunehmen, diese erfolgt erst bei der Ausarbeitung der Maßnahmen.

Ableitung von Maßnahmen: Erarbeitete Handlungsoptionen werden nun als Maßnahmen zur Verbesserung oder zum Erfahrungstransfer formuliert, wobei gemeinsam mit der Gruppe auf Umsetzbarkeit geachtet wird. Der Maßnahmenplan sollte Antworten auf die Frage „Was (Maßnahme) macht wer (Verantwortlicher) bis wann (Termin)?“ geben. Dabei muss die Maßnahme möglichst konkret formuliert werden und von der Gruppe selbst umsetzbar sein.

Workshop-Abschluss: Ein Workshop sollte nicht mit der Ausarbeitung der Maßnahmenliste enden. Das Einholen des Feedbacks gehört zur Meeting-Kultur dazu. Zwei Gründe sprechen dafür: Erstens bekommen die Teilnehmer so die

Gelegenheit, Dinge, die ihnen besonders wichtig sind, noch vorzubringen und ggf. ihrem Ärger Luft zu machen. Zweitens kann durch das Feedback die Workshop-Durchführung selbst immer weiter verfeinert und verbessert werden.

Der Abschluss kann außerdem dazu genutzt werden, den offiziellen Teil des Workshops in einen lockeren Teil übergehen zu lassen: Mit Kaffee und Kuchen oder Pizza und Sekt kann der Lernerfolg gefeiert werden. Damit wird eine gute Atmosphäre zum Abschluss geschaffen und eine Wertschätzung dem Projektteam gegenüber signalisiert.

Beispielhafte Ergebnisse von Erfahrungssicherungsworkshops

Aus der Vielzahl durchgeführter Workshops lassen sich immer Erfahrungen aus fünf wesentlichen Einflussbereichen auf ein Projekt sammeln: Kultur, Projektmanagement, Prozess, Organisation sowie Ressourcen/Mitarbeiter. Als sechstes Cluster können die fachlich/technischen Erfahrungen aufgezeigt und transferiert werden. In Abb. 26 werden beispielhaft Erfahrungen aus real durchgeführten Erfahrungssicherungsworkshops zusammengefasst.

Ziel einer Wissensmanagement-Initiative muss es sein, den Erfahrungstransfer dauerhaft sicherzustellen und einen geschlossenen Wissenskreislauf zu realisie-

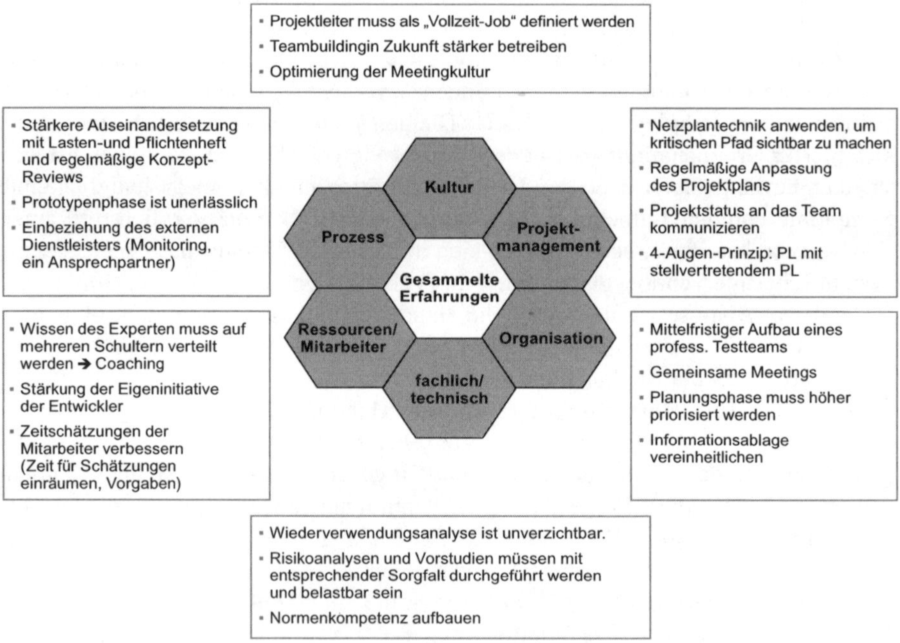

Abb. 26. Beispielhafte Erfahrungen aus realen Workshops

ren. Daher reicht es nicht aus, lediglich sporadisch Erfahrungssicherungsworkshops durchzuführen, sondern diese in ein Gesamtkonzept zu integrieren. Wichtige Bestandteile sind neben der eigentlichen Methode daher unterstützende Maßnahmen und Lösungen zur Re-Integration der Erfahrungen in neue Projekte.

8.2 Einbindung der Erfahrungen ins Unternehmen

Um den Umgang mit Erfahrungswissen optimal zu gestalten, muss der Kreislauf aus den vier Kernaktivitäten (Wissen erzeugen, speichern, verteilen und anwenden) geschlossen werden (s. Kap. 3). Das Wissen wird also in den Projekten **erzeugt** und in den Erfahrungssicherungsworkshops identifiziert und herausgearbeitet.

Wissen speichern: Das im Erfahrungssicherungsworkshop identifizierte und zusammengetragene Projektwissen muss also im zweiten Schritt gesichert und gespeichert werden. Dies geschieht zum einen automatisch in den Köpfen der am Workshop beteiligten Mitarbeiter, zum anderen muss es auch verschriftlicht (expliziert) werden. Hierfür sind entsprechende Dokumentationen anzustoßen. Zum einen können direkt die Workshopergebnisse im Sinne eines Protokolls dokumentiert werden, zum anderen sollten auch Best Practice in verschiedene andere Dokumente innerhalb des Unternehmens einfließen (bspw. QM- oder Projektmanagement-Handbücher, Prozesse oder Verfahrensanweisungen).

Wissen verteilen: Ziel ist es, anschließend die Projekterfahrungen optimal im Unternehmen zu verteilen, so dass alle Mitarbeiter, deren Arbeit es betrifft, das erzeugte Wissen auch anwenden können. Die Dokumente mit dem gespeicherten Projektwissen bzw. die Erfahrungsträger dieses Wissens müssen entsprechend bekannt gemacht werden. Hierfür bieten sich verschiedene Strategien an. Folgende Möglichkeiten können dabei als beispielhaft betrachtet werden:

- Suchfunktionen für das Auffinden von dokumentierten Erfahrungen
- Zentrale Bereitstellung der Dokumente, z. B. in einem Projektsteckbrief
- Bekanntmachung der Erfahrungsträger aus den Projekten
- Möglichkeiten des direkten Austausches, z. B. durch regelmäßige Projektleitermeetings zur Diskussion der gesammelten Erfahrungen
- Veröffentlichung aktueller Erfahrungen in internen Publikationen
- E-Mail-Verteilerlisten zum Versand aktueller Erfahrungsberichte
- Personalisierte Weitergabe durch die Moderatoren der Workshops

Wissen anwenden: Die kontinuierliche Anwendung der einmal gemachten Erfahrungen kann ebenfalls durch verschiedene Unterstützungsmaßnahmen gewährleistet werden:

- Integration der Erfahrungen in interne Schulungen der Mitarbeiter
- Nutzung spezieller Methoden wie z. B. Planungscoaching, um bereits innerhalb der Planungsphase wichtige Barrieren zu identifizieren
- Nutzung der mit Best Practice angereicherten Handbücher

- Aktive Informationssuche in den Dokumentationen von Erfahrungssicherungs-workshops bei auftretenden Problemen im Projekt
- Suche nach ähnlichen Projekten vor dem Planen bzw. Starten eines neuen Projektes in der Projektdatenbank (Projektsteckbrief)

Damit der gesamte Kreislauf optimal funktioniert, muss er in das Unternehmen so integriert werden, dass er zur Routine im Alltagsgeschäft wird. Hierfür sind Maßnahmen notwendig, die sich zum einen auf strategischer Ebene und zum anderen – im Rahmen der Wissensmanagement-Dimensionen „Mensch, Technik und Organisation“ – auf operativer Ebene finden. Abbildung 27 stellt den Einführungsprozess dar, wobei die Nummern die Reihenfolge der teils parallelen Schritte aufzeigen.

1. **Kurz-Analyse Ist-Zustand** (Wie sieht die aktuelle Projektlandschaft aus? Auf welchen Vorarbeiten kann aufgebaut werden?)
2. **Festlegungen** vor Start der Einführung (Welche Projekte führen Workshops durch? Wie werden die Workshops dokumentiert? Wie erfolgt die Re-Integration der Erfahrungen?)
3. **Zieldefinition:** Ziele festlegen und Soll-Ausprägung bestimmen (z.B. 90 Prozent aller Projekte führen Workshops durch), Ist-Kennzahlen erheben und Durchführung von **Pilot-Erfahrungssicherungsworkshops**
4. **Unterstützungsmaterialien** (z.B. Handbuch) erstellen, **Projektprozess** anpassen, **Dokumentation** regeln
5. Ggf. **neue Rollen** (z.B. Moderator) festlegen und **Prozess zur Re-Integration** der Erfahrungen entwickeln

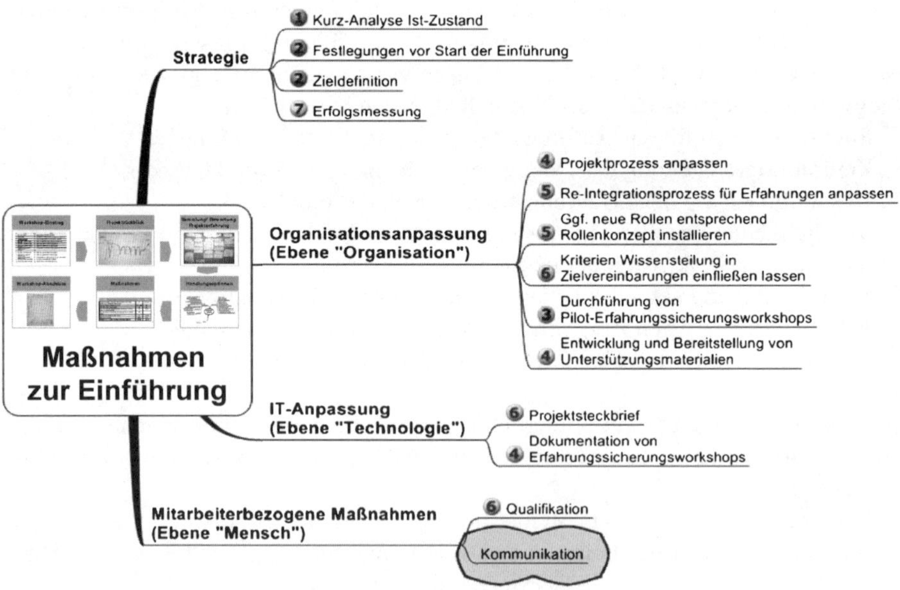

Abb. 27. Maßnahmen zur Einführung von Erfahrungssicherungsworkshops

6. **Projektsteckbriefe** zur Information über Projekte erstellen, **Zielvereinbarungsgespräche** anpassen, **Qualifikation** der Mitarbeiter
7. **Erfolgsmessung**

Die begleitende **Kommunikation** von Veränderungen in Unternehmen ist extrem wichtig, um Barrieren unter den Mitarbeitern abzubauen und neue Prozesse, Methoden oder Werkzeuge bekannt zu machen.

Kapitel 9
Selbsterklärende Ordnerstrukturen

Stefan Voigt

Das operative Geschäft eines „Wissensarbeiters“[1] in deutschen Unternehmen ist geprägt durch den Umgang mit Informationen. Jeder Wissensarbeiter sucht einen Großteil seiner Arbeitszeit[2] – mehr oder weniger erfolgreich – nach Informationen. Die Mehrheit der Informationen innerhalb eines Unternehmens liegt in unstrukturierter Form[3] – also in Dateien jeglicher Art – vor. Umso erstaunlicher ist, dass sehr wenige Publikationen zur Strukturierung von Dateiablagen und Regeln zur Datei- und Ordnerbenennung vorliegen.

9.1 Herausforderungen im Umgang mit Ordnerstrukturen

Unstrukturierte Dateiablagen erhöhen die Suchzeit von Dokumenten, insbesondere wenn mehrere Mitarbeiter auf diese zugreifen müssen. Menschen haben unterschiedliche Denk- und Arbeitsweisen, die sich auch auf die Strukturierung und Ablage von Informationen auswirken. Auf diese Art und Weise entstehen im Unternehmen unterschiedliche Dateiablagen mit tiefen Verästelungen, die keiner einheitlichen Struktur und Regelung unterliegen. Folglich finden sich Nutzer in fremden

---

[1] „Allein durch eine drastische und fortgesetzte Steigerung der Produktivität der Ressource Wissen kann für weiteres Wachstum gesorgt werden. Nur bei Wissensarbeit beziehungsweise Wissensarbeitern verfügen die entwickelten Länder noch über einen komparativen Wettbewerbsvorsprung“ (Drucker 2004, S. 66).

[2] Most respondents to this survey (with job descriptions such as executives, IT management, Line-Of-Business managers and project managers) spend more than two hours a day (25% or more of an 8-hour day) searching for information to perform their jobs (Delphi Group 2002, S. 10).

[3] „The percentage of unstructured data to the total amount of data is estimated at 85% and is growing“ (Delphi Group 2002, S. 4).

© Springer 2009

Dateistrukturen nicht zurecht. Die Tiefe der durch Organisationsstrukturen (z. B. Abteilungen eines Unternehmens) oftmals beeinflussten Ordnerstrukturen verlangsamt die Navigation zusätzlich.

Ähnliche Probleme treten bei der Benennung von Dateien und Ordnern auf. Zu kurze und nicht „sprechende“ Dateinamen erschweren die Auffindung relevanter Inhalte. Eine Datei mit dem einfallslosen Namen „Brief.doc“ sagt weder etwas über den Inhalt noch über Verfasser und Empfänger des Briefes aus. Die Aktualität des Briefes ist dann auch nur über den Zeitstempel des Dokumentes zu erahnen.

Bei der Suche nach Dateien können zwei unterschiedliche Strategien unterschieden werden. Entweder sucht ein Nutzer nach einem konkreten, ihm bekannten Objekt, dann sind ihm wahrscheinlich inhaltliche Schlagworte oder Metadaten wie Autor, Erstellzeitraum, Projekt-Kontext bekannt. In diesem Fall fällt die Suche relativ einfach, die im Betriebssystem integrierte Suchfunktionalität kann weiter helfen. Im anderen Fall will sich der Nutzer einen Überblick über die vorliegenden Informationen verschaffen. In diesem Fall ist die Suche nicht klar umrissen und die exakte Frage ist nicht formulierbar. Folglich fehlen entsprechende Suchbegriffe, eine vorherige Strukturierung der Informationsablage ist zwingend notwendig. In jedem Fall bieten systematische Ordnerstrukturen und einheitliche Dateibenennungsregeln eine einfache Möglichkeit Transparenz in der unternehmensinternen Informationslandschaft zu ermöglichen.

Die Problematik zeigte sich auch bei den analysierten fünfzehn Unternehmen (s. Teil III). Im Rahmen der Analyse des Umgangs mit Wissen innerhalb der Geschäftsprozesse wurden 48 Einzelworkshops durchgeführt. In 39 dieser Workshops wurden von den Teilnehmern Probleme im Umgang mit den Speicherstrukturen im Unternehmen zurückgemeldet. Bezogen auf die vier Kernaktivitäten (s. Kap. 3) erzeugen, speichern, verteilen und anwenden von Wissen äußerten sich die Probleme logischerweise hauptsächlich beim Speichern. Die typische Frage dabei war, wo bestimmte Informationen abgespeichert werden müssen. Aber auch bei der Verteilung des Wissens wurden vielfach Probleme kommuniziert. Dazu zählten dann vielfach auch Restriktionen durch komplizierte Vergabe von Zugriffsrechten auf bestimmte Verzeichnisse. Es stellt sich dabei häufig die Frage, wo man übergreifende Informationen im Unternehmen ablegen soll, damit sie allen betroffenen Mitarbeitern zur Verfügung gestellt werden können. Aus der Analyse kann zusammengefasst werden, dass bei allen fünfzehn betrachteten Unternehmen mehr oder weniger starke Probleme bei der unternehmensinternen Verzeichnisstruktur und den Dateibenennungsregeln vorherrschten.

Es gibt verschiedene Möglichkeiten, diese Problematik anzugehen. Unternehmen können sich bewusst dazu entscheiden, eine „Chaos-Ablage“ zuzulassen und mit entsprechend guten Suchmaschinen (s. die Methodenbeschreibung im ProWis-Shop[4]) einen Zugriff auf die gesuchten Dateien ermöglichen. Ein anderer Weg sind Dokumentenmanagement-Systeme oder Enterprise Information Portale (s. die

---

[4] http://shop.prowis.net/Plone/kurzinformationen/ksuchmaschinen

Methodenbeschreibung im ProWis-Shop[5]), die mit einer eineindeutigen Ablage von Dateien arbeiten. Dabei werden Referenzen (Links) auf das Originaldokument gesetzt. Somit bietet sich die Möglichkeit, Dateien an verschiedenen Orten abzulegen und dennoch die aktuellste, gültige Version der Datei zu finden.

Die Nutzung derartiger Lösungen ist jedoch mit einem gewissen Integrationsaufwand und Kosten für Lizenzen, Wartung und ggf. Beratung verbunden. Insbesondere für mittelständische Unternehmen bietet es sich daher an, mit einfachen Mitteln Verbesserungen herbeizuführen und die bestehenden Ordnerstrukturen zu vereinheitlichen/standardisieren und Benennungsregeln einzuführen.

9.2 Anforderungen an Navigation und Dateibenennung

Eine gute Verzeichnisstruktur zeichnet sich dadurch aus, dass sie in möglichst wenig Schritten bis zum Ergebnis – also der gewünschten Datei bzw. Information – führt. Um den „richtigen Klick" auf den richtigen Ordner zu machen, muss die erforderliche Information auf der aktuellen Verzeichnisebene vollständig verfügbar sein. Dazu sollte wenig Vorwissen erforderlich sein, so dass die Struktur der Vision „selbsterklärend" möglichst nahe kommt. Sinnvoll ist es daher, dass am Anfang des Datei- bzw. Ordnernamens der Begriff mit dem höchsten Informationsgehalt steht und nur solche Abkürzungen enthalten sind, die schon vorher im Rahmen des „Durchklickens" als ausgeschriebenes Wort durchlaufen wurden oder allgemein vorausgesetzt werden können. In einer guten Verzeichnisstruktur finden sich auch Mitarbeiter in Ordnern zurecht, die sie selten nutzen.

Auf den oberen Ebenen sollte eine Struktur daher für alle Mitarbeiter verbindlich sein. In den tieferen Strukturen können die Mitarbeiter z. B. Teilprojekte selbst strukturieren. Aber auch hierfür sollten festgelegte Regeln gelten, um einen „Wildwuchs" zu vermeiden.

Die Benennung von Dateien sollte ebenso einer für alle Mitarbeiter geltenden Regel erfolgen, so dass schon am Namen der Datei auf bestimmte Metadaten wie Inhalt, Autor, Bezug oder Aktualität geschlossen werden kann. Dies erleichtert die Identifizierung der relevanten Dateien auf dem Dateiserver ebenso, wie es die Suchzeiten für die Mitarbeiter reduziert.

9.3 Vorgehen zur Festlegung einer Verzeichnisstruktur

Unternehmen unterscheiden sich, folglich werden sich auch die Ordnungsprinzipien für eine Verzeichnisstruktur unterscheiden. Überlegen Sie, wie Ihr Unternehmen funktioniert:

---

[5] http://shop.prowis.net/Plone/kurzinformationen/kenterprise

- Denkt es eher in Prozessen?
- Arbeitet es eher in Projekten?
- Ist es traditionell in Abteilungen untergliedert?
- Orientiert es sich an unterschiedlichen Kunden?
- Oder bietet es unterschiedliche Standardprodukte an?

Die Antwort auf diese Frage liefert oftmals schon die Antwort auf Ordnungskriterien auf den oberen Verzeichnisebenen. Darüber hinaus gibt es immer verschiedene Kontexte und daher unterschiedliche Perspektiven auf die Struktur. Nur die späteren Nutzer können die Verständlichkeit – z. B. im Sinne von „selbsterklärend“ – der Struktur beurteilen. Zusätzlich wird es in den unterschiedlichen Strukturen eines Unternehmens verschiedene Überschneidungen geben. Jede Struktureinheit hat eventuell eine eigene für sie völlig logische Verzeichnishierarchie erarbeitet.

Es ist daher zwingend notwendig, bei einer Vereinheitlichung von Verzeichnisstruktur und Benennungsregeln in einen Dialog zu treten. Überschneidungen müssen geklärt und Verknüpfungen zu verschiedenen Dateibeständen erstellt werden. Bei der Strukturierung und Instandhaltung müssen Rollen (und damit verbundene Zugriffsrechte) und Prozesse festgelegt werden. Die Herbeiführung eines Konsenses ist daher ein kritischer Erfolgsfaktor. Ein partizipatives Vorgehen fördert immer auch die Akzeptanz der späteren Nutzer.

Ein derartiges Vorgehen kann beispielsweise wie folgt aussehen:

1. **Festlegung der Strukturierungsart** auf Basis von Nutzer-Anforderungen (z.B. aus Prozess- oder Projektanalyse) und Rahmenbedingungen,
2. **Erstellung der Startstruktur und Benennungsregeln** inkl. der Festlegung von Gestaltungsmerkmalen und von Arbeitspaketen und Verantwortlichen,
3. **Verfeinerung der Verzeichnisstruktur** in kleineren Gruppen und Zusammenführung der Arbeiten im Konsensworkshop,

Abb. 28. Vorgehen zur Einführung einer Verzeichnisstruktur

4. **Implementierung und Einführung der Struktur** sowie Installation eines Pflege- und Wartungsprozesses inkl. Rollenkonzept/Verantwortlichkeit,
5. **Evaluation** des Nutzerverhaltens durch regelmäßige Untersuchung der Aktualität und Nutzerfreundlichkeit,
6. **Instandhaltung und Pflege** der Verzeichnisstruktur und Benennungsregeln.

Abbildung 28 verdichtet die genannten Schritte.

Hinweise zur Festlegung von Ordnungskriterien für Dateiordner

Bei der Erhebung der Anforderungen bietet sich die Erfassung der wichtigsten Anwendungsfälle an. Nach welchen Kriterien wird von der Mehrzahl der Mitarbeiter gesucht?

- Nach Ereignis/Datum,
- Nach Thema,
- Nach Dokumenttyp, z. B. Protokoll, Vortrag, Vorlage,
- Nach Prozess, z. B. Projektdurchführung, Veranstaltungsorganisation.

Welches sind die wichtigsten Objekte in den identifizierten Anwendungsfällen (z. B. Projekte, Vorlagen, Themen)? Falls nach zeitlichen Kriterien gesucht wird, ist auch der Lebenszyklus der Objekte zu berücksichtigen, um das Anwachsen der Unterordner einzuschränken (z. B. laufende vs. abgeschlossene Projekte).

Neben dem oben aufgezeigten partizipativen Vorgehen sollte dringend darauf geachtet werden, dass die Veränderungen (Regeln, Vorteile etc.) entsprechend allen Mitarbeitern kommuniziert sowie deren Anwendung und Befolgung auch durch die Führungskräfte vorgelebt werden.

9.4 Anregungen zur Strukturierung und Benennung von Verzeichnissen und Dateien

Nachfolgende Punkte dienen als Anregungen für die Strukturierung von Verzeichnissen und Dateien:

- In einem Ordner sollten mehrere Objekte (Dateien/Unterordner) enthalten sein, sonst ist er nicht sinnvoll.
- Ein Ordner sollte nicht zu viele Informationsobjekte enthalten, da er sonst nicht mehr schnell überschaubar ist (ideal sind ca. sieben, da dies für Menschen noch gut zu überschauen ist)[6].

[6] Nach Miller kann ein Mensch nur sieben Informationseinheiten (±2) im Kurzzeitgedächtnis bereithalten (vgl. Miller 1956).

- Redundanzen sollten vermieden werden (z. B. „Mitarbeiter“, „Personal“)
- Nur wichtige Ordner sollten auf den obersten Ebenen auftauchen
- Ordnerbezeichnungen sollten sinnvoll gewählt werden, möglichst kurz und prägnant. Unter Windows ist die Summe der Zeichen aus dem Verzeichnispfad plus Dateinamen auf 256 Zeichen begrenzt. Längere Namen sind zwar möglich, führen aber ggf. zu Fehlermeldungen beim Kopieren oder beim Dateizugriff. Beim Namen eines Ordners sollte daher die Information des darüber liegenden Ordners nicht mehr auftauchen.
- Die Wahl des Ordnernamens ist wichtig, da Verzeichnisse zuerst numerisch und anschließend alphabetisch sortiert werden. Objekten, die immer oben stehen sollen, sollten mindestens zweistellige Ordnungsnummern vorangestellt werden (Bsp.: 01_angebote, 02_projekte). Gleiches gilt für Ordner mit zeitlicher Abfolge (z. B. Meetings), um so eine chronologische Reihenfolge der Ordner sicherzustellen.
- Für den Namen kann auch das umgekehrte Datum voran gestellt werden (z. B. 2008_03_11_Ordnername) dann wird immer nach Datum sortiert, unabhängig von der eigentlichen Erstellung/Veränderung des Objektes.
- Durch ein Erstellungsdatum im Dateinamen ist eine Versionsverfolgung gegeben, da sich der Zeitstempel der Datei auch bei kleinsten Veränderungen ändert.
- Es sollten „sprechende“, eindeutige Namen gewählt werden, die Hinweise auf den konkreten Kontext geben (z. B. Projektname, Thema, Dokumenttyp oder Anlass).
- Das standardmäßige Ausfüllen der Dateieigenschaften unterstützt bei einer schnellen Entscheidungsfindung, ob das Dokument das gesuchte ist. In vielen Programmen kann eingestellt werden, dass eine automatische Abfrage dieser Eigenschaften beim Speichern der Datei erfolgt, dies vermeidet versehentliches Vergessen.

Kapitel 10
Wissensmanagement mit Wiki-Systemen

Ronald Orth

Die Wiki-Technologie, abgeleitet aus dem Hawaiianischen wiki wiki (sehr schnell), ermöglicht das Management von Inhalten und kann im Internet oder Intranet eingesetzt werden. Ein Wiki ist eine Webseite, bei der die Benutzer gleichzeitig über Lese- und Schreibrechte verfügen. Im Vordergrund steht dabei die schnelle und einfache Editierbarkeit der Inhalte. Damit eröffnen sich neue Perspektiven für den Wissensaustausch und die kollaborative Zusammenarbeit in unterschiedlichsten Anwendungsszenarien.

Unternehmen unterschiedlichster Größenordnung haben Wikis mittlerweile für sich entdeckt. Die Gartner Group prognostiziert, dass bis zum Jahr 2009 mindestens 50 Prozent aller Unternehmen Wiki-Systeme einsetzen werden (vgl. Tan 2005). Wird ihr Unternehmen bei diesen 50 Prozent dabei sein?[1] Was sind die Chancen der Wiki-Nutzung, wo liegen eventuelle Probleme und welche Lösungsansätze gibt es dafür?

10.1 Wiki-Kernfunktionen

Wiki-Systeme ermöglichen mehreren Personen das Bearbeiten von Inhalten, die auf einem Intranet- oder Internetserver zentral verwaltet werden. Der Besucher surft ein Wiki mit dem Webbrowser an, ebenso wie eine normale Website. Das Wiki besteht aus einer Menge einzelner Seiten, die meist stärker untereinander verlinkt sind als traditionelle Webseiten. Anders als bei diesen gibt es auf jeder Seite eine Schaltfläche oder einen Link, der das direkte **Bearbeiten der Seiteninhalte** ermöglicht.

[1] Im Rahmen von ProWis haben 7 von 15 Unternehmen (47 Prozent) die Einführung eines Wikis zum Gegenstand des WM-Projektes gemacht (s. Teil III). Ferner wurden in einem weiteren Unternehmen Wikis bereits in der Abteilung Softwareentwicklung eingesetzt.

© Springer 2009

Über Eingabefenster kann jeder Benutzer neue Beiträge erstellen und bestehende ergänzen. Diese Veränderung von Inhalten ist dabei auch für ungeübte Benutzer leicht durchzuführen, da einfache Textverarbeitungskenntnisse ausreichen. Auch das Hinzufügen von Dokumenten und Grafiken sowie die Verlinkung zu anderen Informationsquellen sind möglich. Durch eine **Volltextsuche** sowie über das Navigieren durch verknüpfte Inhalte können Wikis schnell erschlossen werden. Kurz gesagt: Wikis sind einfach. Hierin liegt einer ihrer größten Vorteile. Sie benötigen vom Benutzer keine oder wenig Einarbeitungszeit, sind unkompliziert zu bedienen und Seiten sind nach dem Speichern in der veränderten Form sofort für alle Besucher sichtbar.

Neben einem geringen technischen Implementierungsaufwand und geringen Kosten bringen viele Wiki-Systeme von Hause aus zahlreiche nützliche Funktionalitäten mit sich (vgl. z. B. Ebersbach et al. 2005, Lange 2005, John et al. 2005). Die meisten Systeme unterstützen beispielsweise eine **Versionierung und Protokollierung**. Sie speichern in der Regel eine detaillierte Historie jeder einzelnen Seite. Werden Inhalte geändert, bleiben die vorherigen Versionen gespeichert und können bei Bedarf rekonstruiert werden. Die Versionierung ermöglicht ferner, die Entstehungsgeschichte einer Seite nachzuvollziehen.

Viele Systeme bieten außerdem **Diskussionsseiten** an, die dazu dienen, über die jeweiligen Inhalte der Seite zu diskutieren, um eine Verbesserung der Inhalte zu erreichen. Diese Diskussionsforen bieten die Möglichkeit, Fragen zu stellen, Kritik zu äußern und Vorschläge zu machen, ohne direkt den Ursprungstext zu verändern.

Das elementarste und zugleich wichtigste Feature eines Wiki-Systems ist die **Verlinkungsmöglichkeit**. Eine sehr interessante und nützliche Funktion im Zusammenhang mit der Verlinkung von Seiten ist die Erstellung eines Links auf eine Seite, die noch geschrieben werden sollte, auf die ein anderer Leser klickt und den fehlenden Inhalt erstellt und damit die Seite des ursprünglichen Autors aufwertet. Einfach und zum Teil auch automatisiert werden einzelne Seiten zu einer organisationalen Wissensbasis verbunden. In Wikis wachsen Strukturen „organisch". Dadurch und wegen der skizzierten Funktionalitäten wie automatischer Verlinkung, Versionierung, Liste der letzten Änderungen, Seitenindex, Benutzerverzeichnis, Volltextsuche oder individueller Beobachtungslisten sind Wikis sehr gut für den Einsatz in Unternehmen geeignet.

10.2 Einsatzmöglichkeiten von Wikis

Befragungsergebnisse (vgl. Bartel 2006) zeigen, dass neun von zehn Unternehmen durch die Nutzung eines Wikis ihr Wissensmanagement unterstützen wollen. Weitere häufig genannte Ziele des Wiki-Einsatzes sind die Unterstützung der informellen Kommunikation (74 Prozent) sowie die Unterstützung des Projektmanagements (52 Prozent) (Abb. 29).

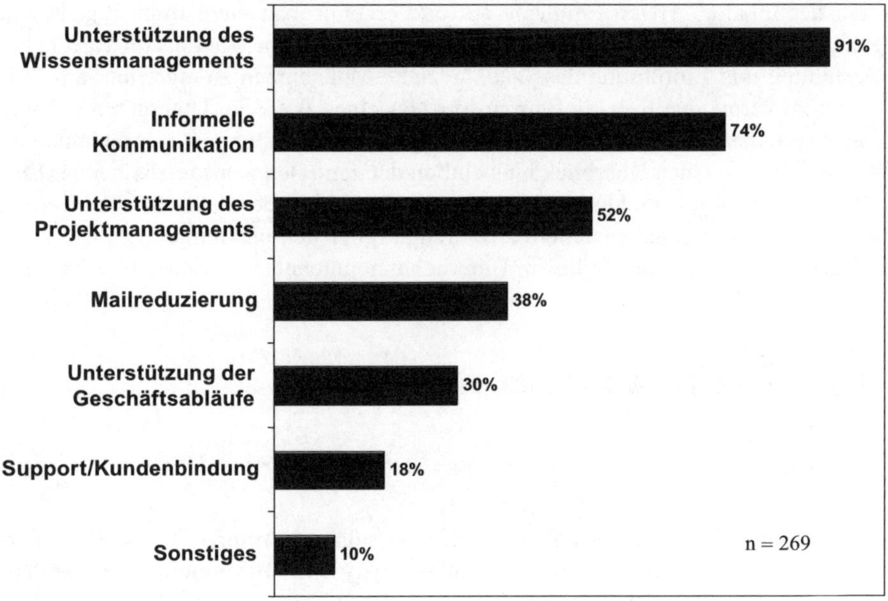

Abb. 29. Nutzung von Wikis im Unternehmen (Quelle: Bartel 2006)

Aufgrund ihres offenen Konzeptes und ihrer nicht fest vorgegebnen Struktur leisten Wikis in verschiedenen Anwendungsszenarien gute Arbeit. So eignen sie sich beispielsweise für folgende Inhalte und Funktionen:

- Bereitstellung von Checklisten, Arbeitsanleitungen und Handbüchern
- Ankündigung aktueller Termine, Bereitstellung wichtiger Mitteilungen
- Schulungsunterlagen und E-Learning
- Diskussionsforen und Zusammenstellung von häufigen Fragen (FAQ)
- Abbildungen der Aufbau- und Ablauforganisation oder der Unternehmensgeschichte
- Mitarbeiterverzeichnisse (Yellow Pages)
- Projektdokumentation
- Gemeinsame Definitionen und Glossare
- Sammlung von Verbesserungsvorschlägen („Ideenpool")
- Verschlagwortung und Katalogisierung von Artikeln

Die Nutzung von Wikis bringt für Unternehmen viele Vorteile. So sind Wikis einerseits kostengünstig und (technisch) einfach zu implementieren, weiterhin haben sie durch ihre intuitive Bedienbarkeit eine hohe Nutzerfreundlichkeit. Wenn hingegen von **Problemen** bei der Wiki Nutzung im Unternehmen berichtet wird, sind dies meist eine mangelnde Beteiligung der Mitarbeiter und eine schlechte Strukturierung der Inhalte[2]. Treten Probleme auf und erkennt man diese frühzeitig, ist ein gezieltes Gegensteuern möglich. Noch besser ist es natürlich, bereits im Vorfeld bei Gestaltung und Einführung des Wikis gezielte Maßnahmen zu ergreifen, um Probleme zu vermeiden. Der Einführungsprozess eines Wikis im Unternehmen sollte daher systematisch geplant werden. Der folgende Abschnitt gibt – in Anlehnung an Raabe (2007) – einen Überblick hinsichtlich der zentralen Schritte, die bei der Einführung eines Wikis im Unternehmen berücksichtigt werden sollten. Dabei werden ferner die eingangs dargestellten Verfahren aufgegriffen und aufgezeigt, wie diese bei der Einführung eines Wikis im Unternehmen unterstützen können (s. Abb. 30).

10.3 Phasen der Wiki-Einführung

Ist-Analyse

Die Implementierung eines Wikis, das den spezifischen Anforderungen des Unternehmens gerecht wird, setzt eine sorgfältige Analyse zur Bestimmung des Verwendungszwecks und des sich daraus ergebenden Bedarfs voraus.

Zu diesem Zweck wird der Status quo im relevanten Unternehmensbereich unter die Lupe genommen. Dabei empfiehlt es sich, in einem ersten Schritt Ablauf- und Aufbauorganisation genauer zu betrachten, um ein Verständnis über die entsprechenden Abläufe zu gewinnen. Hier stehen verschiedene Wege zur Datenerhebung offen. Als (kombinierbare) Alternativen zum Sammeln auswertbarer Daten bieten sich Ersterhebungen (Mitarbeitergespräche, Fragebögen, Beobachtungen usw.) oder die Auswertung vorliegender Dokumente (Prozessbeschreibungen, Stellenprofile, Organigramme usw.) an. Ein besonderes Augenmerk sollte ferner auf die vorherrschende Unternehmenskultur gelegt werden, da informelle Strukturen und unterschwellig wirkende soziale Normen die Motivation, Wissen zu teilen, maßgeblich beeinflussen.

Für die Bestandsaufnahme können ferner die beiden eingangs dargestellten Analyseverfahren einen wertvollen Beitrag liefern. Das WM-Audit (s. Kap. 5) liefert Erkenntnisse zu den als relevant erachteten Wissensgebieten, Gestaltungsfeldern und Kernaktivitäten des Wissensmanagements. Die GPO-WM-Analyse (s. Kap. 6) unterstützt die Identifikation von Stärken, Schwächen und Verbesserungsideen im Umgang mit Wissen im Rahmen von Gruppenworkshops. Hier können hilfreiche Ideen für die weitere Konzeptionierung eines Wikis generiert werden.

---

[2] Eine Studie der Universität Köln ergab, dass von 216 befragten Unternehmen die mangelnde Beteiligung der Mitarbeiter (50 Prozent) sowie die schlechte Strukturierung der Inhalte (30 Prozent) als vorrangige Probleme der Wiki-Nutzung angesehen werden. Bemerkenswert ist aber gleichzeitig, dass ein Drittel der Befragten keinerlei Probleme identifiziert hat. Ferner stellt das Problem des „Vandalismus" (vgl. Ebersbach et al. 2005, S. 29) – das häufig in anonymen Wikis im Internet auftaucht – beim Einsatz von Wikis in Unternehmen kein Problem dar (Bartel 2006).

Abb. 30. Einführungsmodell

Soll-Konzept

Im Mittelpunkt dieser Phase steht die Frage, inwiefern das Wiki zukünftig einen Beitrag zur Unterstützung der täglichen Aufgaben leisten kann. Daher gilt es zunächst zu klären, welche Inhalte im Wiki bereitgestellt werden sollen und welche Funktionen das System erfüllen muss. Im Ergebnis werden konkrete Ziele für das Wiki-Projekt bestimmt, ein Pilotbereich abgesteckt und ein zeitlicher Fahrplan für die sich anschließenden Schritte aufgestellt.

Hierzu empfiehlt es sich, zunächst ein **internes Wiki-Team** zusammenzustellen, das bei der Entwicklung, Umsetzung und Pflege des Wikis mitwirkt. Diesen Mitarbeitern fällt später u.a. häufig die Rolle der Administratoren zu, die das Wiki auf dem neuesten Stand halten und dessen Entwicklung vorantreiben. Zugleich tragen sie als Multiplikatoren bereits frühzeitig Sinn und Zweck des Wikis in das Unternehmen und ebnen den Weg für Akzeptanz und Nutzungsbereitschaft. Neben der zeitlichen Koordination der weiteren Maßnahmen sollte das Team in dieser Phase mindestens die folgenden Aspekte bei der Konzeption des Wikis beachten:

- **Wiki-Auswahl**: Im Hinblick auf die zu erreichenden Ziele lassen sich Erfordernisse an die Funktionalitäten des Wikis bestimmen und dementsprechend ein passendes Wiki auswählen[3]. Bei der Auswahl unterstützt z.B. die umfassende Marktübersicht *Wikimatrix* (www.wikimatrix.org). Bei der Wahl sollte berücksichtigt werden, welche Schnittstellen und eventuelle Überschneidungen das Wiki mit anderen Softwareanwendungen des Unternehmens aufweist, wie hoch der Initialisierungs- und Pflegeaufwand ausfällt und innerhalb welchen Zeitraums das Wiki zur Einsatzreife gebracht werden kann (vgl. Renner et al. 2005, S. 27).
- **Struktur des Wikis und initiale Füllung:** Dieser Schritt beinhaltet grundlegende Überlegungen zur Struktur des Wikis und der initialen Bereitstellung von Inhalten. Als sinnvollen Einstieg in die Strukturierung der Inhalte bietet sich das Konzept der *Wissensdomänen* aus der GPO-WM-Analyse an (s. Kap. 6). Das Konzept liefert ein generisches Grundmuster und stellt somit einen nützlichen Zugang für die Gliederung der Inhalte dar (s. Abb. 31).

---

[3] Es existiert eine Vielzahl unterschiedlicher Systeme auf dem Markt. Neben Anbietern kommerzieller Produkte gibt es zahlreiche Programme aus dem Open-Source-Bereich. Das bekannteste und derzeit weltweit größte Wiki – die freie Online-Enzyklopädie Wikipedia – basiert beispielsweise auf dem Open-Source Programm „MediaWiki". Sein Erfolg hat maßgeblich zur Verbreitung von Wikis beigetragen.

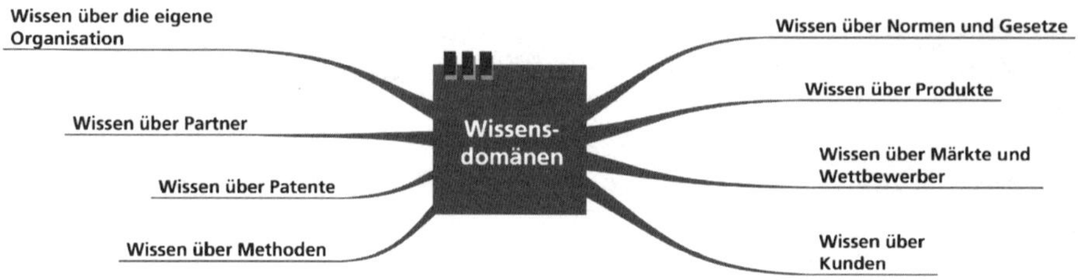

Abb. 31. Wissensdomänen als Ausgangspunkt zur Erstellung der Wissensstruktur

Gestaltungs- und Anpassungsphase

Der erste Schritt sollte darin bestehen, das Wiki lokal zu installieren. Nachdem die Software verfügbar ist, können entsprechend des Soll-Konzeptes die inhaltliche Struktur, Funktionalitäten sowie visuelle Elemente und das Layout an die zuvor definierten Erfordernisse angepasst werden. Bevor das Wiki einer größeren Nutzergruppe zugänglich gemacht wird, empfiehlt es sich, Anfangsinhalte bereitzustellen. Dabei kann in der Regel auf die sinnvolle Nutzung bereits vorhandener Informationen und Wissensquellen im Unternehmen aufgesetzt werden.

Nach der erstmaligen Bereitstellung von grundlegenden Inhalten wird der Prototyp des Wikis für einen eingeschränkten Anwenderkreis zur Verfügung gestellt, um Nutzerfreundlichkeit, Verständlichkeit, Nutzungsakzeptanz und Beteiligung der Endanwender zu testen. Gemäß Feedback werden Änderungen des Prototyps vorgenommen und erneut getestet, bis das Wiki zur Nutzung für den gesamten Pilotbereich freigegeben wird.

Auch über die Entwicklung von **„Richtlinien"** für die Wiki-Nutzung kann an dieser Stelle nachgedacht werden: Ziel dieser allgemeinen Verhaltensvorschriften ist es, die Partizipation am Wiki zu fordern und zu fördern, aber auch mögliche Zweckentfremdungen zu unterbinden.

Einführung und Betrieb

Der Freigabe des Wikis für alle Mitarbeiter im Pilotbereich werden Maßnahmen zur **internen Kommunikation** vorangestellt. Mögliche Herangehensweisen sind schriftliche Bekanntmachungen (Intranet, E-Mail oder Mitarbeiterzeitung) und mündliche Ankündigungen im Rahmen von regulären Meetings oder außerordentlichen Anlässen (Betriebsversammlung, Wissensmarkt) oder als eigenständige Präsentation während derer das Wiki demonstriert wird.

In der Regel bedarf es aufgrund der intuitiven Bedienbarkeit und oftmals bereits vorhandenen Erfahrung mit dem Tool eines **geringen Schulungs- und Qualifikationsaufwands,** um alle Anwender mit der Nutzung des Wikis vertraut zu machen. Je nach Vorkenntnissen und Zusammensetzung der Zielgruppe kann es dennoch angebracht erscheinen, eine kurze Einführung in das Wiki vorzunehmen, um den Anwendern die Grundlagen der Wiki-Nutzung zu erläutern. Letztendlich ist das Wiki auf das Mitwirken aller Anwender angewiesen und mangelnde Beteiligung infolge zögerlicher Nutzung bremst das Wachstum und somit den Nutzungswert des Wikis. Mit der Bereitstellung eines Leitfadens oder von Checklisten zur Wiki-Nutzung können weitere **Hilfestellungen** für die Anwender geleistet und potenzielle Einstiegshürden reduziert werden.

Im Rahmen der Wiki-Freischaltung empfiehlt es sich, **Feedbackkanäle** (z.B. E-Mail, Telefon oder ein Diskussionsforum im Wiki selbst) einzurichten und die Anwender über diese Möglichkeiten zu informieren. Idealerweise wird während der Anlaufphase ein Hinweis auf der Startseite des Wikis platziert. Über die gewählten Kanäle erhalten die Entwickler Hinweise zu potenziell vorhandenen Fehlern und Störungen, Verbesserungsvorschläge und neue Denkanstöße zur Verbesserung des Gesamtsystems.

Aufgrund des dezentral getriebenen Wachstums bedarf das Wiki eines sorgfältigen **Pflegekonzepts** für den laufenden Betrieb. Nicht alle neuen Artikel lassen sich zwangsläufig in die eingangs etablierte Struktur einarbeiten. Hilfreich ist es hier, menüartige Überblicksseiten zu erstellen und diese kontinuierlich zu aktualisieren. In regelmäßigen Intervallen sollten darüber hinaus Informationsseiten des Wikis genutzt werden, um redundante oder irreführende Artikel herauszufiltern, Artikel auf einem aktuellen Stand zu halten oder brachliegende Artikel an andere Seiten anzubinden.

Kapitel 11
Der WM-Prozessassistent

Kai Mertins, Ronald Orth

11.1 Einleitung

Ausgangspunkt für die Einführung von Wissensmanagement in Unternehmen sind die Geschäftsprozesse. Merkmal eines prozessorientierten Wissensmanagement ist der bewusste und systematische Umgang mit der Ressource Wissen in operativen Geschäftsprozessen. In diesem Kapitel wird nach einer kurzen Einführung in Nutzen und Einsatz prozessorientierter Methoden im Wissensmanagement der am Fraunhofer IPK entwickelte Prozessassistent vorgestellt. Durch die bedarfsorientierte Bereitstellung von Wissen und Informationen liefert der Prozessassistent einen Beitrag, die Mitarbeiter bei ihren täglichen Aufgaben zu unterstützen.

11.2 Nutzen der Prozessorientierung und Prozessmodellierung

In einem Geschäftsprozess werden alle Aufgaben funktionsübergreifend zusammengefasst, die für die Erstellung einer spezifischen Kundenleistung erforderlich sind. Unabhängig von Branche und Leistungsangebot lassen sich Prozesse von Unternehmen in Kernprozesse, Führungsprozesse und Supportprozesse einteilen (Schmelzer u. Sesselmann 2006).

In diesem Zusammenhang stellt die Prozessmodellierung ein wertvolles Instrument zur Gestaltung und Umsetzung eines prozessorientierten Wissensmanagements dar (vgl. Remus 2002, Bahrs et al. 2007). Die Modellierung von Geschäftsprozessen ermöglicht es, organisationale Abläufe zu beschreiben, zu analysieren und zu gestalten.

Prozessmodelle reduzieren Komplexität. Sie heben einerseits die relevanten Elemente eines betrachteten Systems hervor. Andererseits abstrahieren sie von nichtrelevanten Elementen. Somit ermöglichen sie es, Abläufe im Unternehmen abzu-

© Springer 2009

bilden und Transparenz zu schaffen (vgl. Becker et al. 2007). Daraus ergeben sich folgende Vorteile:

- **Gemeinsames Kommunikationsmittel und Planungsgrundlage:** Bei Prozessmodellen handelt es sich um die grafische Repräsentation eines ausgewählten Systembereichs. Das Prozessmodell visualisiert Unternehmensabläufe auf eine für den Modellnutzer einfache und verständliche Weise und trägt somit dazu bei, in einer unternehmensspezifischen Sprache ein gemeinsames Prozessverständnis zu erarbeiten. Die Dokumentation und Kommunikation von Unternehmensabläufen wird hierdurch, z. B. im Vergleich zu rein textbasierten Dokumentationen, vereinfacht, da die grafische Darstellung die relevanten Merkmale des Ablaufes auf einen Blick wahrnehmbar macht.
- **Veranschaulichung von Abhängigkeiten und Zusammenhängen:** Ein Geschäftsprozessmodell ist eine abstrakte Beschreibung der Ziele, der Struktur und des Verhaltens eines realen Unternehmens. Der Prozessgedanke fördert das Verständnis und die Wahrnehmung der einzelnen Schritte der Leistungserstellung im Unternehmen. Durch die transparente Visualisierung liefern Prozessmodelle einen Überblick bezüglich der (abteilungsübergreifenden) Abläufe und veranschaulichen somit Abhängigkeiten und Zusammenhänge einzelner Prozessschritte. Dieses Wissen über Abläufe und Schnittstellen liefert einen wichtigen Beitrag zur Identifikation von Verbesserungspotenzialen.
- **Aufdecken und Beschreiben von Schwachstellen und guten Praktiken:** Durch das Sammeln und Strukturieren der relevanten Informationen, die zur Erstellung der gewünschten Prozessmodelle notwendig sind, setzen sich die Akteure, z. B. im Rahmen von Modellierungsworkshops und -interviews, bewusst mit den Abläufen des Systems auseinander. In diesem Zusammenhang werden sowohl Stärken als auch Problemfelder in den Unternehmensabläufen direkt identifiziert und Lösungsvorschläge erarbeitet. Die Prozessmodellierung ermöglicht somit nicht nur die Analyse von Ist-Strukturen sondern auch den Entwurf von Soll-Strukturen.

11.3 IUM – Methode der Integrierten Unternehmensmodellierung

Der tatsächliche Nutzeneffekt prozessorientierter Konzepte ist maßgeblich von der gewählten Prozessmodellierungstechnik bzw. -werkzeug abhängig. Am Markt existiert eine Vielzahl von Werkzeugen, die sich hinsichtlich ihrer Komplexität und Funktionalitäten unterscheiden. Das Spektrum reicht von einfachen Tools zur grafischen Visualisierung von Abläufen bis hin zu komplexen Systemen, die beispielsweise Simulationen oder die Workflowunterstützung erlauben (vgl. Kopperger et al. 2008, Spath u. Weisbecker 2008). Je nach Einsatzzweck und Ziel der Anwender kann hier die Wahl unterschiedlich ausfallen.

Für die Erstellung des Prozessassistenten wird auf die am Fraunhofer IPK entwickelte Methode der „Integrierten Unternehmensmodellierung“ (IUM) zurück-

Tabelle 11. Elemente der Integrierten Unternehmensmodellierung (IUM)

IUM-Element	Beschreibung
Produkt (rot)	Die Objektklasse Produkt repräsentiert alle Objekte, deren Herstellung und Verkauf das Ziel des betrachteten Unternehmens ist sowie alle Objekte, die in das Endprodukt einfließen. Dazu gehören Rohstoffe, Zwischenprodukte und Dienstleistungen.
Auftrag (blau)	Die Objektklasse Auftrag repräsentiert die Informationen, die aus der Sicht von Planung, Steuerung und Überwachung der Unternehmensprozesse relevant sind. Hierzu zählen sowohl interne als auch externe Aufträge (z. B. Kundenaufträge).
Ressource (grün)	Die Objektklasse Ressource umfasst alle notwendigen Leistungsträger, die zur Ausführung oder Unterstützung von Tätigkeiten im Unternehmen erforderlich sind. Hierzu zählen unter anderem Mitarbeiter, Geschäftspartner, Dokumente, Wissensgebiete sowie Informationssysteme oder Betriebsmittel.
Aktion (gelb)	Eine Aktion ist eine objektneutrale Beschreibung von Tätigkeiten, wie beispielsweise eine verbale Beschreibung einer Arbeitsaufgabe oder eines Verfahrens.
Verknüpfungselemente (1) → (2) ■ (3) ◇ (4) ●	Neben (1) Übergangsverbindung ermöglicht die IUM die Darstellung von logischen Veränderungsreihenfolgen der Objektzustände anhand der folgenden Elemente: (2) Parallele Verzweigung: Beide Folgeprozesse können unabhängig voneinander durchlaufen werden; (3) Entscheidung: Alternative Abläufe, die je nach Definition der Folgezustände durchlaufen werden; (4) Zusammenführung: Mehrere Wege in der Prozesskette werden zusammengeführt.

gegriffen (Spur et al. 1993). Sie ermöglicht es, organisationale Prozesse abbilden, beschreiben, analysieren und gestalten zu können. Die IUM zeichnet sich durch wenige Objektklassen aus, ist leicht verständlich und schnell erfassbar. Für die Beschreibung von Unternehmensprozessen verwendet die IUM einen objektorientierten Ansatz. Den Kern der Methode bildet die Einteilung aller Elemente eines Unternehmens in die drei generischen Objektklassen „Produkt", „Ressource" und „Auftrag". Diese Objekte können unterschiedliche Zustände annehmen. Durch das Element „Aktion" werden Tätigkeiten beschrieben, die die einzelnen Objekte miteinander verknüpfen und eine Veränderung der Objektzustände bewirken (Tabelle 11).

Das Modellierungswerkzeug MO^{2}GO

Die IUM wird durch das Modellierungswerkzeug MO^{2}GO (**M**ethode zur **O**bjekt**o**rientierten **G**eschäftsprozess**o**ptimierung) unterstützt. Mit der Softwareanwendung MO^{2}GO steht ein universelles Werkzeug zur Darstellung, Analyse und Optimierung

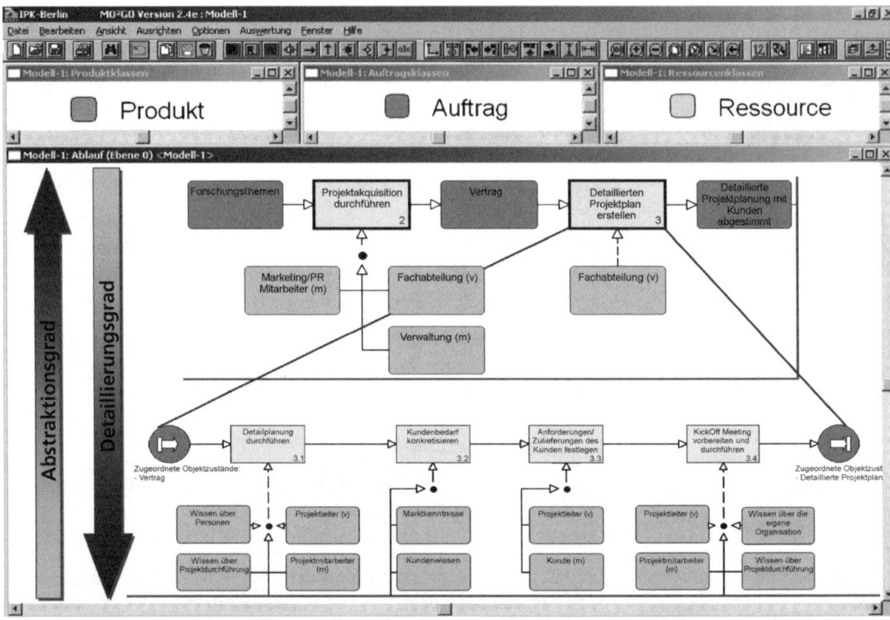

Abb. 32. Beispielhafte Prozessmodellierung mit dem Werkzeug MO²GO

betrieblicher Strukturen und Geschäftsprozesse zur Verfügung (Mertins u. Jäkel 2006).[1]

Das Werkzeug verfügt über eine grafische Oberfläche, die einen schnellen Zugriff auf wesentliche Funktionen bereitstellt. Eine vorteilhafte Eigenschaft des Werkzeuges besteht in der systematischen Strukturierung der Unternehmensprozesse anhand einer hierarchischen Unterteilung. Dabei handelt es sich um eine Aufteilung von Prozessen in ihre Teilprozesse, die in einem logischen Zusammenhang stehen (s. Abb. 32). Jeder Teilprozess beschreibt wiederum eine in sich abgeschlossene Aufgabe (Dekomposition). Hierdurch wird bei der Erstellung von Prozessmodellen ein ausgewogenes Verhältnis zwischen Abstraktion und Detaillierung gewährleistet. Somit wird auch bei komplexen Inhalten und detaillierten Prozessbeschreibungen eine stringente Struktur und Transparenz in einem handhabbaren Format sichergestellt.

---

[1] Die Objektorientierung der IUM eröffnet die Möglichkeit, Wissen als Objektklasse abzubilden. Für die wissensorientierte Modellierung der Geschäftsprozesse nach der IUM-Methode sind die relevanten Wissensinhalte nach Wissensdomänen und Wissensträgern zu spezifizieren und als Ressourcen im Geschäftsprozessmodell darzustellen. Ein solches Vorgehen stellt einen exzellenten Einstieg in die Durchführung der GPO-WM-Analyse dar (s. Kap. 6).

Mit Hilfe des Werkzeuges lassen sich ferner das Modell, seine Dokumentation sowie unterschiedliche Modellauswertungen erstellen. Hierzu zählt auch eine Exportfunktion, die es ermöglicht, Prozessmodelle in eine praktikable Darstellungsweise in Form einer HTML-Anwendung zu überführen (WM-Prozessassistent).

11.4 Der WM-Prozessassistent

Als elektronischer Roll-out eines Geschäftsprozessmodells schafft der Prozessassistent Transparenz über Abläufe, den Aufbau und die Verantwortlichkeiten eines Unternehmens. Ausgangspunkt für die Erstellung des Prozessassistenten ist die Modellierung und Gestaltung ausgewählter Geschäftsprozesse mit der MO²GO-Software. Dabei ist die in diesem Zusammenhang erarbeitete Prozessdarstellung als Wissensressource zu betrachten, schließlich stellt sie eine Explikation des Prozesswissens der Mitarbeiter des Unternehmens dar. Darüber hinaus führt die Entwicklung der grafischen Prozessmodelle zu einem gemeinsamen Verständnis über die Abläufe zwischen allen Prozessbeteiligten. Gleichzeitig schafft es damit eine einheitliche Beschreibung des Kontexts für den Umgang mit Wissen. Das Werkzeug unterstützt somit nicht nur die Identifizierung wichtiger Wissensinhalte und Wissensträger, sondern auch die abteilungsübergreifende Kommunikation (Mertins u. Orth 2006).

Der Prozessassistent ermöglicht es, den systematischen Umgang mit Wissen durch die Bereitstellung von Hilfsmitteln zu unterstützen. Er verfügt über eine Browseroberfläche und funktioniert als interaktiver Leitfaden, mit dessen Hilfe verschiedene Teilprozesse des Unternehmens erkundet werden können. Die übersichtliche Darstellung und intuitive Bedienung erlauben eine schnelle und einfache Navigation. Sie liefert den Mitarbeitern Orientierung und Unterstützung bei der täglichen Arbeit. Dabei stehen dem Benutzer zwei Navigationsmöglichkeiten zur Erkundung der Prozesslandschaft und ihrer Inhalte zur Verfügung:

- **Grafische Navigation:** Über eine grafische Darstellung der Kernprozesse im MO²GO-Viewer kann sich der Anwender schnell einzelne Prozessschritte erschließen sowie auf benötigte Hilfsmittel zugreifen, die vom Assistenten entlang des Prozesses zur Verfügung gestellt werden. (s. Abb. 33).
- **Textbasierte Navigation:** Neben der grafischen Darstellung der Kernprozesse kann der Anwender auch über eine strukturierte, textbasierte Navigation schnell auf benötigte Informations- und Wissensressourcen, wie beispielsweise Checklisten, Formulare oder Kurzbeschreibungen und Praxisbeispiele prozessorientiert zugreifen (s. Abb. 34).

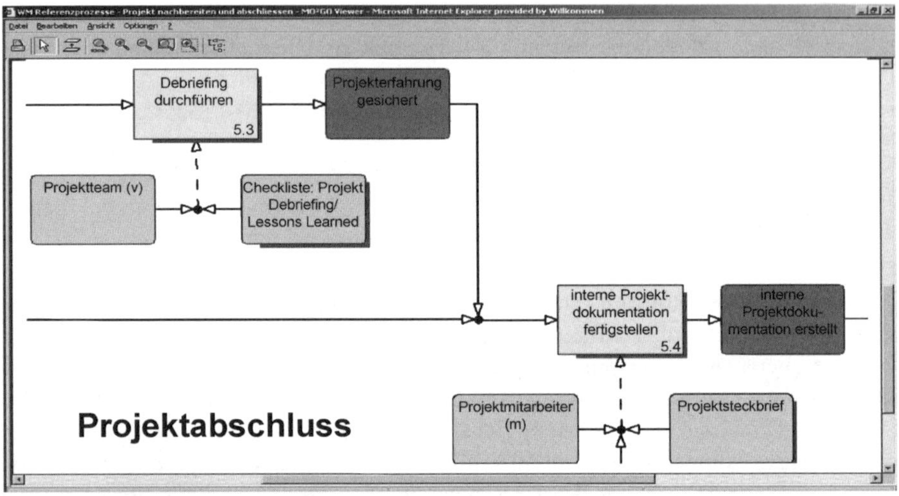

Abb. 33. Grafische Prozessnavigation mit dem MO²GO-Viewer

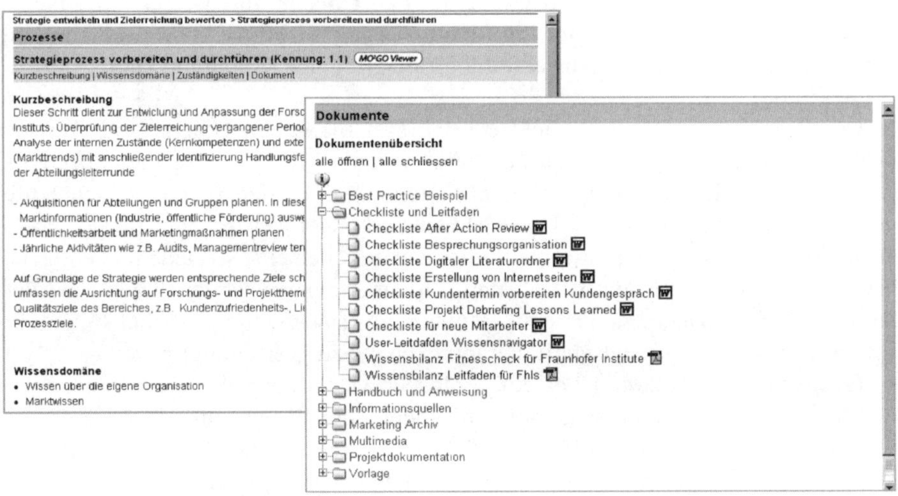

Abb. 34. Textbasierte Navigation im Prozessassistenten

Vorgehen zur Erstellung, Nutzung und Pflege des Prozessassistenten

Der Prozessassistent ist stets auf die spezifischen Bedürfnisse des Unternehmens und seiner Mitarbeiter zugeschnitten. Dies wird dadurch gewährleistet, dass die späteren Anwender bereits frühzeitig in die Entwicklung einbezogen und Lösungen partizipativ erarbeitet werden. Folgende Schritte werden zur Erstellung und zum Betrieb des Prozessassistenten durchlaufen:

1. **Partizipative Prozessmodellierung und Erstellung einer Prozesskarte:** In einem ersten Schritt werden die Kernprozesse des Unternehmens definiert und ihre direkten Schnittstellen untereinander beschrieben. Auf diesem Ergebnis aufbauend wird eine Prozesskarte erstellt, die sich später als Einstiegspunkt in den Prozessassistenten einbinden lässt (s. Abb. 35). Ferner stellt diese Strukturierung der Kernprozesse den Einstieg in die *partizipative Prozessmodellierung* dar (vgl. Mertins et al. 2007a). Diese zeichnet sich durch eine Kombination aus Schulung und Prozessmodellierung aus. Im Rahmen des Vorgehens werden kleine Teams aus ausgewählten Mitarbeitern des Unternehmens gebildet. Nach einer entsprechenden Einweisung besteht die Aufgabe der Teams darin, Prozesse selbstständig zu beschreiben. Neben der detaillierten Modellierung der Unternehmensprozesse sind also der Know-how-Transfer und die Mitarbeiterqualifizierung ein wesentliches Merkmal des Vorgehens. Somit werden bereits zu Beginn des Vorhabens die Grundlagen für die Etablierung der Prozessorientierung im Unternehmen und den nachhaltigen Betrieb des Prozessassistenten gelegt.
2. **Aufbereitung von initialen Inhalten für den Prozessassistenten:** Bevor der Prozessassistent einer größeren Nutzergruppe zugänglich gemacht wird, empfiehlt es sich, Anfangsinhalte bereitzustellen. Dabei kann in der Regel auf die sinnvolle Nutzung von bereits im Unternehmen vorhandener Informationen und Wissensquellen aufgesetzt werden. Seine offenen Schnittstellen zu gängigen Standardanwendungen ermöglichen es, Inhalte und Arbeitshilfen einfach einzubinden und somit zeitnah allen Nutzern bedarfsorientiert entlang der Prozesse bereitzustellen.
3. **Einführung und Nutzung des Prozessassistenten im Tagesgeschäft:** Die webbasierte Struktur des Prozessassistenten gewährleistet, auf bereits bestehende Technologien sowie auf das Wissen im Umgang mit diesen Medien zuzugreifen. Somit können aufwendige Neuentwicklungen und Schulungsphasen bei

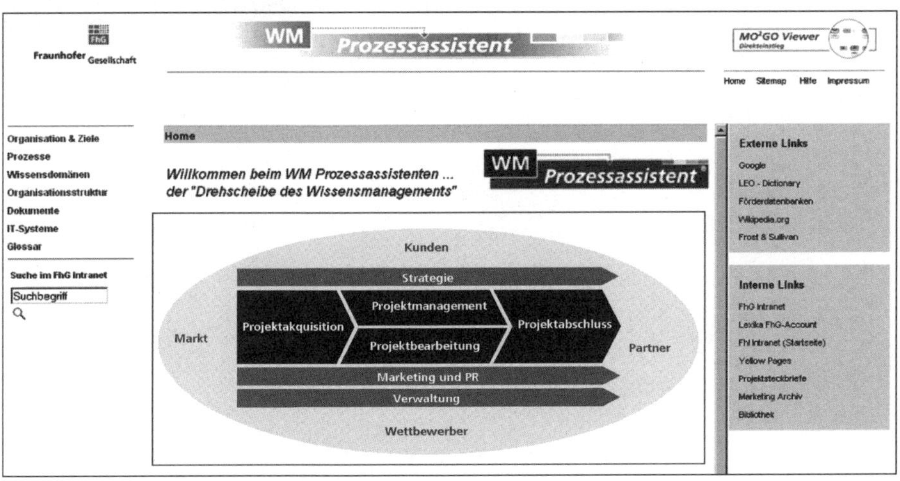

Abb. 35. Startseite des Prozessassistenten mit Prozesskarte

der Einführung vermieden werden. Einen weiteren Erfolgsfaktor für den nachhaltigen Betrieb des Systems stellt ein Rollenkonzept zur Pflege des Systems dar. In einem solchen Rollenkonzept sind Verantwortlichkeiten klar geregelt und es gewährleistet somit, dass die Inhalte des Prozessassistenten durch ausgewählte Personen (Prozesseigner) stets auf einem aktuellen Stand gehalten werden. Ferner ergeben sich Synergieeffekte bei der Nutzung des Prozessassistenten dadurch, dass dieser auch im Rahmen des Qualitätsmanagements und für die ISO-Zertifizierung genutzt werden kann. Somit liefert der Prozessassistent eine geeignete Plattform, um Wissens- und Qualitätsmanagement zu verknüpfen.

Im Rahmen des ProWis-Projektes wurde der Prozessassistent in zwei Unternehmen eingeführt. Das Praxisbeispiel der Klöckner DESMA Schuhmaschinen GmbH beschreibt, wie der Prozessassistent mit dem Wiki-System des Unternehmens verknüpft wurde (s. Kap. 17). Das Praxisbeispiel der AUCOTEAM GmbH zeigt, wie der Prozessassistent im Rahmen des Projektgeschäftes für die Projektreflexion und Erfahrungssicherung genutzt werden kann (s. Kap. 14).

Kapitel 12
Wissensbilanz

Kai Mertins, Markus Will, Ronald Orth

12.1 Hintergrund: Warum Wissensbilanzen?

Einer Studie der Fraunhofer-Gesellschaft zufolge halten 91 Prozent der deutschen Unternehmen Wissensmanagement für ein wichtiges Thema. Jedoch nur ein knappes Viertel der Befragten meint, dass in ihrem Unternehmen mit der Ressource Wissen effektiv umgegangen wird. Das größte Verbesserungspotenzial wird im Zusammenspiel von Geschäftsstrategie und Wissensmanagement sowie in der Messung des Erfolgs von Wissensmanagement-Maßnahmen gesehen (Fraunhofer-Wissensmanagement Community 2005). Die befragten Führungskräfte und Mitarbeiter benennen also einerseits das häufige Defizit einer mangelnden Kopplung von Wissensmanagement-Aktivitäten an die allgemeinen Unternehmensziele. Andererseits ist der fehlende belastbare Nachweis der wirtschaftlichen Erfolgswirksamkeit von Wissensmanagement weiterhin ein wesentlicher Grund, sich nicht ernsthaft mit Wissensmanagement auseinanderzusetzen und entsprechende Investitionen zu tätigen.

Die Wissensbilanz stellt einen pragmatischen Lösungsansatz dar, um diesen Herausforderungen zu begegnen. Sie ist ein praxisorientiertes Instrument, um sowohl Wissensmanagement an die Unternehmens- und Geschäftsstrategie zu koppeln als auch die Wirksamkeit und Zielerreichung von Wissensmanagement-Maßnahmen kontinuierlich zu überprüfen. So können die zentralen Fragen der Einführung und Steuerung von Wissensmanagement im Unternehmen geklärt werden: Wo lohnt es sich am ehesten zu investieren? Welchen Beitrag leistet Wissensmanagement zum Unternehmenserfolg?

Die Priorisierung von Handlungsfeldern und das Ableiten von strategiekonformen Maßnahmen dienen der Kosten-Nutzen-Optimierung in der Planungsphase der Wissensmanagement-Einführung. Die Darstellung und Messung der Zielerreichung sowie des Erfolgsbeitrags von Maßnahmen ermöglichen ein effektives Controlling

© Springer 2009

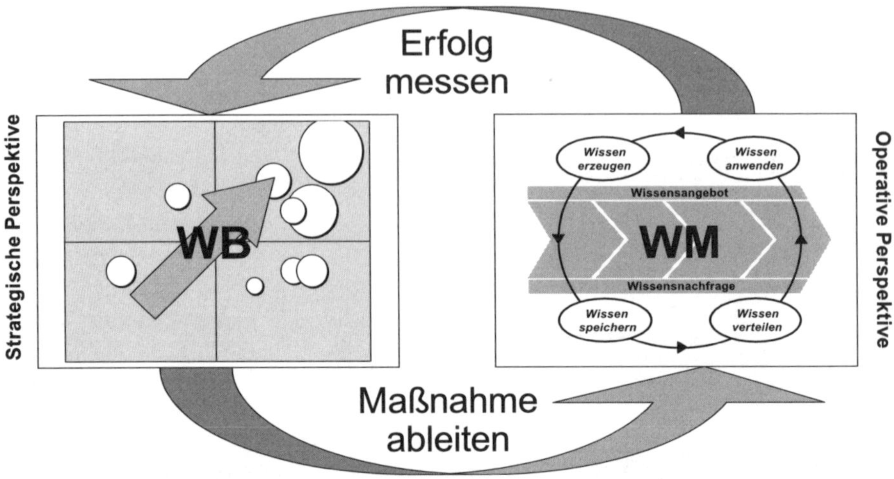

Abb. 36. Zusammenspiel von Wissensbilanz (WB) und Wissensmanagement (WM) als kontinuierlicher Managementkreislauf

in der Phase der Implementierung und fortlaufenden Steuerung von Wissensmanagement. Dieser Zusammenhang kann als Kreislauf dargestellt werden, der die strategische Ebene (Wissensbilanz) mit der operativen Ebene (Wissensmanagement) einer wissensorientierten Unternehmensführung verknüpft (Abb. 36).

12.2 Intellektuelles Kapital messbar machen

Die Wissensbilanz ist ein Bericht über das bewertete intellektuelle Kapital einer Organisation sowie über laufende, abgeschlossene und geplante Maßnahmen zu dessen Entwicklung. Das intellektuelle Kapital bezeichnet alle für die Geschäftstätigkeit wichtigen immateriellen Faktoren und deren Vernetzung untereinander. Die Unterscheidung von drei Arten des intellektuellen Kapitals hat sich mittlerweile als Standard herausgebildet (Alwert 2006, BMWA 2004):

- Das **Humankapital** umfasst alle Eigenschaften und Fähigkeiten, welche die einzelnen Mitarbeiter in die Organisation einbringen.
- Das **Strukturkapital** umfasst alle Strukturen, welche die Mitarbeiter einsetzen, um in ihrer Gesamtheit die Geschäftstätigkeit durchzuführen und
- Das **Beziehungskapital** alle Beziehungen zu externen Gruppen und Personen, welche in der Geschäftstätigkeit genutzt werden.

Mit der Wissensbilanz können Wirkungsketten offen gelegt, der Wertschöpfungsbeitrag von immateriellen Ressourcen bewertet und die Auswirkung von Veränderungen der Wissensbasis auf den Geschäftserfolg gemessen werden.

Als Management- und Kommunikationsinstrument dient sie zwei Zielen: Erstens ermöglicht die Wissensbilanz die systematische interne Steuerung der immateriellen Werttreiber. Geschäftsführung und WM-Verantwortliche erhalten eine fundierte Entscheidungsgrundlage zur Umsetzung von Entwicklungsmaßnahmen. Dabei stößt schon der Bilanzierungsprozess im Workshop-Team Nutzen stiftende Reflexionen an und baut ein gemeinsames Verständnis der weichen Erfolgsfaktoren und der Funktionsweise des eigenen Unternehmens auf (Will et al. 2007b).

Zweitens fungiert die Wissensbilanz als Berichtsinstrument, das sowohl zur internen als auch zur externen Kommunikation der unternehmensspezifischen immateriellen Werte genutzt werden kann. So kann die Unternehmensleitung gegenüber der Belegschaft die Zusammenhänge der weichen Faktoren mit dem Geschäftserfolg und daraus abgeleitete Entwicklungsmaßnahmen anschaulich darstellen. Zusätzlich zeigt die Wissensbilanz auch externen Zielgruppen, wie Kunden oder Kapitalgebern, den Status quo des intellektuellen Kapitals und somit den wahren Wert des Unternehmens auf.

12.3 In acht Schritten zur fertigen Wissensbilanz

Die hier beschriebene Methode wurde durch den vom Fraunhofer IPK initiierten Arbeitskreis Wissensbilanz im Pilotprojekt „Wissensbilanz – Made in Germany" im Hinblick auf die Anforderungen von mittelständischen Unternehmen entwickelt. Basierend auf vorhandenen Konzepten aus anderen europäischen Ländern (Übersichten finden sich bei Alwert 2006, Mertins et al. 2005), wurde vor allem ein einfaches, systematisches Vorgehensmodell umgesetzt und praxisorientierte Interpretationshilfen für ein effizientes Management des intellektuellen Kapitals getestet und optimiert. Die Wissensbilanz-Toolbox[1] untergliedert diese Methode zur Wissensbilanzierung in acht einfache Arbeitsschritte (Abb. 37). Jeder dieser Arbeitsschritte liefert bereits ein in sich schlüssiges Ergebnis, womit Anwender die Wahl haben, die Wissensbilanzierung bis hin zum fertigen Wissensbilanzdokument oder nur bis zum Erreichen von Teilergebnissen durchzuführen.

Die Wissensbilanzierung wird im Unternehmen im Rahmen von funktions- und hierarchieübergreifenden Workshops durchgeführt. Dieses Vorgehen sichert die ganzheitliche Betrachtung des intellektuellen Kapitals im Unternehmen (Alwert 2006). Zu Beginn wird das **Geschäftsmodell** des bilanzierenden Unternehmens beschrieben. Dabei werden Informationen zum Geschäftsumfeld (Möglichkeiten und Risiken) und strategischen Zielen dokumentiert (Schritt 1), die bei allen weiteren Schritten die Basis für die Bewertung der weichen Erfolgsfaktoren bilden.

---

[1] Die Wissensbilanz-Toolbox sowie ein entsprechender Leitfaden können kostenlos über die Internetseiten des BMWi (www.bmwi.de) und des Arbeitskreis Wissensbilanz (www.akwissensbilanz.org) bezogen werden.

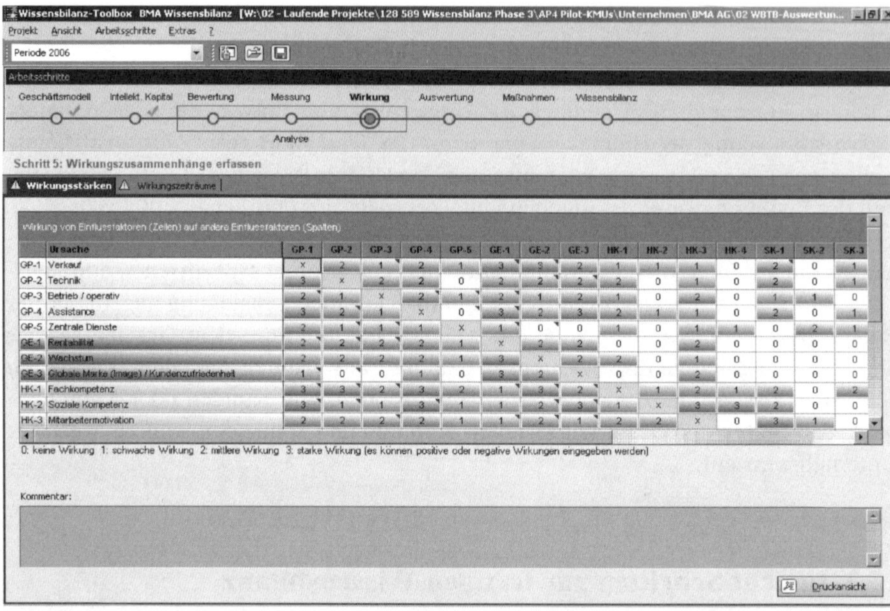

Abb. 37. In acht Schritten zur fertigen Wissensbilanz mit der Wissensbilanz-Toolbox

Vor dem Hintergrund der strategischen Ziele werden die für den Geschäftserfolg ausschlaggebenden **Leistungsprozesse** und **Einflussfaktoren des intellektuellen Kapitals** identifiziert (Schritt 2). Bei den Faktoren des intellektuellen Kapitals kann es sich beispielsweise um die Motivation der Mitarbeiter, die Beziehungen zu Kunden oder um die Unternehmenskultur handeln. Die verschiedenen Faktoren des intellektuellen Kapitals können für jedes Unternehmen individuell definiert werden. Allerdings können auch Standardvorlagen, die auf den bisherigen empirischen Ergebnissen beruhen, genutzt werden, um diesen Prozessschritt abzukürzen.

Die **Bewertung** der aktuellen Ausprägung aller Einflussfaktoren erfolgt hinsichtlich der Kriterien Qualität, Quantität und Systematik (Schritt 3). Diese Selbsteinschätzung durch das Workshop-Team wird im nächsten Schritt durch die Bestimmung von Indikatoren zur **Messung** des intellektuellen Kapitals in Form von Zahlen und Fakten untermauert (Schritt 4).

Nach der Bewertung der Stärken und Schwächen des intellektuellen Kapitals analysieren die Workshop-Teilnehmer die **Wirkungszusammenhänge** zwischen intellektuellem Kapital, Geschäftsprozessen und Geschäftserfolgen (Schritt 5). Basierend auf der Sensitivitätsanalyse nach Vester (2003) können dadurch Aussagen zur Steuerbarkeit einzelner Faktoren und zu zeitlichen Verzögerungen bei der Wirkung von Maßnahmen gemacht werden.

Zentrales Ergebnis der **Auswertung** (Schritt 6) ist das Potenzial-Portfolio, in dem die Bewertung der Faktoren zusammen mit ihrem Einflussgewicht dargestellt wird

(s. Abschnitt 12.4). Somit ist auf einen Blick erkennbar, welche Faktoren aufgrund ihrer hohen Wirkung auf das Gesamtsystem und ihrer relativ niedrigen Bewertung entwickelt werden müssen. Nachdem dringende Handlungsfelder identifiziert worden sind, können entsprechende **Maßnahmen** definiert werden (Schritt 7). Durch die vorangehenden Schritte ist gewährleistet, dass diese Maßnahmen die Erreichung der strategischen Ziele unterstützen und die größtmögliche Hebelwirkung entfalten. Schließlich ermöglicht die Wissensbilanz-Toolbox die Erstellung des fertigen **Wissensbilanzdokuments** auf Knopfdruck (Schritt 8). Für die Kommunikation an ausgewählte Zielgruppen, wie beispielsweise Mitarbeiter, Kunden und Kreditgeber, können die Inhalte ausgewählt, in einem Dokument zusammengeführt und weiterverarbeitet werden.

12.4 Maßnahmen ableiten und steuern

Wie zuvor dargestellt, kommt in der workshopbasierten Wissensbilanz-Methode ein Selbstbewertungsverfahren unter Zuhilfenahme von nachprüfbaren Indikatoren und Kennzahlen zum Einsatz. Zudem werden die Zusammenhänge zwischen dem intellektuellen Kapital und dem Geschäftserfolg in einer Wirkungsanalyse erfasst, wodurch die ökonomischen Auswirkungen transparent werden. Aus der Kombination dieser beiden Komponenten lassen sich dann diejenigen Handlungsfelder ableiten, in denen Maßnahmen die größtmögliche Wirksamkeit für das Unternehmen entfalten. Die Verknüpfung mit quantitativen Messgrößen stellt sicher, dass die Auswirkungen der Maßnahmen nachprüfbar sind und bei Zielabweichungen rechtzeitig interveniert werden kann. Die regelmäßige Erstellung einer Wissensbilanz stellt sicher, dass das intellektuelle Kapital einer Organisation kontinuierlich überwacht und an neue Anforderungen und Strategien angepasst werden kann.

Die Auswertung und Interpretation der Analyseergebnisse wird durch die Wissensbilanz-Toolbox unterstützt. Mit Hilfe der Softwareanwendung lassen sich die Ergebnisse in unterschiedlichen Diagrammen anschaulich darstellen. Das **Potenzial-Portfolio** der Wissensbilanz stellt beispielsweise die Analyseergebnisse grafisch in vier Feldern dar und ermöglicht es, trotz vorhandener Komplexität, Interventionsbereiche schnell ableiten und priorisieren zu können (Abb. 38). Das Potenzial-Portfolio verdeutlicht das Entwicklungspotenzial der Einflussfaktoren anhand von zwei Dimensionen. Die x-Achse bildet den Mittelwert der zuvor vorgenommen Bewertung der Einflussfaktoren anhand der Dimensionen Qualität, Quantität und Systematik ab. Sie gibt das durchschnittliche Verbesserungspotenzial eines Einflussfaktors wieder. Je weiter links ein Einflussfaktor steht, desto schlechter seine Bewertung und desto größer ist sein Verbesserungspotenzial. Auf der y-Achse ist das Einflussgewicht des Einflussfaktors, also die Wirkungsstärke auf das Gesamtsystem, dargestellt. Je weiter oben ein Einflussfaktor steht, desto größer ist seine Wirkung auf die strategischen Unternehmensziele im System des intellektuellen Kapitals.

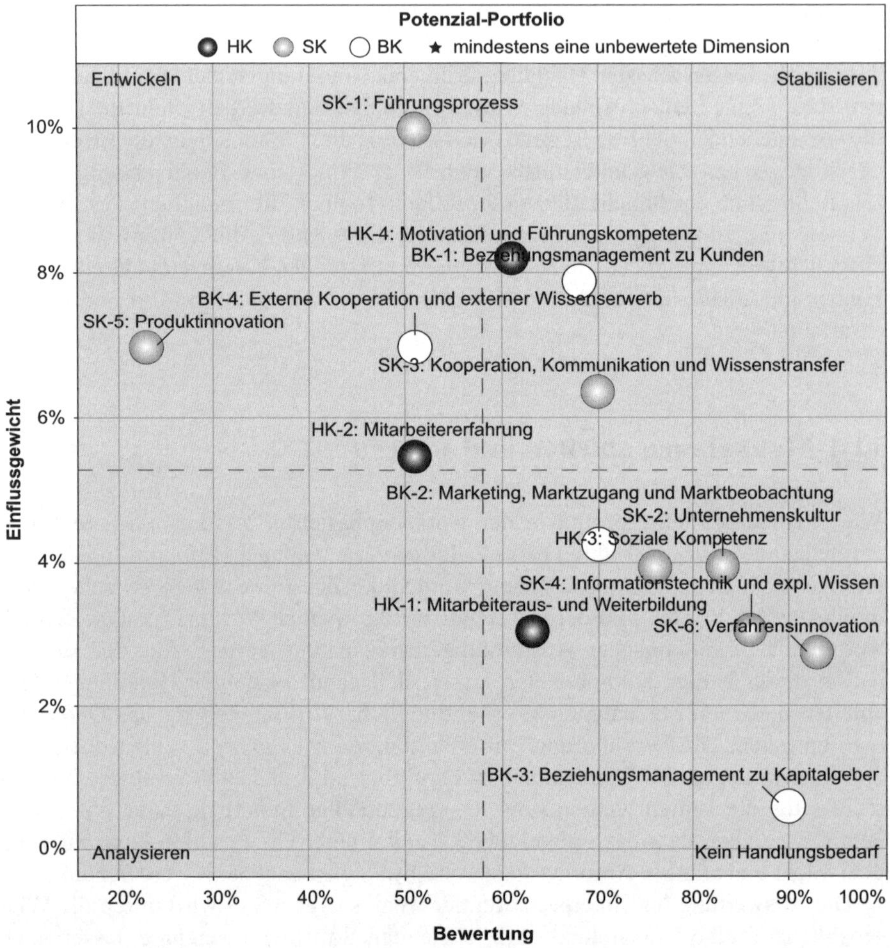

Abb. 38. Potenzial-Portfolio aus der Wissensbilanz

Anhand der Quadranten des Potenzial-Portfolios lassen sich **vier Handlungsempfehlungen** für die gezielte Entwicklung des intellektuellen Kapitals auf strategischer Ebene ableiten (Alwert 2006):

- **Stabilisieren** (oben rechts): Faktoren in diesem Quadranten weisen eine hohe durchschnittliche Bewertung auf. Ebenfalls hoch ist ihr Einflussgewicht auf das Gesamtsystem. Diese Faktoren stellen Stärken des Unternehmens dar, die es zu bewahren gilt. Insbesondere im Kontext von Wachstumsstrategien sollten diese im Sinne eines Risiko-Monitoring beobachtet bzw. aktiv auf dem aktuellen Niveau stabilisiert werden.

- **Kein Handlungsbedarf** (unten rechts): Die Faktoren sind gegenwärtig gut ausgeprägt. Ihr Einflussgewicht bzw. ihre Relevanz für den Unternehmenserfolg ist jedoch nicht von existenzieller Bedeutung. Für Faktoren in diesem Quadranten ergibt sich kein akuter Handlungsbedarf.
- **Analysieren** (unten links): Diese Faktoren haben ein eher geringes Einflussgewicht auf das System und sind gleichzeitig weniger gut bewertet. Diese Faktoren gilt es, genauer zu analysieren und zu beobachten, da sie beispielsweise indirekt bestimmte Wirkungszusammenhänge unterstützen können.
- **Entwickeln** (oben links): Diese Faktoren haben eine hohe Bedeutung für das Gesamtsystem und sind gleichzeitig relativ schwach bewertet. Diesen Faktoren sollte besondere Aufmerksamkeit zu teil werden, da sie über das höchste Interventionspotenzial verfügen. Durch relativ kleine Verbesserungen lassen sich vergleichsweise große Wirkungen erzielen (Hebeleffekt).

Für die Ableitung und Planung operativer Maßnahmen sollten zunächst diejenigen Einflussfaktoren ausgewählt werden, die das größte Interventionspotenzial aufweisen. Dabei sollten Wechselwirkungen zwischen den Einflussfaktoren, den Geschäftsprozessen und dem Geschäftserfolg aufgezeigt und bei der weiteren Planung berücksichtigt werden.

Auf der operativen Ebene ist nun zu klären, wie viele und welche konkreten Interventionsbereiche angegangen werden sollen. Hier gilt es zu berücksichtigen, dass zu viele gleichzeitige Interventionen zu ungewollten Nebeneffekten (z.B. Zeitmangel, ungewollte Wechselwirkungen) führen können. Beim Konkretisieren und Detaillieren bieten sich vorhandene, operative Konzepte und Lösungen an. Beispielsweise ermöglichen das WM-Audit (s. Kap. 5) und die GPO-WM-Analyse (s. Kap. 6) eine Feinanalyse ausgewählter Bereiche und Prozesse sowie die Präzisierung von Maßnahmen. Die Methodensammlung des ProWis-Shops (s. Kap. 7) bietet Hilfestellungen bei der Auswahl der richtigen Lösung.

Nach der Implementierung von Maßnahmen ist es durch den Einsatz der Wissensbilanz wiederum möglich, operative Veränderungen messen zu können und den Zusammenhang zum Geschäftserfolg zu verdeutlichen. Die Wissensbilanz steht somit am Anfang und am Ende eines Wissensmanagement-Zyklus, um operative Maßnahmen systematisch planen und steuern zu können und ein kontinuierliches Controlling der Fortschritte zu ermöglichen (Abb. 39).

Die Erstellung einer Wissensbilanz sowie ihre Verknüpfung mit dem operativen Wissensmanagement werden in diesem Buch anhand von zwei Praxisbeispielen mittelständischer Unternehmen vertieft. Die Helmut Beyers GmbH hat auf Basis der Wissensbilanz und der GPO-WM-Analyse mehrere Maßnahmen – angefangen von der Verbesserung der internen Kommunikation bis hin zur Verbesserung der Produktionsprozesse – abgeleitet und umgesetzt (s. Kap. 15). Die BMA AG hat die zentralen Stellhebel und Prozesse mit Hilfe der Wissensbilanz identifiziert und durch die Planung und Implementierung entsprechender Maßnahmen ihre Serviceprozesse verbessert (s. Kap. 16).

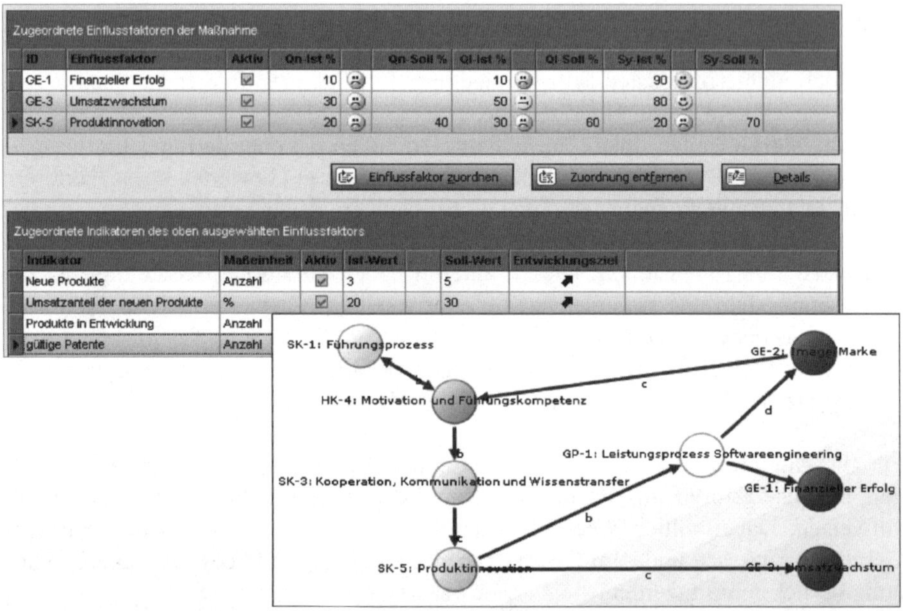

Abb. 39. Wissensbilanz-Toolbox: Indikatoren und Wirkungsnetze zur Unterstützung des Maßnahmencontrollings

12.5 Bisherige Erfahrungen und Ausblick

Das durch das Bundesministerium für Wirtschaft und Technologie geförderte Pilotprojekt „Wissensbilanz – Made in Germany" hat seit 2004 kontinuierlich an Fahrt gewonnen. Das Interesse und der Bedarf in den deutschen mittelständischen Unternehmen sind anhaltend groß, wie die 40.000 bestellten Wissensbilanz-Leitfäden sowie die 20.000 Abrufe der Software Wissensbilanz-Toolbox belegen. Mit über 50 Implementierungen im Rahmen des Pilotprojektes konnte der bisher größte praktische Verbreitungsgrad einer Wissensbilanz-Methode im Mittelstand erreicht werden.

Mittlerweile wurden zahlreiche weitere Verbreitungs- und Entwicklungsaktivitäten außerhalb der BMWi-Pilotinitiative angestoßen:

- Neben dem Einsatz der Wissensbilanz im Mittelstand wurde die Methode auch im **Konzernumfeld** mehrfach erfolgreich eingeführt und konnte als Kommunikations- und Steuerungsinstrument etabliert werden (s. z. B. den Geschäftsbericht der EnBW AG unter www.enbw.com).
- Die Wissensbilanz wird nicht nur als internes Steuerungsinstrument genutzt, sie gilt zudem als **optimale Ergänzung zu anderen Managementinstrumenten**. Das ergab eine Umfrage unter den Pilotunternehmen der Initiative „Wissensbilanz – Made in Germany" (Will et al. 2006). Drei Viertel (75%) der befragten

Unternehmen sind davon überzeugt, dass die Wissensbilanz klassische Instrumente wie Risikomanagement, das ISO Qualitätsmanagement oder die Balanced Scorecard sinnvoll ergänzt. Die Projektverantwortlichen könnten dadurch auf zahlreiche Synergien setzen. Besonders erfolgreich unterstützt die Wissensbilanz aus Sicht der Unternehmen sowohl den Strategieentwicklungsprozess als auch die Implementierung der Strategie, so die Ergebnisse der Befragung.

- Auch in der externen Kommunikation kann die Wissensbilanz messbare Wirkungen erzielen. In einem Experiment mit **Finanzanalysten** konnte nachgewiesen werden, dass die zusätzlichen Informationen aus der Wissensbilanz die Unternehmenseinschätzung, z. B. im Rahmen einer Kreditanfrage, präzisieren können (Will et al. 2007a).
- Ferner wurde ein **Ausbildungsprogramm zum geprüften Wissensbilanz-Moderator** von der Fraunhofer Technology Academy initiiert, das die einheitliche Anwendung der Methode und die Einhaltung von Qualitätsstandards gewährleistet.
- Einen weiteren Schritt zur Entwicklung und Verbreitung der Methode stellt beispielsweise ein **Harmonisierungsprojekt von Wissensbilanz-Ansätzen auf europäischer Ebene** (InCaS: „Intellectual Capital Statement – Made in Europe“) dar (vgl. Mertins et al. 2006a).

Kapitel 13
Schnittstellen-Workshops und soziale Netzwerkanalyse

Ina Finke

Die Kommunikation zwischen Mitarbeitern ist für die internen Abläufe und Wertschöpfungsprozesse im Unternehmen entscheidend, denn nur da, wo die Mitarbeiter effizient zusammenarbeiten, wird auch Mehrwert geschaffen. Neben den formalen Kommunikations- und Entscheidungswegen geschieht ein großer Teil der wertschöpfenden Arbeit in den informellen Strukturen (Krackhardt u. Hanson 1993, Cross u. Parker 2004). Vor allem in kleinen und mittelständischen Unternehmen überwiegt die informell geprägte Kommunikationskultur, in der häufig „auf Zuruf" die gemeinsame Arbeit koordiniert wird. Diverse Studien zeigen, dass KMU aufgrund der guten Vernetzung der Mitarbeiter in der Lage sind, Lücken in der formellen Struktur durch informelle Beziehungen zu schließen (Fraunhofer-Wissensmanagement Community 2005, Orth et al. 2008).

Es wird in vielen Studien belegt, dass informelle Netzwerke von Mitarbeitern zur Problemlösung immer wichtiger werden und dass die Arbeit durch informelle Kontakte wesentlich beschleunigt werden kann (vgl. beispielsweise Lembke u. Vyborny 2006). Als informelle Struktur wird dabei alles bezeichnet, was außerhalb formal geregelter Abläufe geschieht. Formale Strukturen wie Organisationspläne benennen Bereich und Funktion der Mitarbeiter, geben Hierarchien und Schnittpunkte der Abteilungen vor, können aber keine Aussagen darüber geben, welcher Mitarbeiter mit wem tatsächlich kommuniziert und gut zusammenarbeitet. Ebenso wenig sagen sie etwas über die tatsächlichen Wissensströme im Unternehmen aus.

Im Folgenden werden die Methoden Schnittstellen-Workshop und soziale Netzwerkanalyse beschrieben, die helfen sowohl den formellen als auch den informellen Wissenstransfer transparent zu machen, um dort zielgerichtet Verbesserungspotenzial zu entdecken.

© Springer 2009

13.1 Schnittstellen-Workshop

Diese Methode wird zielgerichtet zur Verbesserung der internen Zusammenarbeit an formalen Schnittstellen im Unternehmen eingesetzt. Die Beteiligten an einer Schnittstelle sollen sich im internen Miteinander verstärkt als Dienstleister im Sinne einer Kunden-Lieferanten-Beziehung verstehen. Ziel ist es, die interne Kundenzufriedenheit zu erhöhen.

Im Rahmen eines moderierten Workshops werden Probleme und Verbesserungsideen an Schnittstellen (z. B. zwischen Vertrieb und Entwicklung) diskutiert, entsprechende Maßnahmen abgeleitet und deren Umsetzung geplant. Regelmäßig durchgeführt, kann der Schnittstellen-Workshop die informellen Beziehungen und damit die Zusammenarbeit an Abteilungsgrenzen nachhaltig verbessern.

Vorgehen

Für die Durchführung des Workshops sind ca. zwei Stunden einzuplanen. Die Veranstaltung teilt sich in eine kurze Aufwärmphase (Sensibilisierung für das Thema), Bewertungsphase (Gruppenarbeit) und gemeinsamer Diskussion und abschließender Maßnahmendefinition. Eine Vorbereitung ist kaum erforderlich. Teilnehmer sollten die Betroffenen einer Schnittstelle sein, also Mitarbeiter zweier durch einen gemeinsamen Prozess verbundener Abteilungen (z. B. Vertreter der Qualitätssicherung und der Produktion).

Zum Einstieg in das Thema werden die Teilnehmer gebeten einen Kurz-Fragebogen zu beantworten, der die Konzentration auf die Aufgabe ermöglichen soll. Der Fragebogen erfasst bereits die zentralen Aspekte der Zusammenarbeit wie z. B.

Tabelle 12. Fragebogen Schnittstellen-Workshop

Die Abteilung xxx...	Schulnoten				
	1	2	3	4	5
...ist leicht zu erreichen					
...gibt relevante Informationen von sich aus weiter					
...erscheint pünktlich zur vereinbarten Uhrzeit					
...hält getroffene Absprachen ein					
...erbringt seine Dienstleistung in konstanter Qualität					
...zeigt hohe Einsatzbereitschaft					
...reagiert in einem angemessenen Zeitraum					
...erkennt unseren Standpunkt an und geht darauf ein					

Termintreue, Zuverlässigkeit, Informationsqualität, die in Bezug auf die andere Abteilung eingeschätzt werden sollen.

Nach der Sensibilisierung erfolgt die Bewertung der Zusammenarbeit an den Schnittstellen anhand von vier Leitfragen in zwei Gruppen:

1. Welche Stärken lassen sich in der Nachbarabteilung identifizieren? (z. B. Termintreue, Erreichbarkeit)
2. Wo gibt es aus unserer Sicht Defizite und Verbesserungspotenziale? (z. B. Vertrieb gibt nicht alle Informationen weiter)
3. Was sind mögliche Ursachen? (z. B. keine klaren Ansprechpartner)
4. Welche Lösungsansätze/Maßnahmen kennen wir? (z. B. Einbindung von Technikern in Akquisitionsgespräche)

Nach der Gruppenarbeit (ca. 30 Minuten) werden die Ergebnisse von einem Vertreter der Gruppe vorgestellt. Hier ist wichtig zu beachten, dass noch keine inhaltliche Diskussion entsteht, sondern lediglich ein gemeinsames Verständnis zu den Punkten gefunden wird. Die Ergebnisse werden erst nach der Präsentation beider Gruppen offen miteinander diskutiert. Der Moderator des Workshops sollte darauf achten, dass bei der Problemidentifikation keine gegenseitigen Schuldzuweisungen zwischen den Abteilungen entstehen, sondern eine konstruktive Auseinandersetzung über Defizite, Verbesserungspotenziale und Lösungsansätze stattfindet. Neben der Diskussion ist es ebenso wichtig, Maßnahmen und konkrete Vereinbarungen zu deren Umsetzung zu vereinbaren. Die Gefahr bei Workshop-Methoden besteht darin, dass schnell der Eindruck entsteht: „Schön, dass wir mal darüber gesprochen haben!" Zur Maßnahmenplanung gehört deshalb auch immer die Benennung eines Verantwortlichen, der sich um die Ergebnisumsetzung im Anschluss an den Workshop kümmert.

Das Unternehmen PM-Automotive GmbH führte im Rahmen des Pro-Wis Projektes Schnittstellenworkshops zwischen unterschiedlichen Unternehmensbereichen durch, um bestehende Abstimmungsschwierigkeiten direkt zu benennen, zu analysieren und zu beheben (s. Kap. 24).

Nutzen eines Schnittstellen-Workshops

Schnittstellen-Workshops schaffen innerhalb des operativen Tagesgeschehens im Unternehmen einen geschützten Raum, der den Mitarbeitern die Möglichkeit bietet, offen aber zielgerichtet über ihre Zusammenarbeit zu sprechen. Die Mitarbeiter werden so geschult, sich in die andere Abteilung und ihre Arbeit hineinzuversetzen, wodurch eine konstruktive Problemlösung erst möglich wird. Darüber hinaus werden das Verständnis über die Arbeit der jeweils anderen Abteilung sowie bestimmte Formalien und zu übergebene Arbeitsergebnisse verbessert. Somit schafft der Schnittstellen-Workshop bereits vor der konkreten Maßnahmenumsetzung eine Verbesserung in der Zusammenarbeit. Die offene Aussprache im Rahmen der Workshops ist ein wichtiger Teil einer produktiven Kommunikationskultur und fördert den respektvollen und fairen Umgang miteinander.

13.2 Die Soziale Netzwerkanalyse (SNA)

Die SNA ist ein Verfahren, mit dem informelle Beziehungen und damit der informelle Informations- und Wissenstransfer in Unternehmen transparent gemacht werden kann. Mit Hilfe der entstehenden Netzwerkbilder kann z. B. dargestellt werden, welche Mitarbeiter im Unternehmen von Kollegen als Experten oder Ansprechpartner wahrgenommen werden oder ob alle Mitarbeiter in einen bestimmten Informationsfluss eingebunden sind. Die Ergebnisse einer SNA ermöglichen es, Ansatzpunkte zu finden, an denen der interne Wissenstransfer gezielt gefördert werden kann.

Voraussetzungen

Die soziale Netzwerkanalyse basiert auf der Befragung eines definierten Netzwerkes und damit in der Regel auf einer Gruppe von Mitarbeitern. Analyse- und Betrachtungsgegenstand sind die Beziehungen der Mitarbeiter des Netzwerkes. Um eine SNA durchzuführen, sind gewisse Rahmenbedingungen im Unternehmen erforderlich, die eine reibungslose und aussagekräftige Studie erst ermöglichen.

Zu Beginn der Befragung ist eine klare und offene Kommunikation der Ziele der Analyse im Unternehmen wichtig. Die Befragung wird in der Regel nicht anonymisiert durchgeführt, da die eindeutigen Positionen der Mitarbeiter im Netzwerk für eine Optimierung des Wissenstransfers entscheidend sind. Ein offener und vertrauensvoller Umgang mit den Ergebnissen ist daher eine Grundvoraussetzung für das Gelingen einer SNA. Befürchten die Mitarbeiter bei der Offenlegung ihrer Kontakte negative Folgen, werden das Interesse und die Beteiligung an der Befragung sinken.

Für die Aussagekraft einer SNA ist jedoch eine hohe Beteiligung erforderlich. Aussagen über soziale Netzwerkstrukturen benötigen eine Mindestbeteiligung der untersuchten Gruppe. Das Netzwerk muss zu mindestens 60 Prozent abgebildet werden, sonst sind die Ergebnisse nicht interpretierbar, da wesentliche Teile des Netzwerkes nicht abgebildet werden können.

Die Erstellung des Fragebogens erfordert eine gute Vorbereitung. Die Regel „so viel wie nötig, so wenig wie möglich" gilt im Besonderen für den Fragebogen der Netzwerkanalyse. Denn für die Beteiligten entsteht der Aufwand beim Ausfüllen durch die Anzahl der Netzwerkmitglieder, die sie zu benennen oder zu bewerten haben. Mehrere Bewertungsfragen in Bezug auf die genannten Beziehungen potenzieren den Aufwand um ein Vielfaches.

Um den Aufwand so gering wie möglich zu halten, muss auch die Fragestellung sowie das relevante Wissensgebiet vorher klar definiert werden, die mit der SNA untersucht werden soll. Mögliche Fragen können sein:

- Gibt es Kommunikationsprobleme (z. B. an einer bestimmten Schnittstelle)?
- Wer ist Experte zu einem bestimmten Thema?
- Gibt es evtl. Wissensbarrieren zwischen Abteilungen? Gibt es Gruppen, die nicht mit dem Netzwerk verbunden sind?
- Welches Wissen fehlt im Netzwerk und wird eventuell von externen Ansprechpartnern eingeholt?

In Zusammenhang mit der Fragestellung steht die Eingrenzung des Untersuchungsbereichs. Die Grenzen des zu erfassenden Netzwerkes müssen vorher festgelegt werden, damit der Befragte weiß, wen er einbeziehen kann und wen nicht. Mögliche Kriterien zur Abgrenzung können sein:

- Organisations- und Gruppengrenzen (z. B. Abteilung, Team, Cluster)
- Geografische Grenzen (z. B. Standorte regional)
- Bestimmte Arbeitszusammenhänge (z. B. Kunden, Geschäftspartner)
- Merkmale von Akteuren (z. B. täglich Kontakt miteinander)

Der Fragebogen zur Erfassung informeller Beziehungen

Stehen die Fragestellung, das Thema und der Untersuchungsbereich fest, wird der Fragebogen erstellt. Typischerweise setzt er sich aus folgenden Fragen zusammen:

Tabelle 13. Fragebogen SNA

Wen fragen Sie/wen haben Sie gefragt?	Das tatsächliche Netzwerk wird erhoben. Impliziert, dass der Befragte bereits ein Problem/ eine Frage zu dem Thema hatte.
Wer fragt Sie/wem haben Sie geholfen?	Die gegenseitige Beziehung wird eingeschätzt (Kontrolle der Wissenstransferbeziehung möglich).
Wen würden Sie fragen? Wer weiß etwas zum Thema X?	Das hypothetische Netzwerk wird erhoben. Es kann sein, dass ein Mitarbeiter bisher noch nicht zu dem Thema gearbeitet hat, aber trotzdem einen Ansprechpartner kennt.
Wie oft/Wie gut/Wie eng?	Intensität des Wissenstransfers

Mit den ersten beiden Fragen werden das Netzwerk bzw. die realen Kontakte erfragt. Diese Frage kann durch Mitarbeiter- oder Namenslisten unterstützt werden. Damit erhält die befragte Person eine Übersicht über alle möglichen Kontakte und es wird keiner so schnell vergessen.

Zusätzlich zu den Angaben hinsichtlich des Beziehungsgeflechts innerhalb des Unternehmens können auch Kommunikationsbarrieren (z.B. Ursachen für Ansprechen und Nicht-Ansprechen wie räumliche Distanz oder niedriges Erfahrungswissen) erfasst werden. So kann man erfahren, warum bestimmte Personen, obwohl sie z.B. keine Experten sind, angesprochen werden.

Für die Expertenidentifikation ist eine zusätzliche Selbsteinschätzung der Befragten hilfreich. Die häufige Nennung im Netzwerk kombiniert z.B. mit der Angabe „Ich lese regelmäßig Fachzeitschriften zum Thema x." können auf eine Expertise hinweisen.

Datenerfassung und Auswertung

Insgesamt empfiehlt es sich, bei der Befragung ab einer Teilnehmerzahl von 50 Personen ein elektronisches Erfassungssystem zu benutzen. Bei einer Teilnehmerzahl unter 50 Personen können die Fragebögen in Papierform ausgeteilt werden. Diese Daten müssen nachträglich in elektronisch auswertbare Form gebracht werden (z.B. Excel-Tabellen). In Form einer Matrix wird festgehalten, wer mit wem in Kontakt steht (1) und zwischen welchen Akteuren kein Kontakt (0) besteht. Die in elektronischer Form vorliegenden Daten können mit Netzwerk-Analyseprogrammen statistisch ausgewertet und in übersichtlichen Visualisierungen dargestellt werden.[1]

Ergebnisse

Der größte Nutzen der SNA liegt in der übersichtlichen Darstellung von personellen Netzwerken (Abb. 40). In diesem Beispiel umfasst das Netzwerk 15 Personen. Jede Person hat eine eigene Rolle im Netzwerk und ist unterschiedlich in den Wissenstransfer einbezogen. Mitarbeiter 10 beispielsweise ist in diesem Netzwerk isoliert und hat keinen Zugang zu den Wissensressourcen (wird daher als für das Netzwerk „triviale Komponente" bezeichnet). Die Subgruppe (3, 4, 5, 6) ist über (3) mit anderen Mitarbeitern verbunden, aber agiert relativ geschlossen am Rand. Mitarbeiter 2 hat eine sehr zentrale Position, die es ihm erlaubt, sowohl an der Subgruppe als auch an der Gruppe um Mitarbeiter 7 teilzuhaben.

Mitarbeiter 2 wird daher als „lachender Dritter" bezeichnet, weil er als einziger über Informationen und Wissen aus beiden Bereichen verfügt und damit eine

---

[1] Vgl. Borgatti, Everett, Freeman (2003). Software für soziale Netzwerke erhältlich auf www.insna.org

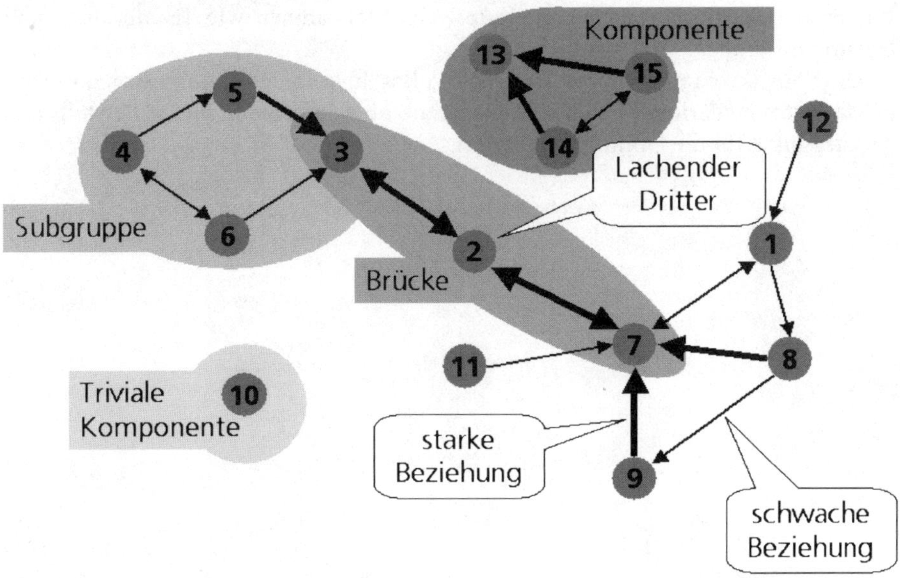

Abb. 40. Beispiel für ein Netzwerk

vorteilhafte Position genießt. Sehr zentral positionierte Mitarbeiter übernehmen in Netzwerken eine wichtige Rolle für den Zusammenhalt und die Aufrechterhaltung der Wissensflüsse, stellen aber auch eine potenzielle Schwachstelle dar. Durch einen Ausfall dieser Mitarbeiter (Mitarbeiterfluktuationen oder bei einem längeren Ausfall durch Krankheit) können dadurch Lücken im Netzwerk entstehen, die nicht adäquat zu schließen sind.

Die Visualisierung zeigt weiter, dass die Mitarbeiter 13, 14, 15 eine eigene Gruppe (Komponente) bilden, die über keine Verbindung zu den anderen Netzwerkmitgliedern verfügt, also vom Wissensfluss völlig abgeschnitten sind.

Wichtig bei jeder Interpretation der Ergebnisse ist der Bezug zur Fragestellung. Außenseiter in einem Netzwerk können bei einer anderen Fragestellung wieder im Zentrum aller Kontakte stehen. Es empfiehlt sich deshalb eine gemeinsame Interpretation der Ergebnisse mit den Akteuren, z. B. im Rahmen eines Workshops.

Nutzen der Netzwerkanalyse

Auf Basis der Visualisierung lassen sich klare Schwachstellen im Netzwerk dieser Personen identifizieren. Die Interpretation bedeutet jedoch nicht, dass die Lösung sein muss, dass möglichst viele Kontakte untereinander geknüpft werden müssen. Typische Maßnahmen nach einer SNA sind beispielsweise der gezielte Aufbau von Communities, Definition neuer Rollen und Anforderungen (z. B. Wissensbroker,

Wissensmanager) oder auch organisatorische Maßnahmen wie Teambildung und Umstrukturierung.

Die SNA ist ein methodisch anspruchsvolles, aber in den Ergebnissen anschauliches Instrumentarium, welches Transparenz über informelle Netze herstellt und Ansatzpunkte für die Optimierung liefert.

Teil III
Fallstudien

Einführung in die Fallstudien

In diesem Kapitel werden die 15 mittelständischen Fallbeispiele beschrieben. Hier kann man direkt von den Erfahrungen der Unternehmen – vor allem aus der Umsetzungsphase – profitieren und lesen wie der ProWis-Ansatz in der Praxis funktioniert. In allen Fallstudien wurde das komplette Vorgehen wie in Kapitel 1 beschrieben durchgeführt. Dabei wurden im Rahmen der Analysephase zuerst das WM-Audit (s. Kap. 5) und anschließend die GPO-WM-Analyse durchgeführt. So wurden bspw. innerhalb der GPO-WM-Workshops die Wissensdomänen näher analysiert, die im WM-Audit als besonders wichtig oder als nicht ausreichend vorhanden identifiziert wurden. Die Vorteile der Kombination beider Instrumente liegen darin, dass sowohl eine breite Sensibilisierung der Mitarbeiter für Wissensmanagement erreicht wird als auch ein starkes Engagement gefördert wird, wenn die konkreten Arbeitsprozesse bewertet werden.

Die Ergebnisse aus WM-Audit und GPO-WM-Analyse wurden zusammen ausgewertet und den Mitarbeitern in komprimierter Form zurück gespiegelt. Anschließend wurden Handlungsfelder aus den Analyseergebnissen herausgearbeitet und mit Zielen untersetzt. Die Handlungsfelder wurden hinsichtlich Bedeutung und Umsetzbarkeit priorisiert und in eine mit Wissensmanagement-Lösungen untersetzte Roadmap (s. bspw. Abb. 14 in Kap. 6) überführt. Bei diesen Schritten wurden die Unternehmen durch die Fraunhofer-Institute unterstützt, die Umsetzung der Wissensmanagement-Lösungen erfolgte in Eigenregie. Hierdurch wurde sichergestellt, dass nur Lösungen ausgewählt wurden, die von den Unternehmen selbst oder mit geringer externer Unterstützung umgesetzt werden konnten. Die innerhalb der Fallstudien vorgestellten Lösungen sind somit alle als mittelstandstauglich einzuschätzen.

Die Praxisbeispiele erschließen sich dem Leser durch drei verschiedene Zugänge, die nachfolgend aufgeführt sind.

Branchenorientierter Zugang zu den Fallstudien

Innerhalb der drei Branchen Maschinenbau, Elektrotechnik und Automotive-Industrie verteilen sich die 15 betrachteten Unternehmen gleichmäßig, wie Tabelle 14 darstellt.

Tabelle 14. Die 15 Unternehmen nach Branche sortiert

Branche	Unternehmen (Kurzname)	Kapitel / Seite
Automobilzulieferer	GWB	18 / S. 155
	Kristronics	20 / S. 177
	Meywald	22 / S. 199
	PM-Automotive	24 / S. 217
	Würth Elektronik ICS	28 / S. 257
Elektronik	AUCOTEAM	14/ S. 115
	Beyers	15 / S. 127
	LTi DRiVES	21 / S. 189
	PLATH	23 / S. 207
	Stelco	26 / S. 237
Maschinenbau	BMA	16 / S. 137
	DESMA	17 / S. 147
	Krautzberger	19/ S. 165
	Schmalz	25 / S. 227
	Terrawatt	27 / S. 247

Lösungsorientierter Zugang zu den Fallstudien

In den 15 Unternehmen wurden verschiedenste Lösungen zur Optimierung des Umgangs mit Wissen implementiert. In den Praxisbeispielen werden jedoch nur einige davon im Schwerpunkt diskutiert. Für lösungsorientierte Leser bietet Tabelle 15 eine Übersicht über die umgesetzten Wissensmanagement-Lösungen der betrachteten Unternehmen.

Tabelle 15. Die fünfzehn Unternehmen nach Lösungen sortiert

Lösungscluster	Unternehmen (Kurzname)	Kapitel / Seite
Aufbau / Sicherung von Expertenwissen	DESMA	21 / S. 188
	Stelco	26 / S. 237
Datenbank	GWB	18 / S. 155
	PLATH	23 / S. 207
Meeting- und Kommunikationsoptimierung	Beyers	15 / S. 127
	Terrawatt	27 / S. 247
	Stelco	26 / S. 237

* Lösung wird erwähnt/ kurz beschrieben, bildet aber keinen Schwerpunkt

Tabelle 15. (*Fortsetzung*) Die fünfzehn Unternehmen nach Lösungen sortiert

Lösungscluster	Unternehmen (Kurzname)	Kapitel / Seite
Projekterfahrungssicherung	AUCOTEAM	14 / S. 115
	LTi DRiVES	21 / S. 189
	PM-Automotive	24 / S. 217
Prozessstandardisierung	DESMA	17 / S. 147
	Krautzberger	19 / S. 165
	Kristronics	20 / S. 177
	Stelco	26 / S. 237
Standardisierung der Dokumentation	BMA	17 / S. 147
	Meywald	22 / S. 199
Verbesserung abteilungsübergreifender Zusammenarbeit	Kristronics	20 / S. 177
	PM-Automotive	24 / S. 217
Verbesserung der Nutzung des Potenzials vorhandener IT-Lösungen	Krautzberger	19 / S. 165
	Stelco	26 / S. 237
Wiki	AUCOTEAM*	14 / S. 115
	DESMA	17 / S. 147
	Schmalz	25 / S. 227
	Terrawatt*	27 / S. 247
	Würth Elektronik ICS	28 / S. 257
Wissensbewertung	Beyers	15 / S. 127
	BMA	16 / S. 137

* Lösung wird erwähnt/ kurz beschrieben, bildet aber keinen Schwerpunkt

Problemorientierter Zugang zu den Praxisbeispielen

Im Rahmen der durchgeführten Analyse traten innerhalb der betrachteten Unternehmen unterschiedliche Herausforderungen und Problemstellungen im Umgang mit Wissen zu tage. Lesern, die für ihre Wissensmanagement-Herausforderungen Anregungen suchen, bietet Tabelle 16 einen Überblick. Dabei erfolgt die Zuordnung nur, wenn das Problem und dessen Lösung im Praxisbeispiel auch beschrieben werden. Einige Probleme traten bei vielen der Unternehmen auf, wurden aber nicht in den Fokus der Projekte gesetzt. Es werden nur Problemcluster gewählt, die bei mindestens drei Praxisbeispielen auftraten.

Die nachfolgenden Kapitel sind alphabetisch nach Unternehmensname geordnet.

Tabelle 16. Die fünfzehn Unternehmen nach Problemstellung sortiert

Problemcluster	Unternehmen (Kurzname)	Kapitel / Seite
Nicht einheitliche Dateiablage	Beyers	15 / S. 127
	Krautzberger	19 / S. 165
	Kristronics	20 / S. 177
	Terrawatt	27 / S. 247
Unstrukturierte formelle Kommunikation	Beyers	15 / S. 127
	Stelco	26 / S. 237
	Terrawatt	27 / S. 247
Unzureichender abteilungsübergreifender Wissens- und Informationsaustausch	BMA	16 / S. 137
	Kristronics	20 / S. 177
	Würth Elektronik ICS	28 / S. 257
Mangelnde zentrale Speicherung von Wissen und Informationen	GWB	18 / S. 155
	PLATH	23 / S. 207
	Würth Elektronik ICS	28 / S. 257
Ausbaufähige Nutzung vorhandener Informationssysteme	Krautzberger	19 / S. 165
	Meywald	22 / S. 199
	Stelco	26 / S. 237
Intransparenz über Zuständigkeiten/ Kompetenzen	DESMA	17 / S. 147
	Kristronics	20 / S. 177
	Würth Electronic ICS	28 / S. 257
Keine systematische Sicherung von Projekterfahrungen	AUCOTEAM	14 / S. 115
	LTi DRiVES GmbH	21 / S. 189
	PM-Automotive	24 / S. 217
Verbesserungspotenzial in den Prozessbeschreibungen	DESMA	17 / S. 147
	Kristronics	20 / S. 177
	Stelco	2 / S. 9

Kapitel 14
AUCOTEAM – Ingenieurwissen effektiv managen

Paul J. Thierse

14.1 Unternehmensportrait

Unternehmen:	**AUCOTEAM GmbH**
Firmensitz:	Berlin
Anzahl Mitarbeiter:	132
Produktspektrum:	Ingenieurdienstleistungen für Automatisierung in der Prozessindustrie, Fertigungs-, Gebäude- und Umwelttechnik: Integration von Automatisierungsanlagen (Leit- und Fernwirktechnik), Software-Engineering für Prozessführungssysteme und technische Datenbankapplikationen sowie innovative Entwicklungsdienstleistungen (Prüftechnik und Spezialentwicklungen)
Branche:	Prozessindustrie, Automatisierungstechnik

Die AUCOTEAM Ingenieurgesellschaft für Automatisierungs- und Computertechnik mbH mit Standort in Berlin ist ein Systemhaus für technische Automatisierungslösungen von der ersten Beratung des Kunden über die Ausführung bis hin zu Schulung und Service, insbesondere zur Softwareapplikation in kundenspezifischen Automatisierungsprojekten. Schwerpunkte liegen dabei in den Systemlösungen zur Prozessleittechnik, Datenbankapplikationen und innovativen Speziallösungen. AUCOTEAM entstand 1991 im Rahmen eines Management-Buy-outs mit Beteiligung von Führungskräften und Mitarbeitern aus dem ehemaligen Forschungszentrum der Elektro-Apparate-Werke (EAW) Berlin. Die Geschäftstätigkeit bewegt sich überwiegend deutschlandweit in einem Netz von Kunden, Entwicklungspartnern, Zulieferern und Forschungseinrichtungen. Ein hochqualifiziertes Team von Ingenieuren, Informatikern und Facharbeitern garantierte bisher durch Flexibilität und ständige Suche nach Synergien die Marktfähigkeit und den wirtschaftlichen Bestand des Unternehmens.

© Springer 2009

Das erworbene Branchenwissen beruht auf den realisierten Automatisierungslösungen in der Metallindustrie, Chemischen Industrie, Ver- und Entsorgungswirtschaft (Wasser-/Abwasser, Energieerzeugung und -verteilung, biotechnische Abfallentsorgung), Logistik in Lagerhaltung und Tagebauen sowie in weiteren automatisierungstechnischen Bereichen.

Die Kernkompetenzen liegen dabei in der Realisierung mittlerer und größerer leittechnischer Anlagen und Komponenten meist für folgend genannte Aufgaben: Prozessführung, Maschinen-Monitoring, schnelle Messwertverarbeitung, Management der Prozessdaten und der Qualitätssicherung. Grundlage der geschäftlichen Aktivitäten und damit eine wesentliche Voraussetzung für die Sicherung und Erweiterung der Marktposition des Unternehmens ist die bisher verfolgte Unternehmensstrategie „Wachstum durch Innovationen“ mit dem Ziel der Erarbeitung vermarktbarer technischer Innovationen und Alleinstellungsmerkmale.

14.2 Motivation und Ausgangslage

Eine wichtige Fragestellung des Unternehmens besteht in der Suche nach höherer Effizienz der Auftragsakquisition und der Auftragsabwicklung. Obwohl AUCOTEAM in den ersten 13 Jahren seit seiner Gründung kontinuierlich überdurchschnittlich gewachsen ist, über zahlreiche Referenzen verfügt und kontinuierlich innovative Ergebnisse erzielte, stagnierte das Wachstum des Unternehmens in den vergangenen drei Jahren.

Eine weitere Problemlage von AUCOTEAM besteht darin, dass die Leistungsprozesse eine hohe Flexibilität erfordern aber dabei nicht ausreichend optimal gestaltet werden können. Alle Leistungen sind im hohen Maße kundenspezifisch und bedürfen einer engen Zusammenarbeit mit dem Auftraggeber. Durch die Bildung flexibler Teams besteht das Problem der Zuordnung und optimalen Auslastung von Mitarbeitern. Wegen spezieller Fähigkeiten sind einige Mitarbeiter oftmals überlastet bzw. gibt es zwischen den Projektleitern Unstimmigkeiten über deren Kapazitätszuordnung zu den jeweiligen Projekten. Andererseits können aus betriebswirtschaftlichen Gründen keine freien Kapazitäten vorgehalten werden.

Das Unternehmen sieht die Lösung der genannten Probleme in einer konsequenteren Entwicklung der eigenen Unternehmenskultur und insbesondere des Wissensmanagements. Hieraus erwartet sich das Unternehmen eine Steigerung seiner Innovationskraft und eine Stärkung seiner Wettbewerbsfähigkeit durch eine konsequentere Veränderung in der internen Aufstellung, die am Kundennutzen zu orientieren ist. Die dazu erforderliche Weiterentwicklung bzw. Qualifizierung der betrieblichen Gesamtarbeit beruht auf dem Humankapital des Unternehmens und dessen interner Vernetzung, d. h. auf den Fähigkeiten der Mitarbeiter und ihrer Wissensorganisation. Dazu soll eine weitere, am Kundennutzen ausgerichtete Stärkung der gesamtbetrieblichen Innovationsfähigkeit erreicht werden. AUCOTEAM verfolgt folgende Teilziele:

1. Das Unternehmen soll zu einem Partner des Kunden für den gesamten Prozess einer Auftragsabwicklung von der Problemerkennung bis zur Implementierung der Lösung entwickelt werden.
2. Dazu sind insbesondere das vermarktbare Wissen und die vermarktbaren Fähigkeiten des Unternehmens und seiner Mitarbeiter auszubauen.
3. Die ständige Erweiterung der F&E-Basis des Unternehmens soll über das Wissen der Mitarbeiter selbst und in einem laufend zu verbessernden Zugriff auf gespeichertes Wissen erfolgen.
4. Die flexible Kooperationsfähigkeit des Unternehmens und die Interaktionsfähigkeiten der Mitarbeiter sind weiter zu entwickeln.

Die Erwartung besteht darin, über die Veränderung der Unternehmenskultur und insbesondere durch ein gezieltes Wissensmanagement die Leistungsprozesse von AUCOTEAM ständig zu verbessern sowie mit einer Wissensorganisation eine höhere Wertschätzung bei Kunden zu erreichen.

14.3 Wichtige Ergebnisse der Analyse

Nach dem Kick-off-Workshop erfolgte eine Mitarbeiterbefragung (WM-Audit) und eine Analyse zum Wissensmanagement in den Geschäftsprozessen (GPO-WM) von drei ausgewählten Geschäftsbereichen. Dazu wurden die Prozesse zur Projektakquisition, zur Projektbearbeitung und zum Auftragsdurchlauf betrachtet. Die Ergebnisse der Analyse lassen sich unter drei Wissenskomplexen zusammenfassen:

Wissen über Wettbewerber und Kunden

Die Analyseergebnisse zeigen, dass im Unternehmen noch keine ausreichend systematische Beobachtung und Erfassung von Wettbewerber-Wissen stattfindet. Auch mit dem Wissen über Kunden wird noch sehr unsystematisch umgegangen. Zwar gibt es Kunden- und Projektreferenzlisten, jedoch ohne Wissenssystematik zu Kunden und Auftragsinhalten. Das Kundenwissen befindet sich personengebunden bei Vertriebs- und Projektmitarbeitern. Dadurch fehlt eine abteilungs- und bereichsübergreifende Transparenz über externe und interne Aktivitäten für bzw. bei Kunden. Ein weiteres Defizit liegt aufgrund der Profitcenter-Struktur des Unternehmens in einer mangelnden Strategie zum Kunden-Cross-Selling. Durch das bereichsübergreifend unzureichend organisierte Austauschwissen wird ein Verlust von Geschäftspotenzial befürchtet.

Insgesamt wird eine transparente Organisation des Wissens über externe Märkte, Kunden, Partner und Wettbewerber sowie ein effizienter Zugriff auf dieses Wissen von den Mitarbeitern als eher wichtig oder sehr wichtig eingeschätzt.

Wissen über Produkte

Die Inhalte des Wissens über Produkte umfassen Produkt- bzw. Projektmerkmale, Funktionsbeschreibungen, den Beitrag von Produkten zur Problemlösung sowie auch die kundenspezifische Relevanz von Projekten. Somit verzahnt sich dieser Wissenskomplex mit dem Kundenwissen. Des Weiteren werden in jedem Projekt meist neue Lösungen gestaltet. Jedoch finden selten bis nie systematische Diskussionen über Projekterfahrungen und demzufolge keine systematisierte Erfassung der Projektinhalte statt. Darum wurden für dieses Wissen bisher auch noch keine unternehmensweit gemeinsamen Speicherstrukturen oder Suchkriterien festgelegt, sodass eine gezielte Suche in den zum Teil schon umfassend gespeicherten Informationen über die Projekte und in den Projektablagen der Geschäftsbereiche schwer durchführbar ist. Darum sind die Möglichkeiten, den Mitarbeitern Wissen zur Verfügung zu stellen, unzureichend entwickelt.

Wissen über eigene Fähigkeiten und Kompetenzen des Unternehmens

Dieser Wissenskomplex konzentriert sich hauptsächlich auf die Betrachtung der Kompetenzen und Fähigkeiten auf den drei Ebenen: Gesamtunternehmen, Geschäftsbereiche und individuelle Ebene der Mitarbeiter. Durch die Analyse wurde ein Handlungsbedarf besonders für mehr Transparenz auf Ebene der Geschäftsbereiche zu den Projektergebnissen aufgezeigt. Die Projektdokumentationen werden zwar immer angefertigt, bleiben jedoch in den Bereichen und sind nur eingeschränkt auf Papier oder über das Intranet des Unternehmens zugänglich. Eine Wiederverwendung des Wissens ist dadurch stark eingeschränkt. Der fachliche Austausch zwischen den Bereichen erfolgt spontan auf individueller Bearbeiterebene oder wird durch Bereichs- und Projektleiter organisiert, weil der Austausch von Erfahrungswissen von hoher Bedeutung für die erfolgreiche Erledigung der täglichen Arbeitsaufgaben ist.

Von den Mitarbeitern wird darum ein systematisierter Informationsprozess gefordert und damit eine Wissenssystematik, in der auch die individuellen Kompetenzen der Mitarbeiter einbezogen sind. Dieser systematisierte Informationsprozess muss aber weitestgehend durch Selbstorganisation getragen werden und darf nicht wesentlich zusätzliche Arbeitskapazität in Anspruch nehmen.

14.4 Zielsetzung und Handlungsfelder

Ziele und Handlungsfelder zum Wissensmanagement ergeben sich aus den analysierten Schwachstellen. Eine Zielsetzung ist die Schließung der Informationslücken zwischen den Geschäftsbereichen. Sie erfordert ein Handlungsfeld zur „Selbstorganisation für den Informationsaustausch" sowie für die fachliche Transparenz der Projektinhalte und der Kunden einschließlich der Informationsübersichten zu Kompetenzen und Funktionen der Projektbearbeiter. Eine weitere Zielsetzung besteht in der Stärkung der Wettbewerbsfähigkeit durch den Ausbau und die Festigung der Kernkompetenzen. Das zu gestaltende Handlungsfeld „Ausbau einer starken Position in den Kerngeschäften" sorgt für die Vermehrung des Markt- und Wettbewerbswissens und für die Sicherung des Erfahrungswissens im Unternehmen.

Zu diesen identifizierten Handlungsfeldern sind Lösungen zu schaffen, die zweckmäßigerweise neben organisatorischen Maßnahmen die Installation wie auch Entwicklung unternehmensspezifischer Wissensmanagement-Instrumente einbezieht. Diese sollen die interne Kommunikation zwischen den Mitarbeitern verbessern und größtmögliche Transparenz über vorhandenes Wissen sowie über Wissens- und Kompetenzträger im Unternehmen herstellen. Weiterhin soll durch eine gezielte Projektreflexion (Lessons Learned) die Sicherung des Erfahrungswissens und damit die Vermehrung des Markt- und Wettbewerberwissens unterstützt werden, indem eine gezielte Auswertung ausgelieferter bzw. abgeschlossener Kundenprojekte und der Transfer von Best Practices, d. h. bewährter Verfahren und Methoden, im Unternehmen auf andere Projekte ermöglicht wird.

14.5 Umgesetzte Lösungen

Um die formulierten Ziele zum Wissensmanagement zu erreichen, wurden die zwei folgend beschriebenen WM-Instrumente entwickelt und zur Erprobung in die Arbeitspraxis überführt: eine *Wikipedia-ähnliche Wissensbasis* und ein *elektronischer Projektassistent zur Projektreflexion*. Ziel ist es, den Mitarbeitern die Möglichkeit zu eröffnen, ihr Wissen abzulegen und zu pflegen sowie auf Spezialwissen und externe Quellen verweisen zu können. Beide Werkzeuge bewirken unmittelbar eine Verbesserung des Wissensmanagements zur Unterstützung innovativer Arbeitsweisen und damit erfolgversprechende Ansätze zur besseren Gewinnung bzw. Bindung von Kunden, nämlich eine rasche und professionelle Reaktion auf Anfragen und Problemstellungen aus dem Markt sowie eine schnelle und zielorientierte Bündelung von Wissen und Kompetenzen zur Projektvorbereitung und -durchführung.

Wiki-orientierte Wissensbasis

Eine wesentliche strukturelle Maßnahme besteht im Aufbau und in der Nutzung einer Wiki-orientierten Wissensbasis. Es handelt sich dabei um eine intranetbasierte Plattform, in der alle relevanten Kunden- und Projektinformationen hinterlegt werden sollen. Darüber hinaus sollen darin aktuelle Informationen über interne Kompetenzen sowie die der Partner und Zulieferer enthalten sein. Um dieses zu realisieren, wurde mit dem Aufbau eines unternehmensweiten „Firmen-Wikis“ begonnen.

Dafür wird die Open-Source-Software MediaWiki eingesetzt. Dieses Werkzeug, ähnlich der weltweit größten Enzyklopädie Wikipedia, ermöglicht eine schnelle und gezielte Informationssuche, auf Basis der Hyperlinktechnologie. Die Benutzeroberfläche kann an die firmenspezifischen Bedürfnisse angepasst werden und der Pflegeaufwand dieses Tools ist gering. Jeder Mitarbeiter besitzt die Möglichkeit, sich am Aufbau der Wissensbasis zu beteiligen, indem Beiträge zu spezifischen Themen eingetragen werden. Nach der Installation der Software melden sich die Mitarbeiter des Unternehmens in einem ersten Schritt an und hinterlegen ihren persönlichen Steckbrief (Yellow Page). Dieser ist durch eine entsprechende Vorlage standardisiert und enthält Angaben zu Kompetenzen, Erfahrungen und Kontaktmöglichkeiten der Mitarbeiter. Dadurch kann in kürzester Zeit die erforderliche Transparenz über das Know-how der Kollegen hergestellt werden. Im weiteren Verlauf werden Kunden-, Projekt- und Produktinformationen zusammengetragen, bewertet und ebenfalls nach vorgegebenen Vorlagen in diesem Informationspool hinterlegt. So werden beispielsweise die bearbeiteten Projekte entsprechend folgend dargestelltem Schema zu Projektinhalt, Bearbeitung, Ergebnissen und weiteren Verwertungsmöglichkeiten kurz und knapp beschrieben:

1. Projekt-Kenndaten: Auftragsnummer, Auftrags-/Projekttitel, Auftraggeber (Institution), Bearbeitungszeit, Projektwert, Deckungsbeitrag.
2. Deskriptor: Fachliche Projektkurzbeschreibung auf der Grundlage von Fachdeskriptoren (beruhend auf vereinbarten fachlichen Taxonomien).
3. Auftrag: Die Inhalte gliedern sich in drei Schwerpunkte: *(1) Projektorganisation*: Auftraggeber (Personen), Projektleiter, Projektmitarbeiter, externe Beteiligte, Bearbeitungsrollen der beteiligten Personen; *(2) Ausgangssituation*: Problemstellung, Ist-Stand, Handlungsbedarf etc. (Bezug zu Angebot und Lastenheft); *(3) Auftrags-/Projektziele*: Beauftragte Vorgaben und Ergebnisse (im Bezug zum Pflichtenheft). Innerhalb dieser Rubrik werden ferner wichtige Auftragsdokumente zu den Projekten wie beispielsweise *Angebote, Lastenhefte* und *Pflichtenhefte* verlinkt.
4. Projektergebnisse: fachliche Ergebnisse, neuartige Lösungsansätze, Anwendung neuer Technologien, inklusive der Verlinkung zu den entsprechenden *Ergebnis- bzw. Abschlussberichten.*
5. Evaluierung: *(1) Projektverlauf*: Schwierigkeiten oder unvorhergesehene Ereignisse, positive und negative Erfahrungen; *(2) Projektziele*: Leistungen/Termine/ Kosten, Gründe für nicht erreichte Ziele, Gesamtbewertung (Deckungsbeitrag). An dieser Stelle werden ferner Dokumentationen aus der Projektreflexion in das Wiki eingebunden.
6. Ausblick/Verwertung: Nutzbarkeit der Projektergebnisse, geplante Folgeprojekte, Verantwortlicher für die weitere Umsetzung, Folgekosten in Nachprojektphase.
7. Dokumenten-Anhang: Hier werden die wichtigsten projektbezogenen Dokumente in das Wiki eingebunden. Hierzu zählen beispielsweise: Angebot, Las-

tenheft, Pflichtenheft, Fachliche Lösungsbeschreibung (Systembeschreibung, Anwenderdokumentation), Projektstrukturplan, Terminplan, Kosten- und Ressourcenplan, Protokolle, Aktennotizen, Projektstatusberichte, Dokumentation aus der Projektreflexion.

Die Vorlagen enthalten freie Felder, in denen besondere Zusatzinformationen eingetragen werden können. Ferner bietet die Software die Möglichkeit, elektronische Dokumente und Verweise zu anderen Intra- und Internetseiten zu hinterlegen. Mit Hilfe dieser Intranetanwendung kann schnell eine Informationsbasis im Unternehmen geschaffen werden, auf die jeder im Unternehmen zugreifen und die jeder nutzen kann. Darüber hinaus besteht bei Kundengesprächen außerhalb des eigenen Hauses die Möglichkeit, auftretende Fragestellungen schnell und sicher zu beantworten, indem mittels einer Internet-Verbindung in das Netz des Unternehmens bei entsprechender Autorisierung auf das Informationsportal zugegriffen werden kann. Dadurch können die Vertriebsmitarbeiter schnell und zuverlässig auf Kundenfragen reagieren und so die Firma adäquat in der Außendarstellung vertreten.

Die Wiki-orientierte Wissensbasis dient einerseits dazu, die für das Marketing sowie die Bearbeitung von Kundenanfragen und Angeboten notwendige Übersicht über vorhandenes technologisches Wissen und die mit diesem Wissen gelösten Problemstellungen sowie die Wissensträger vorzuhalten, um dieses gespeicherte Wissen für die in der Regel zeitkritisch zu lösenden Problemstellungen frühzeitig einsetzen zu können. Andererseits unterstützt sie neben den bereits bestehenden sehr effektiven informellen Wissensaustausch bei Fragestellungen in laufenden Projekten, bei denen besonderes zusätzliches Expertenwissen auch von außerhalb eingesetzt werden muss. Zum dritten dient sie der Qualifizierung der Mitarbeiter in für sie neuen Arbeitsfeldern und Wissensgebieten sowie der Einarbeitung neuer Mitarbeiter. Zum vierten unterstützt sie die Unternehmensführung in der Identifizierung von Know-how-Lücken.

Zu berücksichtigen ist, dass die bloße Einführung eines Wikis nicht zwingend zum Ziel führt. Dadurch kann zwar die gemeinsame Arbeit verbessert werden, aber eine grundlegende Veränderung in den Denk-, Bewertungs- und Handlungsmustern der Mitarbeiter des Unternehmens kann damit nicht realisiert werden. Aus diesem Grund wurde zusätzlich das Instrument „Projektassistent" für eine Projektreflexion (Lessons Learned) eingeführt.

Projektassistent und Projektreflexion (Lessons Learned)

Um für eine effektivere Arbeitsweise einschließlich einer verbesserten Kundenwertorientierung in der Unternehmenskultur das Wissensmanagement zu etablieren, ist eine konsequente Reflexion der eigenen Leistungserbringung bei der Bearbeitung der Kundenprojekte, die Überprüfung der Kernelemente der gemeinsamen Zusammenarbeit sowie die Wahrnehmung von Ereignissen in der relevanten

Unternehmensumwelt zweckmäßig. Nur so können Denkprozesse initiiert werden, rechtzeitig Potenziale erkannt und Anpassungen an veränderte Rahmenbedingungen vollzogen werden.

Der geschaffene Projektassistent unterstützt das Lernen aus Projekten. Er kann mit anderen Applikationen zur Handhabung des Unternehmenswissens, wie Kunden- oder Projektdatenbanken und dem neuen Firmen-Wiki verknüpft werden. Er eignet sich neben der Unterstützung der Projektreflexion auch zur Verbesserung des gesamten Projektmanagements, indem mit ihm die Reflexionsergebnisse dokumentiert und damit für die aktuelle Arbeit sowie andere Projekte verwertbar gemacht werden. So kann beispielsweise erfasst werden, welche Kompetenzen und Vorgehensweisen nach Einschätzung des Projektteams letztlich den Kundenwert und den wirtschaftlichen Erfolg ausmachten und steigerten. Ferner unterstützt der Projektassistent die Gewinnung objektivierbarer Aussagen zu Projektinhalten wie den Beziehungen zum Kunden, Lösungen und eingesetzten Technologien und dem daraus gezogenen Nutzen.

Der Projektassistent stellt Excel- und Word-Vorlagen für die Projektreflexion in den einzelnen Phasen des Projektes zur Verfügung (s. Schema in Abb. 41). Diese werden individuell in den einzelnen Projektphasen oder in so genannten Reflexionsworkshops mit Informationen gefüllt. Eine automatisierte Auswertung generiert

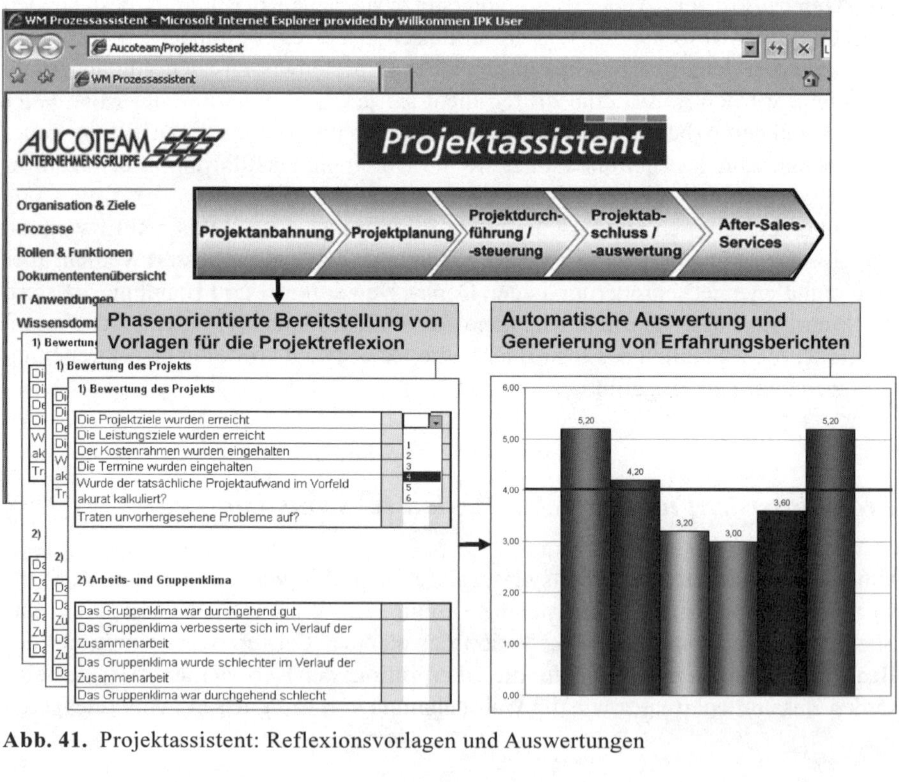

Abb. 41. Projektassistent: Reflexionsvorlagen und Auswertungen

die Dokumentation der Reflexionsergebnisse. Diese ergänzt die Ergebnisse aus den Reflexionsworkshops bzw. kann als Einstieg in den Reflexionsworkshop genutzt werden.

In den Reflexionsworkshops wird am konkreten Projekt der gesamte Prozess der Bearbeitung reflektiert. Zur Projektabschlussbewertung lauten die Fragen in den Vorlagen des Projektassistenten beispielsweise für

- *Kundenbewertung aus der Sicht des Auftragnehmers*: Wie ist der Kunde für das eigene Geschäft einzustufen? Die Abstufung der Antworten erstreckt sich dabei von unwichtig bis sehr wichtig hinsichtlich der Einstufung als Sockelgeschäfte, Erweiterungs-, Referenz- und Lernpotenzial.
- *Betriebswirtschaftliche Bewertung*: Wie ist das Projekt zu bewerten? Das Bewertungsspektrum reicht von defizitär, niedrig, mittel bis hoch in Bezug auf die Aspekte Deckungsbeitrag, Kapazitätsauslastung, Marktöffnung sowie technologischer, abwicklungstechnischer und kundenorientierter Herausforderung.
- *Bewertung der Ergebnisse durch den Kunden*: Wie wurde das Ergebnis vom Kunden bewertet in der Bewertungsskala Nachbesserung erforderlich, zufriedenstellend, sehr gut bis herausragend bei Übergabe, nach vier Wochen und nach einem Jahr?
- *Bewertung des Projektzuschlages*: Was war für den Zuschlag ausschlaggebend in der Bewertung zwischen unwichtig bis sehr wichtig: spezifische Kenntnisse vor Ort, Erfassung der Problemstellung, der angebotenen technischen Lösung, Referenzen und Renommee, vor allem der Preis, das Auftreten und Empfehlungen Dritter?

Die Fragen zur projektspezifischen Selbsteinschätzung der Projektbearbeiter lauten für:

- *Projektbearbeitung*: Wie wird das Projekt intern im Spektrum zwischen verbesserungsfähig, ordnungsgemäß und herausragend bewertet? Was sind die Ursachen zum Beispiel hinsichtlich neuer technischer Lösung, bewährter technischer Lösung, interner Zusammenarbeit, Unterstützung durch Geschäfts-/Bereichsleitung, Zusammenarbeit mit dem Kunden, Know-how-Transfer innerhalb des Unternehmens und Inanspruchnahme externer Know-how-Ressourcen?
- *Eigene Qualifikation*: Was waren die zielführenden Fähigkeiten und Fertigkeiten in den Basiskompetenzen (die vom Kunden einfach vorausgesetzt werden), in den Leistungskompetenzen (die zur Zufriedenheit des Kunden führten) und in den Erfolg prägenden Kompetenzen (die zu einer herausragenden Resonanz beim Kunden führten und Folgeaufträge nach sich zogen)?
- *Verbesserungspotenzial*: Was muss noch verbessert werden in der Verfügbarkeit von bestimmtem Know-how, in der internen Kommunikation und Kooperation, im Umgang mit Kunden, in der Akquisition, in der Nachbetreuung oder in der Bearbeitung von Reklamationen?

Die Reflexionskriterien orientieren sich an den einzelnen Phasen der Projektarbeit, also von der Anbahnung bis zur Nachbetreuung (After-Sales-Services). Die Inhalte der Reflexion sind stark an Fragestellungen des Kundenwerts und Kundennutzens angelehnt. Die Projektbearbeiter diskutieren und bewerten die erfolgsentscheidenden Elemente. Auf diese Weise sollen sie erkennen, welche Know-how-bezogenen, technischen und kooperativen Faktoren zu Erfolg oder Misserfolg des Projektes beigetragen haben. Aus den somit identifizierten Stärken und Schwächen ergeben sich Erkenntnisse zu den eingesetzten oder fehlenden Kernkompetenzen, zur Wissensgenerierung und Zusammenarbeit sowie zu Haltungen und Werten, die das Projekt oder die Aufgabenstellung zum Erfolg führten. Zugleich lassen sich Konsequenzen ableiten, was und wo noch für zukünftige Vorhaben zu korrigieren ist, um die weitere gemeinsame Arbeit zu verbessern. Entsprechend können Maßnahmen entwickelt, beschlossen und in zukünftigen Projekten erprobt und eingeübt werden. Bei langfristigen Projekten empfiehlt es sich ferner, innerhalb der Laufzeit, neben der Durcharbeit aktueller Arbeitsstände auch eine begleitende Projektreflexion zu den erfolgsentscheidenden Faktoren des Projektes durchzuführen, um die Realisierung der Zielsetzungen zu befördern.

Die aus der Reflexion gesammelten Erkenntnisse werden in einer unternehmenseinheitlichen Dokumentation zusammengestellt und in dem unternehmensweiten „Firmen-Wiki" hinterlegt. Dadurch sind die Erkenntnisse auch zu einem späteren Zeitpunkt unternehmensweit abrufbar. Darüber hinaus können bewährte Verfahren und Methoden (z. B. Teillösungen von Softwareapplikationen oder anderen Technologien) den übrigen Unternehmensangehörigen zur Verfügung gestellt werden. Bei konkreten ähnlichen Fragestellungen können die Mitarbeiter des Unternehmens die jeweilig konkreten Projektbearbeiter befragen, d. h. die interne Kommunikation sowie der Informations- und Wissensaustausch zu konkreten Problemstellungen wird intensiviert.

14.6 Erfahrungen und Ausblick

Es besteht ein großes Interesse an der Einführung von Wikis (als unternehmensweite und fachdomänenspezifische Wissensspeicher) und als neue Kommunikationsplattform zum Wissensaustausch, um z. B. allgemeine fachliche Informationen schnell allen Mitarbeitern zugänglich zu machen (News, Projekt-Erfahrungsberichte, Projektauswertungen etc.). Auch die Aktivitäten zur Projektreflexion mit dem Projektassistenten werden positiv bewertet. Mit den geschaffenen Wissensinstrumenten können neue Regeln und eine neue Kultur des innerbetrieblichen effizienten Informationsaustausches umgesetzt werden, so dass flexible Projekt-Teams schneller gebildet werden und schneller effizient arbeiten können. Projektberatungen zur Auftragsabwicklung können zeitlich begrenzt werden und ermöglichen eine Straffung des Auftragsbearbeitungsablaufes. Bei konsequenter Anwendung wird sich die zur Suche von Dokumenten aufgewendete Zeit wesentlich verringern.

Dennoch gibt es bei den Mitarbeitern auch Skepsis und Vorbehalte gegenüber den vorgesehenen Maßnahmen zum Wissensmanagement. Diese bestehen beispielsweise darin, dass viele Mitarbeiter durch Kundenaufträge ausgelastet sind und einen zeitlichen Mehraufwand durch Wissensmanagement befürchten. Die Bereitschaft der Mitarbeiter zum Wissensmanagement besteht im Zuge einer erweiterten Selbstorganisation zur Auftragsbearbeitung nur dann, wenn eine wohlwollende Unterstützung durch die Unternehmensleitung spürbar wird und wenn die Vorteile sowie das Effizienzpotenzial erkennbar werden. Eine Schwierigkeit ist darin zu sehen, dass eine Kontrolle von notwendig werdenden Regeln zu Namenskonventionen und Dateibenennungen bei den hohen Freiheitsgraden der Wiki-Nutzung zu Problemen führt, die die Mitarbeiter im Rahmen der Selbstorganisation lösen müssen. Darum sollen Maßnahmen zum Wissensmanagement etappenweise und als integrierender Bestandteil der Auftragsbearbeitung erfolgen. Zuversicht entwickelt sich dann, wenn sich die Wissens-Philosophie in den Arbeitsprozessen zum Selbstläufer entwickelt. Nur wenn das Management in der Frage des Wissensmanagements aktiv bleibt, sind auch alle Mitarbeiter bereit, für die zu bearbeitenden Fragen und Probleme im Wissensmanagement Zeit zu investieren.

Kapitel 15
BEYERS – Die richtigen Grundlagen schaffen: Motivation zur Wissensteilung

Wolfgang Beyers, Sabine Salgado

15.1 Unternehmensportrait

Unternehmen:	Helmut Beyers GmbH
Firmensitz:	Mönchengladbach
Anzahl Mitarbeiter:	140
Produktspektrum:	Produktion von Baugruppen und Komplettgeräten (meist mit Bestückungsautomaten), begleitende Dienstleistungen von Entwicklung bis Endkundenversand
Branche:	Elektronik-Dienstleister (EMS), produzierendes Gewerbe

Die Helmut Beyers GmbH (BEYERS) ist ein mittelständisches Unternehmen mit Sitz in Mönchengladbach und im Bereich Electronic Manufacturing Services (EMS) tätig. Gegründet im Jahre 1985 wird das Familienunternehmen in zweiter Generation weitergeführt. Heute fertigen rund 140 Mitarbeiter auf einer Fläche von 4.200 m² elektronische Produkte für die verschiedensten Märkte wie Industrie, Telekommunikation, Automobil oder Medizin.

Um die Anforderungen dieser Märkte optimal umzusetzen, investiert BEYERS in einen modernen Maschinenpark. Mehrere Hochleistungsautomaten sorgen für eine kundenspezifische Bestückung von Leiterplatten. Im Jahr 2007 wurden bei einem Umsatz von ca. 18 Mio. Euro über 200 Mio. Bauteile verarbeitet.

Das Leistungsspektrum erstreckt sich von der EDV-Verwaltung des Materials, dem Bestücken und Löten von SMD- und Drahtbauteilen über In-Circuit- und Funktionstests bis hin zur Komplettmontage von Baugruppen. Je nach Bedarf werden auch komplette Geräte inklusive Verpackung gefertigt und direkt an den Endkunden des Kunden versendet.

BEYERS versteht sich vor allem als Dienstleister und Partner für individuelle Problemlösungen. Die Mitarbeiter erfüllen dabei höchste Qualitätsstandards. Das

© Springer 2009

transparente Qualitätsmanagement – sowohl im Blick auf innerbetriebliche Prozesse als auch auf die kundenorientierte Produkt- und Servicequalität – garantiert eine dauerhaft gute Zusammenarbeit mit den Kunden. Nicht ohne Grund identifizieren sich das Unternehmen und die Mitarbeiter deshalb mit dem Firmenmotto: „Auf Dauer besser“.

15.2 Ausgangslage

Anfang 2007 zeichnete sich eine positive Marktentwicklung für BEYERS ab. Der Bereich Elektronik wuchs kontinuierlich und die Auftragslage wurde immer besser. Der Unternehmensschwerpunkt ist bis heute der Dienstleistungssektor; es werden keine eigenen Produkte entwickelt. Aufgrund der zunehmenden Konkurrenz aus Niedriglohnländern der EU-Ostblockstaaten und fernöstlicher Länder sind und waren Innovationen im Bereich Dienstleistung notwendig, um das angestrebte Wachstum von 10 Prozent p.a. zu erreichen.

Die Geschäftsführung von BEYERS war sich immer bewusst, dass Wissen eines der Hauptmerkmale ist, mit denen sich das Unternehmen vom Mitbewerb (und damit insbesondere von Anbietern aus Niedriglohnländern) abgrenzen kann. Aus diesem Grund bestehen zum Thema Wissensmanagement seit 2005 externe Kontakte. In der Vergangenheit griff BEYERS bereits gerne und oft auf externe Ressourcen zurück, um das Unternehmen kontinuierlich voranzubringen. Die Teilnahme an Projekten ist deshalb für das Unternehmen und seine Mitarbeiter nichts Neues.

Noch mehr Wissen – Wissensbilanz und ProWis

BEYERS geht das Thema Wissensmanagement auf zwei Ebenen an, einer *strategischen* und einer *operativen*. Im strategischen Bereich entschied sich BEYERS für den Einsatz des Instrumentes der Wissensbilanz.

Mit Hilfe der Wissensbilanz (s. Kap. 12) wurden die unternehmensspezifischen Kernkompetenzen und Arbeitsstrukturen (wie beispielsweise spezielles Know-how, gute Geschäftsbeziehungen, aber auch Arbeitsklima, Mitarbeiterfluktuation u.Ä.) systematisch analysiert und dargestellt. Die Wissensbilanz bildet das immaterielle, intellektuelle Kapital des Unternehmens zu einem spezifischen Zeitpunkt ab. Hiermit dient sie intern als Messfaktor und definiert neue Handlungsfelder. Nach außen stellt die Wissensbilanz gegenüber externen Geschäftspartnern, Kunden oder Banken die „weichen“ Erfolgsfaktoren dar und kann so Geschäftsbeziehungen entscheidend positiv beeinflussen. Zukünftig sollen weitere Bilanzierungen nicht nur den jeweils aktuellen Status quo widerspiegeln, sondern auch die Wirksamkeit bisheriger Maßnahmen aufzeigen und ggf. neue Prozesse anstoßen.

Im Anschluss an die strategischen Überlegungen der Wissensbilanzierung entschied sich BEYERS für einen prozessorientierten Wissensmanagementansatz, um den Umgang mit Wissen im operativen Geschäft so praxisnah wie möglich zu verbessern. Konkrete Handlungsfelder im Bereich Produktion waren:

- Verbesserung ausgewählter Teilprozesse, Überprüfung der Anwendbarkeit und Ausweitung der angewandten Methodik auf weitere Bereiche,
- Aufspüren, erfassen und verfügbar machen von nicht dokumentiertem und/oder nicht öffentlich zugänglichem Wissen,
- Erhöhung der Transparenz der Gesamtabläufe und Optimierung des Informationsflusses.

15.3 Wissensmanagement – konkret

Initialisierung

Nachdem auf der strategischen Ebene der Umgang mit Wissen reflektiert und bewertet worden war, wurden nun auf der operativen Ebene konkrete Wissensmanagement-Maßnahmen angestoßen. Der Startschuss des internen Wissensmanagement-Vorhabens erfolgte durch den Geschäftsführer. Die 15 Funktionsbereichsleiter wurden auf dem „Jour Fixe" zur Quartalsbesprechung zunächst über die Ziele und das Vorgehen, später dann über den jeweils aktuellen Stand von Analysen, Ergebnissen, Maßnahmen und deren Umsetzung informiert. Die Teilnehmer des WM-Audits wurden persönlich in das Projekt eingewiesen und erhielten entsprechende Informationsunterlagen. Alle am GPO-WM Beteiligten hatten im Vorfeld bereits am WM-Audit teilgenommen und waren dadurch mit der Materie vertraut.

Analyseergebnisse

Die GPO-WM-Analyse zeigte, dass bei BEYERS in fast allen Bereichen ausreichendes Wissen erzeugt wird. Die Speicherung und Verteilung gestaltet sich jedoch oft problematisch. Gut dokumentiert und in der Regel schnell verfügbar sind alle Informationen zum technischen Bereich (Produkte, Normen, Gesetze). Alle Informationen zu den Produkten werden in Projektordnern gesammelt, gepflegt und zentral zur Verfügung gestellt. Im Bereich Qualitätsmanagement werden regelmäßig neue Dokumente eingebunden, aktualisiert und über eine zentrale Datenbank verwaltet.

Eher abstraktes Wissen über Kunden, Partner, Märkte und Wettbewerber ist jedoch meist nicht schriftlich fixiert und stark personengebunden. Gerade das für die Produktion wichtige Erfahrungswissen wie besondere Kniffe, Tricks und Know-how ist schwierig zu dokumentieren und daher nicht konsequent zugänglich.

Andere Wissensinhalte (z. B. aus dem Bereich der Lagerverwaltung) werden zwar auf dem Server bereitgestellt, sind aber für nicht Eingeweihte nicht auffindbar. Nur wenige Abteilungen haben innerhalb ihrer Verzeichnisse eine klare Struktur geschaffen, in anderen Bereichen werden alle Daten in privaten Benutzerverzeichnissen abgelegt. Zwar haben alle Nutzer dort Leserechte und es sind ihnen dadurch die meisten Informationen verfügbar, doch ist der Zugriff darauf stark von einer genauen Kenntnis der Zuständigkeiten abhängig. Die mangelnde Verteilung von Wissen führt im Bereich der operativen Prozesse teilweise zu Problemen. Oft stehen keine geeigneten IT-Lösungen zur Verfügung (wie z. B. im Änderungsdienst), so dass Hol- und Bringschuld unklar sind.

Auch bei der Kommunikation an den Schnittstellen der Abteilungen treten im Zuge der oft sehr komplexen Produktionsabläufe Probleme auf. Häufig ist dies auf eine fehlende Transparenz der Gesamtzusammenhänge zurückzuführen. Folge ist nicht selten ein abteilungsgebundenes Gegen- statt Miteinander. Die Abstimmung zwischen der Produktion und den Kundenbetreuern kann eine weitere Ursache für Konflikte sein. Die Kundenbetreuung setzt die Fertigung häufig durch das vehemente Vertreten der Kundeninteressen unter Zeitdruck.

15.4 Ausgewählte Handlungsfelder

Aufgrund der Analyseergebnisse wurde eine Arbeitsgruppe gebildet, die eine Reihe von Handlungsfeldern bearbeitet.

1. Gemeinsame Datenstruktur
   Um die Nutzung der Datenstruktur im Haus mitarbeiter- und bereichsübergreifend zu erleichtern, soll eine ebenenreduzierte, logische Grundstruktur in den Datenbanken entworfen werden. Damit soll erreicht werden, dass Wissen und Informationen für andere Mitarbeiter in übersichtlichen und strukturierten Datenordnern für alle zugänglich gemacht werden. Suchzeiten nach Informationen können dadurch deutlich verringert werden. Wichtig hierbei ist, dass die Umsetzung durch eindeutige Kommunikation und Pflege der Datenbanken sichergestellt wird.
2. Verbesserung der Kommunikation und Abstimmungen in der FPL-Runde (Fertigungsplanungsrunde)
   Die FPL-Runde findet einmal wöchentlich statt, um die anstehenden Kundenaufträge für die Arbeitswoche zu planen. Zukünftig sollen die Kundenbetreuer in diese Meetings miteinbezogen werden, um klare Planungen innerhalb der Funktionsbereiche und verlässliche Lieferzusagen an Kunden zu ermöglichen. Ferner sollen dadurch Verzögerungen in der Produktion vermieden werden.
3. Fotodokumentation
   In den Fertigungsunterlagen werden zukünftig Fehler fotodokumentiert. Ziel ist es, dadurch eine anschauliche Dokumentation der Fehler zu erreichen, eine optische Qualitätssicherung und Nachvollziehbarkeit zu gewährleisten sowie die praktische Reproduzierbarkeit zu erleichtern.

4. Änderungsdienst überprüfen
   Der Ablaufprozess beim Änderungsdienst soll beschleunigt werden. Die Möglichkeiten technischer Hilfsmittel werden in diesem Zusammenhang und unter Berücksichtigung von Qualitätsmanagementstandards geprüft. Verfolgt werden hier eine bessere Nachvollziehbarkeit des Status der Änderung und die Verkürzung von Durchlaufzeiten des Änderungsdokumentes.
5. Neuauflage der Leitlinien
   BEYERS legt viel Wert auf ein angenehmes Arbeitsklima. Eine Erstfassung der Unternehmensleitlinien aus dem Jahr 2000 soll überarbeitet werden. Die darin festgehaltenen Regeln für die interne Kommunikation und für ein angenehmes Miteinander sollen nochmals reflektiert und dauerhaft unternehmensweit umgesetzt werden. Damit sollen die Kommunikation, Kooperation und die Umgangsformen im Haus insgesamt verbessert werden. Die Leitlinien dienen auch als gezielte Information für neue Mitarbeiter und für die Unternehmenskommunikation nach außen für Kunden und Partner. Die Führungskräfte nehmen bei der Umsetzung der Leitlinien eine Vorbildfunktion ein.

Umsetzungsbeispiel: Produktionsprozess

Zu 1: Der Grobentwurf für eine neue Datenstruktur auf dem gesamten Server wurde bereits erarbeitet. Zurzeit wird geprüft, inwieweit und wie die einzelnen Benutzer bzw. Funktionsbereiche ihre relevanten Daten strukturiert und abgelegt haben. Erste Überlegungen zur schrittweisen und nachhaltigen Einführung werden dahingehend weiterentwickelt.

Für Produkte wurde eine einheitliche Benennungsregel definiert und eingeführt. Neue Produkte werden entsprechend angelegt, alte sukzessive nachgepflegt. Die Suchzeiten wurden dadurch erheblich verkürzt.

Zu 2: Zur Optimierung der FPL-Runde wurde, mit externer Unterstützung, eine neue Moderationskultur erarbeitet und implementiert. Dadurch sind die wöchentlichen Abstimmungstreffen kürzer und die darin getroffenen Vereinbarungen deutlich verbindlicher geworden. Zurzeit sollen weitere Coachings nicht nur die bisher angewendeten Methoden optimieren, sondern diese auch auf andere Gesprächsrunden ausdehnen.

Zu 3: In der Produktion steht seit einigen Monaten eine Digitalkamera zur Verfügung. Die Funktionsbereichsleiter Produktion Allgemein (PAL) dokumentieren nach und nach nicht nur einzelne Fertigungsschritte der manuellen Produktion, sondern auch typische Fehlfertigungen und deren Ursachen. Die Aufnahmen werden produktspezifisch in die neue Struktur eingebunden und ergänzen die Arbeitsanweisungen in den bereits vorhandenen Projektordnern. Mittlerweile wurde noch eine zweite Kamera für das Prüffeld angeschafft und die fotografische Produktdokumentation um Bilder der Fertiggeräte ergänzt.

Umsetzungsbeispiel: Umgang mit Menschen = Umgang mit Wissen

Bei allen Analysen und Mitarbeiterbefragungen der Vergangenheit wurde immer wieder ein unternehmensspezifisches Merkmal deutlich herausgestellt: BEYERS zeichnet sich durch eine hohe Mitarbeitermotivation und ein gutes Betriebsklima aus.

Obwohl oder gerade deshalb steht oft die Unzufriedenheit mit dem Verhalten und dem Miteinander in Stresssituationen im Vordergrund. Das interne, manchmal auch lautstarke Gerangel um die Vertretung der eigenen Interessen bzw. der Abteilung, schadet dabei nicht nur dem Betriebsklima, sondern bremst auch die operativen Prozesse.

Im Jahr 2000 wurden in einem ersten Schritt acht Kernsätze zum Umgang miteinander von Geschäftsführung und Funktionsbereichsleitern in einem Workshop erarbeitet und verabschiedet. Diese grundlegenden „Spielregeln" waren vor allem von Zielen der Führungskräfte ausgegangen. Als erste Führungsleitlinien gerieten sie allerdings im Laufe der Zeit in Vergessenheit oder waren aufgrund des stetigen, auch personellen, Wachstums den heutigen Funktionsbereichsleitern gar nicht bekannt.

Nicht nur die Analysen aus ProWis, sondern auch die Ergebnisse aus der Wissensbilanz (Verbesserung der sozialen Kompetenz) und der letzten Mitarbeiterbefragung (Einschätzung der Führungsqualität der Vorgesetzten) wiesen eine Neuauflage dieser Leitsätze als wichtiges Handlungsfeld aus. Nachdem die Geschäftsführung die Maßnahme verabschiedet und ein entsprechendes Budget ausgewiesen hatte, konnte die Durchführung geplant werden.

Workshop: Kultur und Führung

Da bei der Erstellung der ersten Leitlinien im Jahr 2000 bereits gute Erfahrungen mit einem extern moderierten Workshop gemacht wurden, lag es nahe, diese Methodik erneut anzuwenden. Die Teilnehmer sollten während des Workshops Gelegenheit erhalten, ihre Unternehmens- und Kommunikationskultur zu reflektieren, sich zum Umgang, zu geschriebenen und ungeschriebenen Spielregeln im Miteinander auszutauschen und auf neue Regeln zu verständigen. Im Vorfeld stellte der Geschäftsführer beim „Jour Fixe" im Juli 2007 die Maßnahme vor. Die dort anwesenden Funktionsbereichsleiter sowie die Geschäftsführung – insgesamt 15 Personen – sollten am Workshop teilnehmen.

Der Workshop war so angelegt, dass einerseits sowohl eine Rückschau über Bisheriges und damit auch eine Auseinandersetzung mit dem aktuellen Verhalten ermöglicht wurde. Zum anderen sollte der Blick auch in die Zukunft gerichtet werden, damit die neuen Leitlinien gemeinsam definiert werden können. Die zentralen Punkte, die im Workshop bearbeitet wurden, waren:

- Was macht eine gute Zusammenarbeit bei BEYERS aus?
  Persönliche Erfahrungen, Erfolgsfaktoren, Anforderungen
- Leitlinien 2000 – Rückblick
  Rückschau und kritische Bewertung, Nutzen der Leitlinien
- Leitlinien 2007!
  Hinweise für Leitlinienerstellung; Gruppenarbeit und Diskussion
- Umsetzungsstrategien für die neuen Leitlinien

Nach der Begrüßung und einem Ausblick auf den weiteren Tagesverlauf präsentierten zunächst alle Teilnehmer ihre Erwartungen und Ziele. Eine Diskussion über den Begriff der „Sozialen Kompetenz" schuf eine gemeinsame Basis zum weiteren Vorgehen.

Eine Übung zur Firmenkultur setzte dann den Grundstock für die späteren Leitlinien: In zwei Arbeitsgruppen wurden die Teilnehmer gebeten, einem fiktiven neuen Mitarbeiter die wichtigsten ungeschriebenen Gesetze bei BEYERS vorzustellen. Um möglichst viele Facetten aufzuzeigen, wurden zwei Gruppen gebildet. Die erste Gruppe hatte die Aufgabe, diese Regeln für ihre Nichte aufzuschreiben, die in der Firma ein Praktikum absolvieren wolle. Die zweite Gruppe sollte entsprechende Hinweise für einen guten Bekannten aufstellen, der die Position des Produktionsleiters einnehmen solle. Folgende Fragen wurden aus den verschiedenen Perspektiven beantwortet:

1. Worauf muss ich am Anfang besonders achten?
2. Was sollte ich auf jeden Fall vermeiden?
3. Was sind Stolpersteine/ Fettnäpfchen?
4. Worauf kann ich mich freuen?

Gerade die Empfehlungen über die Zusammenarbeit in einem Unternehmen, die man auf informeller Ebene weitergibt, sind sehr aufschlussreich über die Kultur und den Umgang zwischen den Mitarbeitern.

In einem weiteren Schritt wurden aus den ausgewählten Aspekten der Zusammenarbeit Regeln formuliert, die zukünftig eine wichtige Grundlage für die Zusammenarbeit bei BEYERS darstellen. Nach der Vorstellung und einem Abgleich dieser Regeln zwischen den Teilnehmern lag eine abgestimmte Sammlung relevanter Leitlinien vor. Im letzten Schritt wurden entsprechende Umsetzungsstrategien entwickelt und auch mögliche Widrigkeiten diskutiert. Dabei war die Erfahrung mit der ersten Version der Leitlinien hilfreich, da vergangene Stolpersteine explizit angesprochen und ausgeräumt werden konnten.

15.5 Ergebnisse: BEYERS Leitlinien

Die aktuellen Leitlinien der BEYERS GmbH in ihrer Langform sehen jetzt folgendermaßen aus:

1. **Wir sehen Qualität als oberste Priorität an.**
   - Wir liefern Qualität durch effektives Miteinander.
   - Wir haben die gleichen Ziele und fördern die funktionsbereichsübergreifende Zusammenarbeit.
   - Wir geben alle qualitätsrelevanten und wichtigen Informationen an alle Beteiligten weiter.
   - Wir entwickeln unsere Kompetenzen kontinuierlich weiter.
2. **Wir akzeptieren und respektieren unsere Kollegen, andere Abteilungen und ihre Arbeit wertfrei.**
   - Wir haben Verständnis für die Situation der Kollegen.
   - Wir nehmen uns gegenseitig ernst und akzeptieren andere Meinungen.
   - Wir hören einander zu und nehmen uns Zeit dazu.
3. **Wir gehen offen und ehrlich miteinander um.**
   - Das heißt NICHT, dass wir uns alles gefallen lassen.
4. **Wir tauschen uns sachlich und konstruktiv miteinander aus.**
   - Das heißt NICHT, dass wir Gleichgültigkeit tolerieren.
   - Wir haben die Pflicht Informationen zur Verfügung zu stellen und angemessen auf diese zu reagieren, sowie das Recht und die Pflicht Informationen einzufordern.
5. **Wir nehmen Besprechungen ernst.**
   - Wir nehmen Termine wahr.
   - Wir erscheinen pünktlich oder melden uns ab, wenn wir verhindert sind.
   - Wir führen Besprechungen effektiv durch.
   - Wir bereiten uns auf Besprechungen vor.
6. **Wir freuen uns über Lob der Kollegen und Vorgesetzten.**
7. **Wir unterstützen unsere Mitarbeiter.**
   - Wir unterstützen unsere Mitarbeiter bei schwierigen Entscheidungen, übertragen ihnen Aufgaben mit den dazu nötigen Kompetenzen und tragen die Ergebnisse mit.
   - Wir informieren unsere Mitarbeiter über die Produkte, um sie zu motivieren.
8. **Wir weisen die Mitarbeiter regelmäßig darauf hin, dass Fragen erwünscht sind.**
9. **Wir feiern gern gemeinsam.**
   - Wir motivieren uns gegenseitig durch ein faires Geben und Nehmen.
10. **Wir leben aufgestellte Regeln vor und weisen uns gegenseitig auf Abweichungen hin.**

Umsetzung

Um eine durchgängige Kommunikation der neuen Leitlinien zu gewährleisten, ihre Ernsthaftigkeit zu unterstreichen und die Vereinbarungen lebendig werden zu lassen, wurden zusätzlich folgende Umsetzungsmaßnahmen beschlossen:

- Die Leitlinien werden von allen Funktionsbereichsleitern und der Geschäftsführung per Unterschrift verabschiedet.
- Die Leitlinien werden unternehmensweit kommuniziert.
- Unterschriebene Ausfertigungen werden an strategischen Punkten sichtbar platziert.
- Alle Mitarbeiter erhalten ein eigenes Exemplar, z. B. als laminiertes Hand-out.
- Neue Mitarbeiter werden über die Leitlinien als Darstellung der Firmenkultur informiert.
- Das Dokument wird in die QM-Dokumentation eingebunden.
- Alle Mitarbeiter werden aufgefordert, ihre Kollegen freundlich auf Abweichungen der Vereinbarungen hinzuweisen.
- Die Leitlinien sollen als Modul in die regelmäßigen Mitarbeiterbefragungen integriert werden.

Beim nächsten „Jour Fixe“ erfolgte die offizielle Verabschiedung und Gegenzeichnung des Original-Dokumentes. Auf der Weihnachtsfeier Ende Dezember 2007 waren die Leitlinien Bestandteil der Eröffnungsrede des Geschäftsführers, wobei

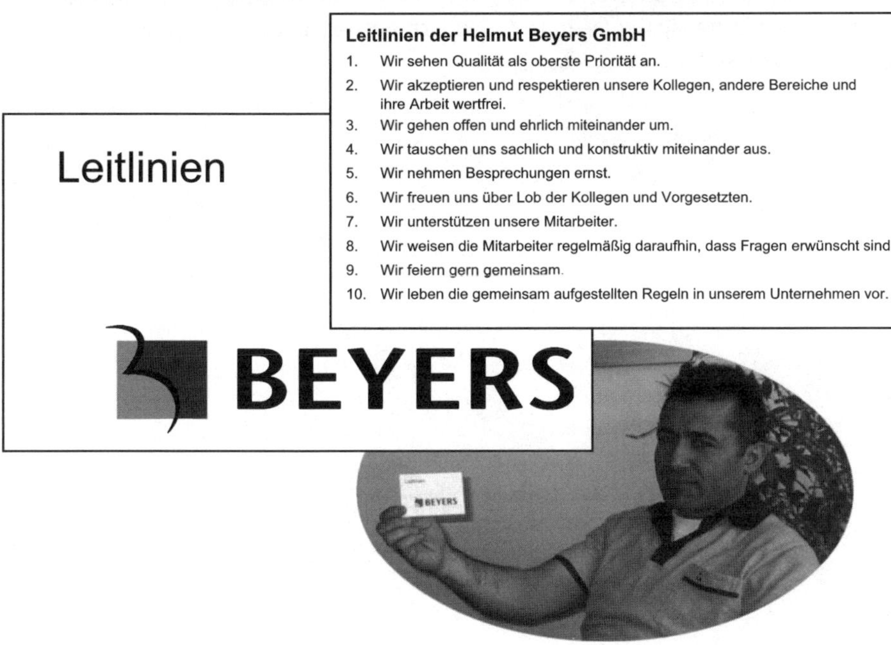

Abb. 42. Leitlinien der Helmut Beyers GmbH

bei dieser Gelegenheit Leitlinie Nr. 9 „Wir feiern gern gemeinsam“ besondere Erwähnung und Zuspruch fand.

Zum Jahresbeginn 2008 wurde das gegengezeichnete Originaldokument vervielfältigt, gerahmt und nicht nur in allen Abteilungen und Büros, sondern auch – als klares Statement für externe Geschäftspartner – in den Besprechungsräumen gut sichtbar installiert. Kurz darauf erhielt jeder Mitarbeiter – in Verbindung mit den besten Wünschen für das Jahr 2008 – von der Geschäftsleitung persönlich sein eigenes Hand-out: eine laminierte Kurzform der Leitlinien im Format DIN A7.

15.6 Erstes Fazit

Während fast alle Mitarbeiter der Produktion die Hand-outs in den Brusttaschen der ESD-Bekleidung (Abk. **e**lectro**s**tatic **d**ischarge (Elekrostatische Ladung)) mit sich tragen, findet man sie in der Verwaltung an Monitore geklebt, meist gut sichtbar und vor allen Dingen griffbereit, ins Arbeitsumfeld integriert. Läuft jemand Gefahr, gegen die gemeinsamen Spielregeln zu verstoßen, wird er durch symbolisches Zücken der Karte auf die Überschreitung der Grenze hingewiesen. Meist erfolgreich. Die Anregung der Mitarbeiter, eine neue Version der Karte mit jeweils einer roten und einer gelben Seite (entsprechend Verwarnung und Platzverweis) zu gestalten, wurde jedoch noch nicht umgesetzt.

Die Leitlinien stoßen gerade bei unseren Kunden auf großes Interesse, da diese Art der Darstellung unserer Firmenkultur nicht nur BEYERS als Unternehmen nach außen hin transparenter macht, sondern auch Zeichen eines kontinuierlichen Strebens nach Verbesserung ist.

Kapitel 16
BMA AG – Der süße Geschmack des Wissensmanagements

Hartmut Stolte, Michael Dielmann, Ronald Orth

16.1 Unternehmensportrait

Unternehmen:	Braunschweigische Maschinenbauanstalt AG (BMA)
Firmensitz:	Braunschweig
Anzahl Mitarbeiter:	310
Produktspektrum:	Entwicklung, Konstruktion und Herstellung von Maschinen, Apparaten und Prozessabschnitten sowie Serviceleistungen für die Be- und Verarbeitung nachwachsender Rohstoffe.
Branche:	Maschinen- und Anlagenbau

Die Braunschweigische Maschinenbauanstalt AG (BMA) wurde 1853, unweit des heutigen Standortes in Braunschweig, gegründet. Die Zuckerindustrie im Braunschweiger Umland expandierte zum damaligen Zeitpunkt sehr stark, so dass bereits frühzeitig eine Spezialisierung auf Ausrüstungen für die Herstellung von Zucker aus Zuckerrüben erfolgte.

Heute umfasst der Leistungsumfang von BMA Entwicklung und Konstruktion, Fertigung, Montage und Inbetriebnahme von Maschinen, Apparaten und Ausrüstungen für die Be- und Verarbeitung nachwachsender Rohstoffe in industriellem Maßstab. BMA ist insbesondere der weltweiten Zucker- und Stärkeindustrie verpflichtet und hat seit der Gründung weltweit über 400 komplette Anlagen erstellt. Dabei liegt die Exportquote des Unternehmens bei über 90 Prozent.

Mit ihrem Produktportfolio ist BMA Marktführer auf dem Sektor Maschinen und Apparate für die Zuckergewinnung. Service in Form von Reparaturen, Wartungen und Ersatzteilversorgung sowie Schulungen und Seminarveranstaltungen von BMA sind weltweit gefragt und runden das Leistungsspektrum des Unternehmens ab.

K. Mertins, H. Seidel, *Wissensmanagement im Mittelstand*

© Springer 2009

Die Tochtergesellschaft BMA Nederland B.V. (Woerden, Niederlande) bietet ein ähnliches bzw. ergänzendes Liefer- und Leistungsspektrum für die internationale Nahrungsmittelindustrie an. Weitere Tochtergesellschaften werden in den USA, Tunesien und China unterhalten. BMA Schaltanlagen GmbH in Braunschweig bündelt die elektrische Mess-, Steuer-, Regelungstechnik sowie Softwareprogrammierung und Antriebstechnik der erfolgreichen, mittelständischen Unternehmensgruppe.

Die Gruppe ist mit ihren etwa 500 Mitarbeiterinnen und Mitarbeitern in fünf Ländern auf fünf Kontinenten ständig durch eigene Niederlassungen präsent, in weiteren 80 Ländern durch Repräsentanten vertreten und exportiert ihre Produkte jedes Jahr in über 60 Länder.

16.2 Ausgangslage

BMA partizipiert an den gravierenden Entwicklungen auf den internationalen Rohstoffmärkten. Durch die Änderung der Zuckermarktordnung in der EU werden international neue Raffineriekapazitäten geschaffen, um die Produktionsausfälle durch Werksschließungen in der EU abzufangen. Ferner ist durch die weltweit entbrannte Diskussion über die Klimaveränderung eine starke Tendenz zur Energiegewinnung aus nachwachsenden Rohstoffen zu verzeichnen. Die daraus resultierende Nachfrage nach Maschinen und Ausrüstungen eröffnet neue Märkte für BMA-Produkte.

Der hohe Auftragsbestand und der weiterhin ungebrochen hohe Auftragseingang führen zu einer Arbeitsbelastung der Mitarbeiter. Aufgrund der Situation am Arbeitsmarkt ist eine kurzfristige Aufstockung des Mitarbeiterbestandes mit qualifiziertem Personal schwierig. Für BMA mit dem Standort Deutschland ist daher der effektive Umgang mit dem Produktionsfaktor Wissen im internationalen Wettbewerb ein entscheidender Wettbewerbsvorteil und für die Erhaltung der Marktführerschaft von vitaler Bedeutung.

Strategischer Ansatz – Die BMA Wissensbilanz

Im Jahr 2006 hat ein abteilungsübergreifendes Team von BMA eine Wissensbilanz erstellt (s. Kap. 12). Die Wissensbilanz ermöglicht es, immaterielle Vermögenswerte des Unternehmens zu erfassen und deren Einfluss auf die Wertschöpfung strukturiert darzustellen. Neben dem Einsatz im Rahmen der externen Kommunikation dient die Wissensbilanz gleichzeitig als Entscheidungsgrundlage für die interne Unternehmenssteuerung.

Abbildung 43 zeigt das Potenzialportfolio aus der Wissensbilanz von BMA. Das Potenzialportfolio visualisiert das Entwicklungspotenzial der einzelnen Einflussfaktoren in einer Matrix mit vier Feldern und verdeutlicht, dass – gemessen an den formulierten Zielen und der Geschäftsstrategie von BMA – insbesondere die Faktoren „Kooperation und Wissenstransfer" und „Produktinnovationen" das höchste Entwicklungspotenzial aufweisen. Ferner konnte der Faktor „IT und explizites Wissen" als stabilisierendes Element identifiziert werden. Das Portfolio zeigt darüber hinaus, dass insbesondere der Bereich Assistance (Serviceaktivitäten) über das höchste Einflussgewicht aller Geschäftsprozesse auf den Geschäftserfolg verfügt.

Die Ergebnisse der Wissensbilanz dienten BMA als Ausgangspunkt für die Initiierung eines Wissensmanagement-Projektes. Aufgrund der Schlüsselrolle für den Geschäftserfolg wurde Assistance als Pilotbereich für das WM-Projekt ausgewählt. Durch die zielgerichtete Behandlung konkreter Themen und einer kurzfristigen Umsetzung ausgewählter Maßnahmen sollten deutliche Verbesserungen herbeigeführt werden.

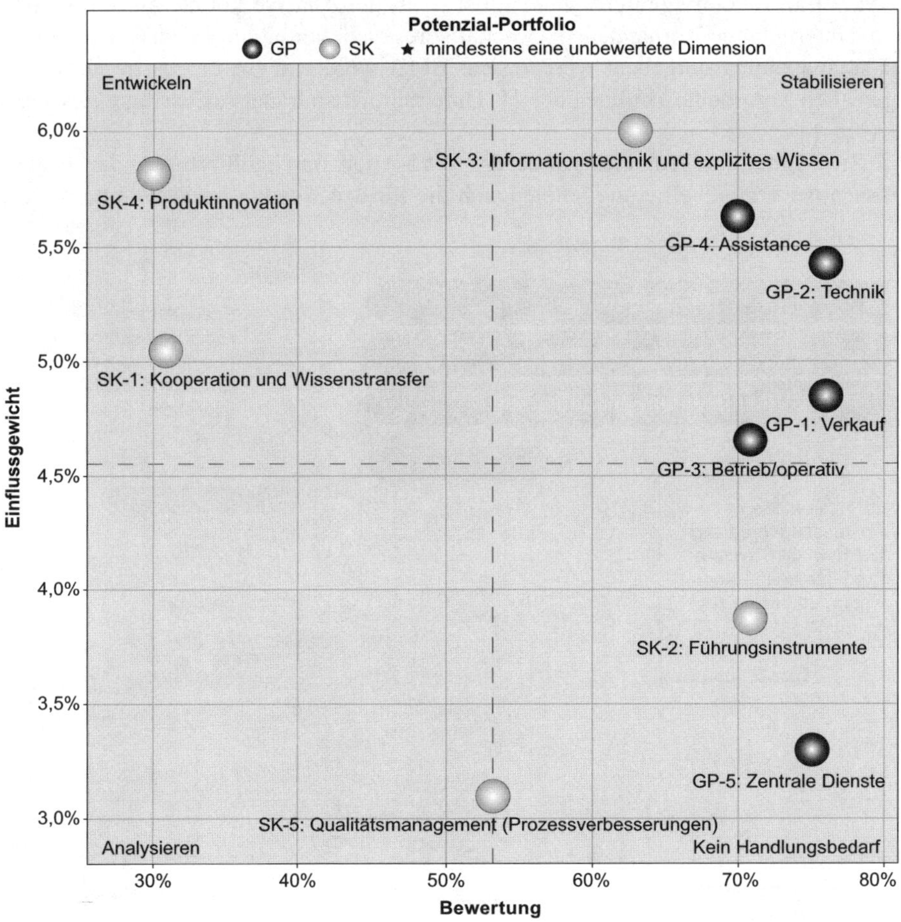

Abb. 43. Potenzial-Portfolio aus der Wissensbilanz von BMA

Operative Implementierung: Prozesse und Handlungsfelder

Gestartet wurde das Projekt mit einer Informationsveranstaltung für die Mitarbeiter des Bereichs Assistance und ausgewählte Mitarbeiter des Bereichs Technik. Die Veranstaltung verfolgte das Ziel, die Intention des Projektes vorzustellen und über die weiteren Schritte, speziell die Onlinebefragung und die GPO-WM-Workshops, zu informieren. Der Betriebsrat wurde in die Initialisierungsphase mit einbezogen und laufend unterrichtet. Der Führungskreis des Unternehmens wurde kontinuierlich über die Aktivitäten informiert und steht geschlossen hinter dem Projekt.

Der für das Wissensmanagement ausgewählte Pilotbereich Assistance bündelt die gesamten Serviceaktivitäten der BMA. Zu den Kernaufgaben von Assistance zählen: **Dienstleistungen** wie Montage, Inbetriebnahme, Wartung und Reparatur von Anlagen sowie Schulungen durch BMA, das **Ersatzteilgeschäft** sowie das **Reklamationsmanagement**. Zum Einstieg in die Analyse konnte auf die bereits im Unternehmen vorhandenen Geschäftsprozessbeschreibungen aus dem Qualitätsmanagement aufgebaut werden. Bei BMA werden diese Prozessbeschreibungen allen Mitarbeitern online über das Unternehmensintranet zur Verfügung gestellt (Abb. 44).

Zu Beginn des Projektes wurde das WM-Audit durchgeführt. Aus den Ergebnissen der Onlinebefragung leiteten sich die für den Bereich Assistance besonders

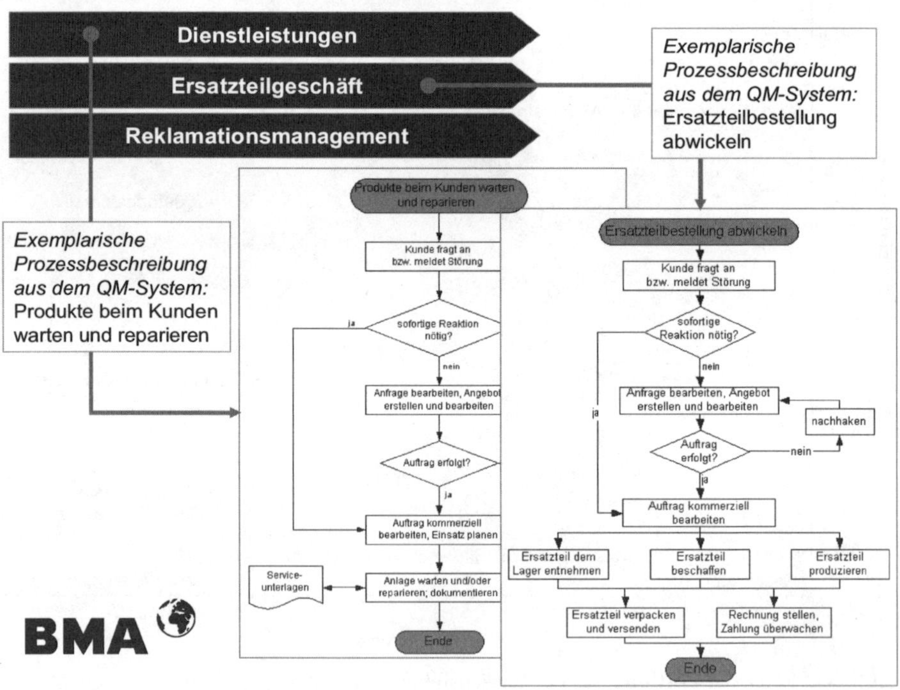

Abb. 44. Geschäftsprozesse im Bereich „Assistance“

relevanten Wissensgebiete „Kundenwissen“ und „Produktwissen“ ab. Diese Wissensdomänen wurden anschließend in den GPO-WM-Workshops näher betrachtet. Dabei waren in den Workshopteams einige Mitarbeiter vertreten, die bereits bei der Wissensbilanzerstellung mitgewirkt haben. Ferner waren Mitarbeiter aus den unterschiedlichen Hierarchieebenen involviert.

Im Zusammenspiel des WM-Audits und der GPO-WM-Analyse wurden Handlungsfelder identifiziert. Dabei wurden die folgenden Handlungsfelder priorisiert und für diese entsprechenden Ziele formuliert:

1. Verbesserung des **Berichtswesens** mit dem Ziel, die Berichte strukturierter zu gestalten und die Auswertung zu vereinfachen.
2. Erstellung eines **Fehlerhandbuches** mit dem Ziel, das Außendienstpersonal zu unterstützen.
3. **Terminologiearbeit** mit dem Ziel, kommunikative Missverständnisse zu unterbinden und begriffsprägend für die Zuckertechnologie zu sein.

16.3 Umgesetzte Lösungen

Berichtswesen

Als vorrangiges Handlungsfeld wurde die Verbesserung und Standardisierung des Berichtswesens erkannt. Zielsetzung war, ein standardisiertes Berichtsformular zu erstellen, das die interne wie externe Kundenkommunikation sowie die Verteilung und Auswertung vereinfacht.

Bislang waren größtenteils im Freitext verfasste Baustellen- bzw. Montageberichte weit verbreitet, die über manuell festgelegte Verteiler ausgewertet werden sollten. Die Berichte variierten in Bezug auf den Detaillierungsgrad und die Verwendbarkeit der mitgeteilten Informationen sehr stark. So nahm eine Auswertung unnötig viel Zeit in Anspruch und es bestand die Gefahr, dass wichtige Informationen nicht verwertet wurden; zudem wurden die Berichte teilweise in Papierform, teilweise in digitaler Form zur Verfügung gestellt.

Im gleichen Zuge galt es auch, eine verbesserte Umsetzung der aus den Besuchsberichten gewonnenen Informationen zu generieren und parallel einen neuen Prozess aufzusetzen, bei dem unter anderem die Verantwortlichkeit der Initiierung bzw. Nachverfolgung von umzusetzenden Maßnahmen nicht mehr einer Abteilung sondern einer Person zugeordnet wird.

Zunächst wurde entschieden, dass die Berichte zukünftig nur noch in digitaler Form erstellt werden. Dazu war es notwendig, alle Servicemitarbeiter im Außendienst mit Laptops auszustatten.

Grundlage des neuen Berichtsformulars sind Textbausteine, die sich aus den Fließtextberichten generieren und in das neue Formular überführen lassen. Da die Textbausteine vor Verwendung auf allen zukünftigen Formularen einer Prüfung unterzogen werden, wird hierüber auch eine unmissverständliche Kommunikation gefördert, da sich der Freitext minimiert. Die für den Bericht notwendigen Textbausteine werden problemspezifisch aus dem Fundus eingefügt. Die Textbausteine generieren sich aus dem Fehlerhandbuch und bilden so einen Großteil der möglichen Fehler ab. Daraus resultiert ein reversibler Austausch von Informationen, da einerseits die Berichte aus dem Fehlerhandbuch gespeist werden und in umgekehrter Richtung das Fehlerhandbuch ständig durch die Auswertung der Berichte aktualisiert wird; auf das Fehlerhandbuch wird weiter unten noch näher eingegangen.

Durch die Verwendung von standardisierten Textbausteinen wird es möglich, diese in den Hauptabsatz gebräuchlichen Sprachen zu übersetzen, so dass die Kunden einen Bericht erhalten, der für sie verständlich ist. Für die interne Verwendung ist der Bericht in der jeweiligen Landessprache verfügbar.

Der Produkt- oder Projektverantwortliche legt diese Berichte im vorgesehenen Verzeichnis ab und verteilt sie mittels Workflow an die zuständigen Stellen. Dem Produktverantwortlichen obliegt es, nach Auswertung der Berichte zu entscheiden, zusätzliche Einträge in das Fehlerhandbuch und/oder weitere Maßnahmen durchzuführen.

Aus den Auswertungen lassen sich im Rahmen des KVPs Maßnahmen für zukünftige Verbesserungen an den Produkten generieren. Dadurch erhoffen wir uns eine nachhaltige Qualitätsverbesserung unserer Produkte.

Fehlerhandbuch

Das BMA-Servicepersonal ist vor Ort meistens auf sich allein gestellt und es mangelt häufig an ausreichenden Kommunikationsmöglichkeiten mit dem Stammhaus. Daher ergab sich aus dem Workshop die Forderung, ein Fehlerhandbuch zu erstellen. Ziel der Erstellung eines Fehlerhandbuches ist die Unterstützung des Servicepersonals vor Ort und die schnellere Fehlersuche und Behebung. Weiterhin soll in Zukunft das Fehlerhandbuch partiell auch ausgewählten Kunden über die Webseite zur Verfügung gestellt werden.

Das Fehlerhandbuch erlaubt die schnellere Einarbeitung neuer Servicemitarbeiter, da sie von dem bislang gespeicherten Wissen erfahrener Mitarbeitern profitieren können. Auf diesem Wege ist zudem gewährleistet, dass das Erfahrungswissen langjähriger Mitarbeiter an junge Mitarbeiter übertragen wird.

Als Basis des Fehlerhandbuches dienten Informationen, die sich aus der Auswertung vorliegender Besuchs- und Schadensberichte ergaben. Diese Berichte wurden über Jahre ausgewertet und bilden eine große Anzahl von bisher aufgetretenen Fehlern und Störungen ab.

Das Fehlerhandbuch ist – wie zuvor beschrieben – ein integraler Bestandteil des Berichtswesens. Somit ist gewährleistet, dass es stets auf einem aktuellen Stand gehalten wird. Es ist ferner als Nachschlagewerk konzipiert, das die Fehlersuche und deren Beseitigung beschleunigen soll.

Zudem enthält dieses Kompendium Wartungs- und Reparaturhinweise für die einzelnen Produkte und – soweit erforderlich – Hinweise auf durchzuführende Prüfungen. Einige Produkte enthalten ein nicht zu unterschätzendes Gefährdungspotenzial, so dass insbesondere sicherheitstechnische Hinweise mit aufgenommen werden. Das Fehlerhandbuch bietet dem Servicepersonal sowohl Unterstützung bei der Vorbereitung und Durchführung von Arbeiten als auch Zeitersparnis vor Ort.

Bei dem Fehlerhandbuch werden Informationen mit Erfahrungswissen gepaart und dokumentiert und es stellt somit ein klassisches Instrument des Wissensmanagements in Bezug auf den Wissenstransfer dar.

Gegenwärtig wird geprüft, ob ein weiteres Einsatzgebiet für das Fehlerhandbuch ein noch einzurichtender Helpdesk sein könnte. Hierzu wurde ein separates Projekt aufgesetzt, das darauf abzielt, unter Verwendung von Ontologien und semantischen Web-Technologien, gespeicherte Informationen schneller auffindbar zu machen und einem größeren Mitarbeiterkreis zu erschließen.

Terminologie

Ein weiteres Handlungsfeld ist die Erstellung einer einheitlichen Terminologie. Das vorrangige Ziel der Implementierung einer Terminologie-Datenbank ist die widerspruchsfreie Kommunikation – intern wie extern. Von der Einführung einer Terminologie bzw. des Terminologie-Managements verspricht sich BMA folgende Vorteile:

- Präzisierung synonymhaft verwendeter Begriffe und somit Vermeidung von Verwechslungen
- Widerspruchsfreie und unmissverständliche Kommunikation auf internationalen Absatzmärkten sowie firmenintern zwischen einzelnen Abteilungen
- Vermeidung eventueller Haftungsansprüche bei missverständlicher Kommunikation auf Basis falsch verwendeter Begrifflichkeiten
- Vereinfachter Wissenstransfer für BMA und die Tochtergesellschaften insbesondere bei Schulungen und Präsentationen
- Reduzierung der Übersetzungskosten

Übersetzer technischer Texte können ohne fachspezifische Terminologie nicht korrekt arbeiten. Somit kann bei langjähriger Zusammenarbeit mit einem externen Übersetzungsbüro davon ausgegangen werden, dass eine solche Terminologie-Auflistung bereits in großer Vollständigkeit existiert. Das angesprochene Übersetzungsbüro erklärte sich bereit, eine teilweise gefüllte Terminologie-Datenbank kostenfrei zur Verfügung zu stellen. Somit waren lediglich die Umsetzung, der Einbau der Terminologie-Datenbank in die IT-Infrastruktur und die Überspielung des Datenbestandes aus dem Übersetzungsbüro notwendig. Ein weiterer Vorteil dieser Vorgehensweise ist, dass die Terminologie bereits mehrsprachig zur Verfügung steht.

Der Ausbau der Terminologie-Datenbank erfolgt durch BMA. Um die weitere Befüllung möglichst auf eine breitere Basis zu stellen, wird das firmeneigene Wiki als Diskussionsplattform dienen.

16.4 Partizipation der Mitarbeiter und interne Kommunikation bei der WM-Einführung

Bei der Bearbeitung der Handlungsfelder wurde die Kontaktaufnahme mit den Ansprechpartnern verschiedenster Abteilungen dazu genutzt, das Projekt persönlich vorzustellen. Die Projektmitarbeiter wurden per E-Mail informiert und interessierte Mitarbeiter konnten sich an allgemein zugänglicher Stelle ständig über den Fortgang informieren. Auf den Betriebsversammlungen wurde die gesamte Belegschaft über die Existenz und die Entwicklung des Projektes informiert. Detailwissen in Bezug auf einzelne Handlungsfelder wurde über die Mitarbeiter/innen, die als Ansprechpartner/in einer Abteilung auftraten oder über die Mitglieder einer Arbeitsgruppe breit gestreut.

Die BMA-Mitarbeiter waren für das Projekt durch die offene Informationspolitik hinreichend sensibilisiert und haben motiviert mitgearbeitet. Das Projekt wurde durch einen Projektverantwortlichen koordiniert, der die Mitarbeiter jeweils über die Handlungsfelder und Ziele informierte. Die Befähigung der Mitarbeiter/-innen, die direkt am Projekt beteiligt waren, ergab sich entweder durch vorhandene Berufserfahrung im jeweiligen Handlungsfeld oder durch den vom Tagesgeschäft entkoppelten Mitarbeiter, der die Aktionen in den Handlungsfeldern mit dem Projektleiter koordinierte. Im Übrigen hat sich der ProWis-Shop bei der Durchführung des Projektes als nützlich erwiesen.

16.5 Erfahrungen und Ausblick

Die Wissensbilanz lieferte das Fundament, um Handlungsfelder für das Wissensmanagement zu identifizieren. Im Gegensatz zu der Erstellung einer Wissensbilanz ist Wissensmanagement kein abgeschlossenes Projekt, sondern ein stetiger Prozess.

Bei BMA haben sich während des Projektes die Prioritäten in den Handlungsfeldern und auch der im Vorfeld geplante Ablauf verschoben. Dies war u.a. darauf zurückzuführen, dass sich bei der Beschäftigung mit dem Thema Wissensmanagement herausgestellt hat, dass an einigen Stellen des Unternehmens bereits an verschiedenen Handlungsfeldern gearbeitet wurde. Diese Ansätze wurden dann in das ProWis-Projekt mit eingebunden und mit entsprechenden Prioritäten versehen. So gab es beispielsweise in drei verschiedenen Abteilungen im Unternehmen bereits Ansätze für eine Terminologie-Datenbank mit unterschiedlichen Zielrichtungen.

Diese Ansätze konnten in das WM-Projekt integriert und abteilungsübergreifend koordiniert werden.

Parallel zu den zuvor beschriebenen Lösungen wurde an der Einführung eines firmeneigenen Wiki gearbeitet. Da in diesem Buch an anderer Stelle diese Thematik bereits umfassend behandelt wird, wollen wir hier nicht weiter darauf eingehen. Grundsätzlich sei anzumerken, dass mit der Beschäftigung mit diesem Thema bei BMA die Erkenntnis gewachsen ist, dass Wiki zur Generierung, Speicherung und Verteilung von Wissen ein wichtiges Werkzeug darstellt. Bei Einführung des Systems sind kaum Barrieren erkennbar und die Nutzung ist denkbar einfach.

Aufgrund der gewachsenen Strukturen und der Firmenkultur ist vorrangiges Ziel, die Mitarbeiter in die Arbeit einzubeziehen und von der Notwendigkeit einer abteilungsübergreifenden Zusammenarbeit zu überzeugen. Den Unsicherheiten gegenüber Änderungen kann im Vorfeld durch Nutzung der Kommunikationskonzepte aus dem ProWis-Shop begegnet werden.

Durch die Vielzahl der Handlungsfelder und die Einbeziehung vieler Beteiligter ist die Umsetzung ein kontinuierlicher, aber auch langwieriger Prozess. Es besteht daher die Gefahr, Kompromisse auf Basis des kleinsten gemeinsamen Nenners zu schließen. Unabhängig von dieser Herausforderung ist die Umsetzung von Wissensmanagement-Maßnahmen von einem Großteil der Mitarbeiter/innen sehr positiv aufgenommen worden.

Bei der Umsetzung wurden Entwürfe und Maßnahmen ans Tageslicht gefördert, die den Handlungsfeldern des Wissensmanagement entsprechen, jedoch durch Zeit- oder Ressourcenmangel im Tagesgeschäft untergegangen sind. Durch die organisatorische Änderung, Wissensmanagement nicht nur abteilungsintern durchzuführen, sondern dafür eine zeitlich befristete oder gar dauernde Stabsstelle einzurichten, wird eine bessere Kontrolle und Zuordnung der Verantwortlichkeit von beschlossenen Maßnahmen ermöglicht. Zugleich bleibt das Thema Wissensmanagement damit nicht mehr abstrakt, sondern ist in Form von Menschen greifbar und kann so als Teil der Firmenkultur akzeptiert werden.

Grundsätzlich hat das ProWis-Projekt die Mitarbeiter für das Wissensmanagement sensibilisiert und von der Notwendigkeit eines effektiven Umganges mit dem Faktor Wissen überzeugt. Es gilt, dieses Bewusstsein zu stärken und für die Zukunft zu bewahren.

Kapitel 17
DESMA – Transparenz über Prozesse und Methoden

Christian Decker, Ronald Orth

17.1 Unternehmensportrait

Unternehmen:	Klöckner Desma Schuhmaschinen GmbH
Firmensitz:	Achim bei Bremen
Anzahl Mitarbeiter:	200
Produktspektrum:	Sondermaschinen, Spritzgießanlagen, Automatisierungstechnik sowie Formenbau für die industrielle Produktion von Schuhen und technischen Produkten
Branche:	Maschinenbau

Als Tochterunternehmen der Klöckner Werke AG hat sich DESMA auf die Herstellung von Sondermaschinen zur Verarbeitung von Polyurethan, thermoplastischen Werkstoffen sowie vulkanisiertem Gummi zur industriellen Produktion von Schuhen sowie technischen Artikeln spezialisiert (Abb. 45). Erweitert wurde in den vergangenen Jahren das Produktprogramm um technologisch anspruchsvolle Anlagen für die industrielle Produktion von technischen Polyurethanbauteilen sowie von Maschinen für die Fertigung von Mikrobauteilen aus Kunststoff, Metall und Keramik für die Mikrosystemtechnik. Mit rund 200 Mitarbeitern entwickelt, produziert und vermarktet das Unternehmen die Anlagen als globaler technologischer Marktführer.

Der Exportanteil von über 90 Prozent am Gesamtumsatz verdeutlicht, dass die internationale Verflechtung für das mittelständische Unternehmen eine wesentliche Bedeutung besitzt. Aufgrund des breiten Angebots entwickelt sich das Unternehmen mehr und mehr zum Generalunternehmer für die komplette Fabrikplanung. Die Anforderungen in diesen Bereichen werden immer komplexer, wobei die Möglichkeiten der bisher eingesetzten Werkzeuge und Methoden bereits überschritten werden und diese vielfach nicht mehr den Ansprüchen an eine schnelle und durchgängige Auftragsabwicklung genügen.

© Springer 2009

Abb. 45. Anlage für die Herstellung von Schuhsohlen aus Polyurethan

17.2 Ausgangslage und Handlungsfelder

Das Kerngeschäft des Unternehmens ist durch eine kundenindividuelle Auftragsfertigung gekennzeichnet. Die Maschinen werden für den unmittelbaren Einsatz konfiguriert und gefertigt, Prototypen werden nur in den seltensten Fällen erstellt. Die teilweise sehr komplexen Anlagen werden aus einzelnen, weitgehend standardisierten Bausteinen „konfiguriert". Etwa 80 Prozent eines Kundenauftrages können dabei aus dem Standardprogramm verwendet werden, wobei die verbleibenden 20 Prozent zumeist anpassungskonstruktiven Aufwand hervorrufen. Der global stetig wachsende Wettbewerb zwingt das Unternehmen den Anteil der Standardprodukte zu erhöhen, um damit Skaleneffekte besser nutzbar zu machen und im Kosten-Wettbewerb besser bestehen zu können.

Ausgangspunkt des WM-Projektes war eine Bestandsaufnahme des Status quo, mit dem Ziel die richtigen Stellhebel für die WM-Einführung zu identifizieren. Mit Hilfe des Online-Fragebogens sowie in den GPO-WM-Workshops wurde der aktuelle Stand des Umgangs mit Wissen aus Sicht der Mitarbeiter erhoben. Dabei wurden insbesondere die folgenden Wissensgebiete näher betrachtet: Organisationswissen (Strukturen und Prozesse), Produktwissen, Fachwissen sowie Markt- und Wettbewerberwissen.

Es konnten Stärken und Defizite, Verbesserungsvorschläge sowie Handlungsfelder für die WM-Einführung identifiziert werden. Nach der systematischen Bestandsaufnahme am Anfang des ProWis-Projektes stand schnell fest, welche konkreten Ziele durch die Einführung eines Wissensmanagements erreicht werden sollten:

- Erhöhung der Transparenz über Prozesse und Strukturen im Unternehmen, um Aufgaben schneller zu bearbeiten sowie die Erstellung klarer Handlungsanweisungen für die zentralen Prozesse.
- Wiederverwendbarkeit von Erfahrungen und Ergebnissen abgeschlossener Projekte, um zukünftig Durchlaufzeiten zu optimieren, Kosten zu sparen und die Qualität der Produkte zu verbessern.
- Verbesserung des Wissenstransfers und die Bereitstellung wichtiger Informationen an den Abteilungsschnittstellen.

- Transparenz über das externe Umfeld (Märkte, Kunden, Wettbewerber) erhöhen, um schneller auf exogene Veränderungen reagieren zu können.

17.3 Umgesetzte Lösungen

Zur Erreichung der gesetzten Ziele entschied sich das Projektteam für eine integrierte WM-Lösung für das Unternehmensintranet. Hierzu wurden Instrumente eines wissensorientierten Prozessmanagements mit einem Wiki-System verknüpft. Die Lösung setzt sich aus zwei Kernbestandteilen zusammen und kombiniert dabei einen Bottom-Up mit einem Top-Down Ansatz. Ein Kernelement stellt der WM-Prozessassistent (s. Kap. 11) dar, der eine Prozesslandkarte, Prozessbeschreibungen sowie zentrale Dokumente und Wissensobjekte miteinander verknüpft. Ein Wiki, das allen Nutzern die unkomplizierte Bereitstellung von Wissen und Informationen auf einer zentralen Plattform ermöglicht, stellt die zweite Kernkomponente des Systems dar. Beide Lösungsbestandteile sind über die zentralen Wissensobjekte (Wissensdomänen) des Unternehmens eng miteinander verzahnt. Der WM-Prozessassistent enthält an den jeweiligen Prozessphasen Verweise auf das Wiki, welches wiederum detaillierte Inhalte prozessorientiert bereitstellt. Auf der anderen Seite kann jederzeit auch aus dem Wiki per Mausklick in den WM-Prozessassistenten gewechselt werden (Abb. 46).

Der WM-Prozessassistent

Obwohl am Ende eines jeden Kundenprojektes ein Unikat steht, sind die auftragsbezogenen Prozesse und Aufgaben, beispielsweise in der Auftragsakquisition, während des Projektmanagements oder in Konstruktion, Fertigung und Montage durch vergleichbare und sich wiederholende Tätigkeiten gekennzeichnet.

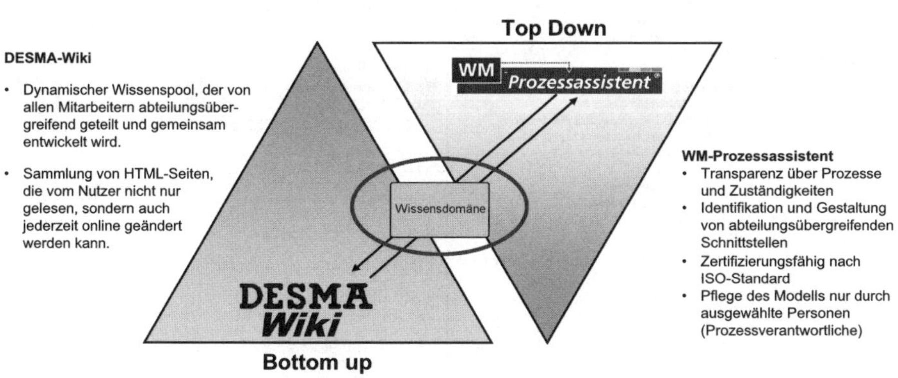

Abb. 46. Integrierte WM-Lösung für das Unternehmensintranet

Auf Gesamtunternehmensebene war bislang keine systematische Prozessdokumentation vorhanden, was zu Reibungsverlusten bei der Koordination von Aufgaben und Entscheidungen führte. Mit Hilfe von zentral verfügbaren Prozessbeschreibungen, die alle ablauforganisatorischen Schritte klar regeln, sollten daher eine reibungslose Ausführung und abteilungsweite Transparenz über Zuständigkeiten gewährleistet werden.

Hier setzt der Prozessassistent als Lösung an. Ausgangspunkt für die Erstellung des Prozessassistenten ist die wissensorientierte Modellierung und Gestaltung von Geschäftsprozessen. Hierzu wird auf das am Fraunhofer IPK entwickelte Modellierungstool MO²GO zurückgegriffen (s. Kap. 11). Mit dem Softwarewerkzeug steht nicht nur ein universelles Werkzeug zur Darstellung, Analyse und Optimierung betrieblicher Strukturen und Prozesse zur Verfügung, sondern es ermöglicht ferner, die Prozessmodelle in eine praktikable HTML-Darstellungsweise zu überführen.

Ein zentraler Erfolgsfaktor bei der Einführung technologischer WM-Lösungen ist die frühzeitige Berücksichtigung der Nutzer bei der Entwicklung des Systems sowie deren Qualifizierung. Bei der Erstellung der Intranetlösung wurden daher die späteren Anwender bereits früh in die Entwicklung einbezogen. Hierzu wurde zunächst ein Kernteam des Unternehmens („Key User") in der wissensorientierten Prozessmodellierung und -gestaltung geschult, um auch nach Einführung des Systems seinen nachhaltigen Betrieb sowie die Aktualität der Inhalte zu sichern. In einem ersten Schritt wurde durch das abteilungsübergreifende Team eine unternehmensweite Prozesskarte mit den zentralen Geschäftsprozessen erarbeitet (Abb. 48).

In einem weiteren Schritt wurden diese Kernprozesse in kleinen Arbeitsgruppen weiter detailliert. Die Prozesskarte stellt dabei den grafischen Eintrittspunkt in die Detailprozesse dar (Abb. 49). Der wesentliche Prozess für das Unternehmen ist der Durchlauf der Kundenaufträge. Die Einzelschritte laufen dabei teilweise zeitlich

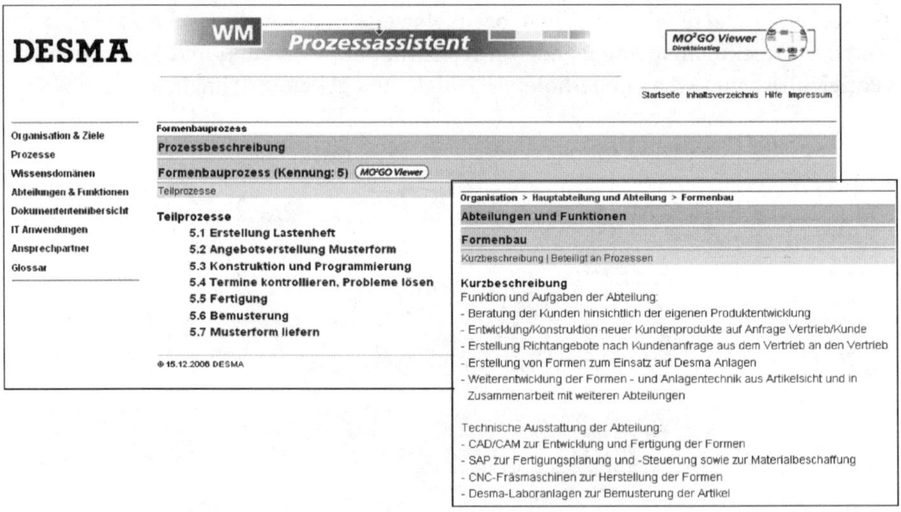

Abb. 47. Prozessassistent bei DESMA (Beispiel Formenbau)

Abb. 48. DESMA Prozesskarte

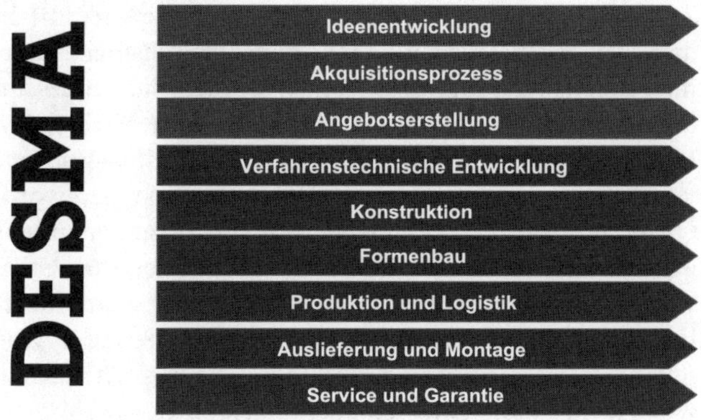

parallel oder aber seriell ab. Die Navigation ist entsprechend einfach durch die Auswahl des Teilschrittes, wodurch dieser im Detail dargestellt wird. Nebenprozesse des Unternehmens werden als zusätzliche grafische Darstellung neben der Prozesskarte für einen schnellen Einstieg visualisiert.

Die grafische Visualisierung über das Werkzeug MO²GO liefert einerseits eine übersichtliche Darstellung und stellt zum anderen das Tool für die Sammlung der Detailinformationen der Einzelprozessschritte dar. Der Umgang mit dem System ist schnell zu erlernen, erfordert allerdings auch eine gewisse Disziplin. Speziell die Zusammenführung aller Informationen auf der obersten Ebene muss organisatorisch abgestimmt sein, so dass keine Dateninkonsistenzen entstehen. Daher wurde ein Rollenkonzept für die Pflege und den Ausbau der Anwendung entwickelt.

Neben der Unterstützung des Wissensmanagements bestand ein weiterer zentraler Grund für die Auswahl des Prozessassistenten darin, dass dieser für ISO-

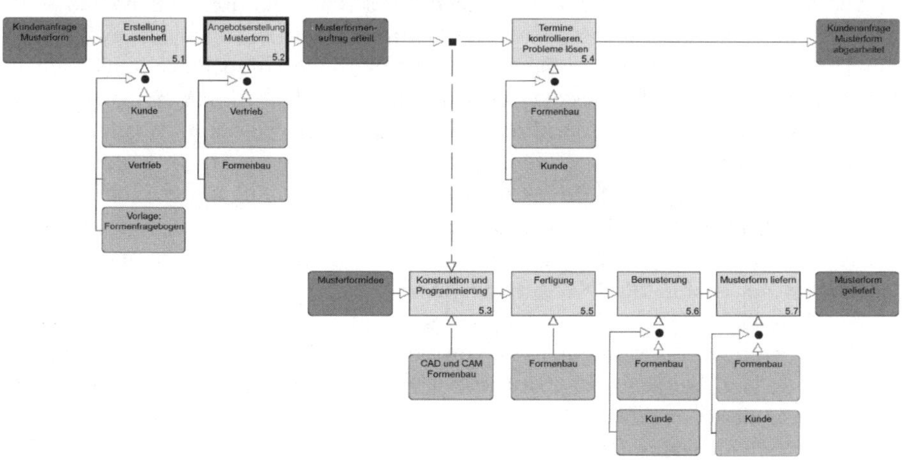

Abb. 49. Detaillierung des Teilprozesses Formenbau

Zertifizierung genutzt werden kann. Für die Zukunft hat das Unternehmen sich das Ziel gesetzt, das Wissens- und Qualitätsmanagement über die Plattform zu integrieren. Im Prozessassistenten werden die Prozessmodelle des Unternehmens mitsamt Dokumenten wie Checklisten oder Vorlagen von wenigen autorisierten Mitarbeitern zentral gepflegt, was einer eher klassischen Top-Down Herangehensweise entspricht. Diese ausgewählten Prozessverantwortlichen tragen Sorge für die Qualitätssicherung der Modelle und sonstigen Daten im Tool, indem sie Änderungen vornehmen und die Prozesse auf dem neuesten Stand halten. Auf diese Weise wird mit dem WM-Prozessassistenten die gewünschte Transparenz über Prozesse hergestellt, die Vorgehensweisen, Reihenfolgen und Arbeitsschritte klären. An den Schnittstellen zwischen Abteilungen, aber auch in abteilungsinternen Abläufen, werden Zuständigkeiten eindeutig festgelegt.

Das Wiki

Das Wiki hingegen basiert als partizipatives Tool auf einem Bottom-Up Ansatz: Alle Mitarbeiter sind nicht nur berechtigt sondern dazu aufgefordert, Veränderungen vorzunehmen und sich am Ausbau und Aktualisierung des Wissenspools zu beteiligen. Im Vordergrund der Wiki-Lösung steht dabei die schnelle und einfache Editierbarkeit der Inhalte.

Bevor das ausgewählte Wiki-System einer größeren Nutzergruppe zugänglich gemacht wurde, wurden Anfangsinhalte zusammengetragen und mit Hilfe der Vorlagen in strukturierter Form als initiale Füllung bereitgestellt. Dabei konnte auf die sinnvolle Nutzung bereits vorhandener Informationen und Wissensquellen im Unternehmen aufgesetzt werden. Ferner wurde ein Kurzleitfaden für die Nutzung des Wiki-Systems erstellt und in Einführungsveranstaltungen an die Mitarbeiter verteilt.

Für das Wiki bei DESMA wurden zunächst drei WM-Funktionalitäten konzipiert: Mit Projektsteckbriefen und Yellow Pages wurden zwei Lösungen ausgewählt, um die Transparenz über Projektergebnisse und Mitarbeiterkompetenzen zu erhöhen. Mit dem Ziel, Wissen über das externe Marktumfeld aufzubereiten und gezielt weiter zu entwickeln, wurden ferner Profile der Hauptwettbewerber angelegt.

- Projektsteckbriefe beinhalten zentrale Projektinformationen (z. B. Kurzbeschreibung, Kundendaten und Projektmitarbeiter), die den Zugang zu vorliegenden Projekterfahrungen und Entwicklungen erleichtern. Durch die prägnante Darstellung der wichtigen Projektinhalte sollen die interne Vernetzung und der Wissenstransfer nachhaltig unterstützt werden.
- Durch den Einsatz von Yellow Pages können interne Wissensträger schnell identifiziert werden. Informationen, die mit Yellow Pages abgefragt werden können, beziehen sich beispielsweise auf bisherige Projekterfahrungen, Arbeitsgebiete und besondere Fachkenntnisse des jeweiligen Mitarbeiters sowie deren Position in der Aufbauorganisation.

- Wettbewerberprofile – als eine Ausprägung der Marktbeobachtung – fassen Rahmendaten und aktuelle Entwicklungen der meist im Ausland ansässigen Wettbewerber zusammen. Ergänzend zu allgemeinen Daten der internationalen Marktentwicklung und in Kombination mit dem eigenen Leistungsportfolio stellen sie eine wichtige Grundlage für die strategische Planung des Unternehmens dar.

Mit Hilfe des Wikis wurde mit geringem zeitlichen Aufwand ein organisationsweiter Wissensspeicher geschaffen, der sich dadurch auszeichnet, dass Mitarbeiter aller Abteilungen zum Erzeugen, Bewahren, Verteilen und Anwenden von Wissen beitragen. Wissensmanagement wird auf diesem Wege nicht zur vermeintlich individuellen Angelegenheit der direkt in das Projekt involvierten Fachkräfte, vielmehr wird jedes einzelne Unternehmensmitglied zukünftig zur aktiven Mitgestaltung von Wissensmanagement aufgerufen.

17.4 Erfahrungen und Ausblick

Durch die Implementierung der Intranetlösung konnte in kürzester Zeit eine prozessorientierte Wissensgrundlage geschaffen werden, die sich im Laufe der Zeit zu einer gemeinsamen Wissensbasis gezielt weiterentwickeln lässt. Die webbasierte Lösung profitiert davon, dass sowohl bestehende Technologien als auch das Wissen im Umgang mit diesen Medien genutzt werden konnte. Aufwendige Neuentwicklungen und langwierige Schulungsphasen bei der Einführung konnten somit vermieden werden. Durch die Befähigung der Mitarbeiter wurde zugleich das Fundament für einen kontinuierlichen Verbesserungsprozess geschaffen. Mit dem erworbenen Know-how ist DESMA jetzt in der Lage, seine Prozesse selbstständig zu analysieren, zu gestalten und zu verändern.

Das Gesamtvorgehen ist Abb. 50 zusammenfassend dargestellt.

Das Projekt ProWis hat aufgezeigt, dass im Unternehmen weniger Barrieren vorhanden sind als ursprünglich erwartet. Die Annahme, dass Mitarbeiter ihr Wissen vornehmlich als „Eigentum" ansehen und als Instrument zum Bestandsschutz betrachten, hat sich als vollkommen falsch ergeben. Vielmehr ist es so, dass bei allen Mitarbeitern die Bereitschaft zum Austausch des Wissens besteht, allerdings ist hierfür die Kultur sowie die technische Struktur anzupassen. Interessanterweise hat die in ProWis anfänglich durchgeführte Analyse zur Ermittlung der zu selektierenden Aufgabenschwerpunkte ein einheitliches Bild ergeben, weshalb die Wahl der vorerst angegangenen Wissensdomänen außerordentlich leicht fiel.

ProWis hat intern bei den Beteiligten ein sehr positives Bewusstsein zum Informations- und Wissensaustausch geschaffen. Es sind heute allerdings weiterhin einige technische Aufgaben zu erledigen, bevor das Wissensmanagement intensiv und nachhaltig gelebt werden kann. Die Bereitschaft aller Mitarbeiter ist aber durchgängig vorhanden und stellt die Grundlage für die erfolgreiche Fortführung der Aktivitäten dar.

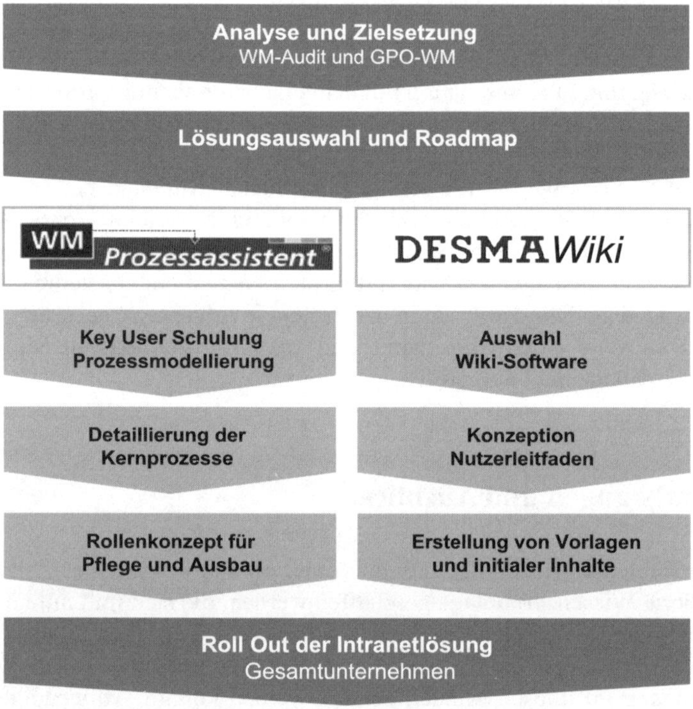

Abb. 50. Vorgehen zur Wissensmanagement-Einführung bei DESMA

Kapitel 18
GWB – Wissen sichern und nutzbar machen mittels Datenbanken

Jan-Stefan Würstl, Daniel Würstl

18.1 Unternehmensportrait

Unternehmen:	**GWB – Gesellschaft für weltweite Beschaffung mbH**
Firmensitz:	Hof
Anzahl Mitarbeiter:	20
Produktspektrum:	Kinderrückhaltesysteme für Kraftfahrzeuge, Sitzbezüge für Kraftfahrzeuge
Branche:	Automobil Zubehör

Die Gesellschaft für weltweite Beschaffung (GWB) ist das neue Dach, unter dem sich die gewachsenen Firmen Sicartex und Kiddy und die Marke Nest zusammengetan haben.

Die Produkte der Firma Sicartex bilden gleichzeitig die Historie des Unternehmens. Hier geht es um die Herstellung von Sitzbezügen für PKW und LKW. Kiddy und Nest sind Marken für Kinderautositze jeder Altersgruppe, wobei Kiddy als hochpreisig und Nest als günstige Alternative zu Second Hand Produkten betrachtet werden können. Beide Produktlinien werden unter der eigens gegründeten Kiddy GmbH vermarktet. Langfristig bewegen sich die Produkte der Kiddy GmbH aber auch aus dem Auto heraus, so dass sich das künftige Sortiment in drei Kategorien aufteilen wird: Kindersitze, Travelsysteme und Buggies sowie Accessoires für die Reise.

Die GWB selbst wurde gegründet, um die in China gesammelten Erfahrungen sowohl in der Kunststoff-, als auch in der Textil- und Metallverarbeitung als Dienstleistung anderen Mittelständlern anzubieten. Dabei versteht sich die GWB nicht als Dienstleister oder Warenvermittler sondern als echter Lieferant. Der Kunde muss sich somit nicht um Details, wie Lieferantenauswahl und Qualitätssicherung in China, oder Fragen der Logistik und Verzollung kümmern.

© Springer 2009

Alle wissensintensiven Prozesse wie insbesondere die Entwicklung, aber auch der Vertrieb sind somit an unserem Standort in Hof verblieben, an dem wir das Wissensmanagement-Projekt durchgeführt haben.

18.2 Ausgangslage

Im Folgenden wollen wir zum besseren Verständnis einen kurzen Überblick über die derzeitige Situation des Unternehmens im Allgemeinen geben. Dem nachfolgend zeigen wir auf, welche Motivation für uns bestand, am ProWis-Projekt teilzunehmen und welche Ergebnisse die erste Bestandsaufnahme zu diesem Thema brachte.

Allgemeine Situation der GWB

Unsere Auto-Kindersitzsparte unterliegt, wie viele andere Branchen auch, insbesondere auf Absatzmittlerebene einem Konzentrationstrend, der in Verbindung mit dem immer weiter wachsenden Preisbewusstsein bei den Endkunden einen hohen Kostendruck auf die Produzenten ausübt. Diesem sind wir bereits in den 90er Jahren begegnet, indem wir Fertigungsabschnitte nach China verlagerten. Diese Entwicklung konnte 2006 abgeschlossen werden: seitdem werden alle unsere Produkte komplett in China gefertigt.

Aufgrund dieser langjährigen Erfahrung in Produktion und Qualitätsmanagement in diesem Niedriglohnland fiel im Jahr 2007 die Entscheidung, unsere Geschäftstätigkeit auszuweiten und für andere mittelständige Firmen aus Deutschland Produkte im Auftrag mit voller Qualitätsverantwortung zu beschaffen.

Durch die internationalisierten Beschaffungsbedingungen und den gewachsenen Tätigkeitsbereich erhöhten sich die Anforderungen an unsere Informationssysteme beträchtlich. Daher wurden bereits bevor das offizielle Wissensmanagementprojekt startete, neue Informationsstrukturen geschaffen und vorhandene verbessert. Als Beispiel ist zum einen das „Planungstool" zu nennen, das auf Basis von tatsächlichen Verbräuchen und unter Berücksichtigung von erwarteten Anlieferungen, die aktuelle Reichweite (in Tagen) für alle Produkte aus dem ERP-System errechnet. Damit kann der weite Zeithorizont, den die Planung aufgrund der fünf Wochen Seeweg abdecken muss, überblickt und eine zuverlässige Warenversorgung sichergestellt werden. Das zweite Hilfsmittel war eine Containerdatenbank, die all jene Daten zusammenfasst, für die unser ERP-System nicht gemacht war: von Vorauszahlungen an Lieferanten über eine strikte Auslieferterminüberwachung bis hin zur Kontrolle von Warenprüfungen vor Versendung werden alle containerbezogenen Daten hier verwaltet und zentral gespeichert. So kann z. B. die Buchhaltung direkt aus der Datenbank die notwendigen Anzahlungen einsehen und sogar entstandene Kosten aus Schlechtlieferung direkt von Zahlungen an Lieferanten abziehen.

Ausgangslage in Bezug auf Wissensmanagement

Als Mittelständler sind bei uns manche Funktionen wie der Einkauf und das Qualitätsmanagement (QM) nur von einzelnen Personen besetzt, wodurch sich stark personengebundene Wissensinseln bilden. Da nur diese Personen über die speziellen Informationen verfügen, kommt es hier zu einer gefährlichen Informationsbündelung. Verbunden damit ist die Problematik von Blindleistungen in dem Sinne, dass jede Information, die aktiv von Person zu Person ausgetauscht wird, Arbeitskraft verschwendet. Es galt hier, Effizienzverbesserungen zu erzielen, indem die Informationen zentral und personenunabhängig gespeichert werden, sodass jeder selbstständig und jederzeit Zugang zu allen Informationen, die er benötigt, hat.

Des Weiteren schlummert bei uns durchaus brauchbares Wissen in Schränken, dessen Auswertung und damit Nutzbarmachung Zeit und Kosten sparen helfen würde. Ein Beispiel hierfür ist etwa unsere unsortierte Sammlung aus zehn Jahren Crash-Test-Ergebnissen, deren Aufbereitung künftig schnellere Analysen zuließe. Alleine dieser Bereich umfasst mehrere tausend Daten, die entsprechend aufbereitet, ein Eldorado für die Entwicklungsabteilung darstellt.

Auch die Erzeugung von Informationen spielte in unseren Überlegungen eine Rolle. Insbesondere im Bereich Händler- und Endkundenwünsche vermutete man, dass harte Tatsachen fehlten und der Vertrieb Entscheidungen zu sehr „aus dem Bauch" heraus fällen würde. Das Schließen dieser Wissenslücken war zu Beginn daher ein weiteres Ziel bei unserer Teilnahme am ProWis-Projekt, wenngleich sich im weiteren Verlauf herausstellte, dass ein Großteil des Wissens vorhanden und nur intern nicht kommuniziert war.

Ergebnisse der Analysephase

Die GPO-WM-Analyse (s. Tabelle 17) zeigt unsere Einschätzung zu diesem Zeitpunkt, in welchen zuvor definierten Haupthandlungsfeldern es welche Schwachstellen beim Wissensmanagement gab.

Das WM-Audit ergab große Offenheit der Mitarbeiter beim Wissensaustausch mit einer sehr positiven Einstellung zum Thema Wissensmanagement und hohem erwarteten Nutzen des Projektes. Aufgrund der Präsentation der Geschäftsleitung und der damit verbundenen Erwartungshaltung ist hier jedoch auch der Effekt von Gefälligkeitsantworten und mangelndem Vertrauen in die Anonymität des Fragebogens zu berücksichtigen. Letzteres ist durch unsere Firmengröße zu erklären, wo in einzelnen Fällen durch die Erfragung der Abteilungszugehörigkeit bereits eine direkte Zuordnung zu einem einzelnen Mitarbeiter möglich ist.

Das WM-Audit unterstrich unsere Annahmen in Bezug auf die Kommunikationskultur: der kurze Dienstweg mit direktem Informationsaustausch von Person zu Person wird den elektronischen Medien vorgezogen; teilweise sicherlich, weil Informationen unstrukturiert auf dem Zentrallaufwerk oder nur personengebunden vorliegen.

Tabelle 17. Übersicht der Leistung von Kernaktivitäten in definierten Prozessen

Wissensdomäne	Kernaktivitäten			
	Erzeugen	Speichern	Verteilen	Anwenden
„Wissen über Endkunden" im Vertriebsprozess	rot	gelb	gelb	gelb
„Wissen über Händler" im Vertriebsprozess	gelb	gelb	gelb	grün
„Wissen über Produkte" im Produktentwicklungsprozess	grün	gelb	grün–gelb	grün

18.3 Umgesetzte Lösungen

In diesem Teil schildern wir zunächst die organisatorische Herangehensweise zum Start der Projekte. Anschließend soll ein Kurzüberblick über die umgesetzten Maßnahmen erfolgen. Im Detail wollen wir hierbei auf unternehmensspezifische Datenbanksysteme eingehen, da dieses Instrument bei uns bereits in verschiedenen Formen erfolgreich im Einsatz ist und unseres Erachtens für kleine Mittelständler eine hervorragende Möglichkeit für effektives Speichern und Verteilen von Informationen bei relativ geringem Aufwand darstellt.

Folgende Kommunikationsmittel zur Unterstützung des Wissensmanagement-Projektes wurden eingesetzt:

1. Meeting mit allen Mitarbeitern zur Erläuterung der Ziele
2. Individuelle Erfragung des Wissensbedarfs in jeder Abteilung mittels standardisiertem Fragebogen
3. Festlegung von Maßnahmen und Verantwortlichkeiten zu den verschiedenen Projekten
4. Meetings zur Besprechung und dem Stand der verschiedenen Maßnahmen

Bei der Befragung der Mitarbeiter ergab sich schnell ein klares Bild davon, welche Informationen benötigt wurden, welche davon bereits vorhanden sind und welche nur mühsam oder durch Hilfe eines Kollegen in Erfahrung gebracht werden konnten.

Es zeigte sich auch, dass die Ersteinschätzung bezüglich der Handlungsfelder modifiziert werden musste. Insbesondere im Bereich Vertrieb waren viele der Informationen bezüglich Händler und Endkunden bereits abteilungsintern vorhanden und dort für jeden zugänglich. Eine Verbesserung bei der Erzeugung oder bei den übrigen Prozessschritten der Wissensverarbeitung war hier demnach nicht notwendig.

Überblick über umgesetzte Maßnahmen

Nach einem Workshop im Juni 2007 standen die umzusetzenden Maßnahmen fest:

- Aufbereitung von Wissen über Kunden und Händler

- Prüfung und Optimierung von Speicherstrukturen
- Erzeugung und transparente Darstellung von Wissen über Produkte

Die ersten beiden Punkte werden im Folgenden kurz angerissen, der Schwerpunkt der vorliegenden Fallstudie wird jedoch auf die Erzeugung und transparente Darstellung von Wissen über Produkte gelegt. Das Produktwissen wurde mit Hilfe einer eigens erstellten Produktdatenbank für alle Mitarbeiter nutzbar gemacht.

Aufbereitung von Wissen über Kunden und Händler

Wie angedeutet, wurde anstatt Wissen über Kunden und Händler vorwiegend zu erzeugen, das Wissen über diese Personengruppe aufbereitet. Der Vertrieb erstellte für jede Abteilung einen Informationsordner, in dem relevante Informationen konzentriert dargestellt wurden. Der damit geleistete Wissenstransfer soll beispielsweise in der Entwicklung die Berücksichtigung von Kundenwünschen weiter verbessern helfen.

Zu echtem „Wissen“ und handfesten Verbesserungen wurden die übergebenen Informationen jedoch erst durch den Auftrag an alle Abteilungen, die dargebotenen Informationen auf den eigenen Bereich anzuwenden und Ziele daraus abzuleiten. Erwähnenswert ist hier etwa das Ziel, die Durchlaufgeschwindigkeit in der Retourenbearbeitung zu erhöhen, da es hier offenbar herstellerübergreifend Verbesserungsbedarf gibt. Dadurch kann ein spürbarer Kundennutzen mit geringem Aufwand erzielt werden.

Prüfung und Optimierung von Speicherstrukturen

Die vorhandenen zentralen Speicherstrukturen wurden ebenfalls genauer untersucht und dabei stellte sich heraus, dass es hier bereits eine systematische Ablage innerhalb der einzelnen Abteilungen gab, jedoch kein Wissen über verfügbare Informationen in den Ordnern anderer Abteilungen. Da es im Unternehmen bereits mehrere Informationssysteme gibt, die z.T. auf den Inhalt dieser zentralen Ablage zugreifen, wurde statt einer weiteren Formalisierung und Reglementierung der Ablage der Weg gewählt, die vorhandenen Informationen über ein HTML-basiertes Informationsportal anzubieten. Dabei wurde für jede Abteilung ein Hauptmenü eingerichtet, das bedarfsgerecht nur die Informationen und Links beinhaltet, die für diese Abteilung relevant sind.

Auf diese Weise hat nun jeder Mitarbeiter einen direkten und zentralen Zugriff auf die ihn betreffenden Daten des zentralen Servers wie auch auf die Datenbanken, die mittlerweile aus der GWB-Projekt-, der Container-, Fehler- und Produktdatenbank bestehen.

Die Produktdatenbank

Zu guter Letzt soll dargestellt werden, mit welchen Schritten die bereits erwähnte Produktdatenbank ins Leben gerufen wurde.

Der erste Schritt bei der Umsetzung einer Datenbank ist, nachdem Klarheit darüber besteht, welche Informationen überhaupt benötigt werden, die vorhandenen Informationen zu analysieren. Dies geschieht in zweierlei Hinsicht. Zum einen muss eine Verifizierung der Daten erfolgen: oft existieren „Datenleichen", die bei der Einpflege in eine Datenbank unliebsamerweise wieder zum Leben erwachen und fehlerhafte Informationen liefern können. Zweitens müssen Daten auch auf ihren verwertbaren Informationsgehalt hin geprüft werden. Wahllos alles verfügbare Zahlenmaterial zu einem Thema einzupflegen, resultiert in unübersichtlichen Datenmengen und trübt die Benutzerfreundlichkeit der Datenbank erheblich. Gegebenenfalls ist es notwendig, aus vorhandenem Zahlenmaterial die Kernfakten in einen neuen Datenpool zu synthetisieren und mit diesem die Datenbank zu befüllen.

Damit sind wir bereits beim nächsten Punkt auf der Tasklist: der Aufbereitung von Daten. Wie im Beispiel angerissen, kann die Konzentration von Informationen aus einer großen Datenmenge notwendig sein. In unserem Falle bestand jedoch eher die Notwendigkeit, vorhandene Daten zu sammeln, zu systematisieren und für die spätere Eingabe vorzubereiten. So sind beispielsweise unsere bereits erwähnten

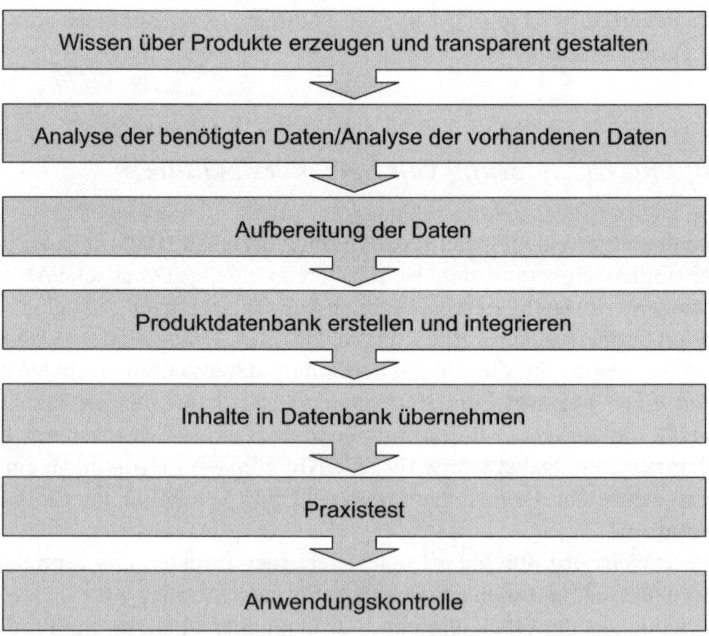

Abb. 51. Auszug aus einer Taskliste innerhalb der Produktdatenbank

Crashdaten zwar vorhanden, jedoch in Form von Diagrammen, auf Papier und auf CDs verteilt. Nach der Identifikation der Schlüsselparameter wird begonnen, Tabellen für jeden Crashtest zu erstellen, in denen die wichtigsten Werte systematisch und einer einheitlichen Vorgabe folgend gesammelt werden.

Der Hauptakt, dritter Punkt auf der Tasklist, fand in Form der Programmierung der Datenbank statt. Diese wurde in Microsoft Access 2007 erstellt und sollte selbstverständlich alle gesammelten Informationen mit minimalem Suchaufwand zugänglich machen. Dazu wurden in abteilungsübergreifenden Workshops die Unterordner und die „Quick buttons" festgelegt (s. Abb. 52). So entstand ein Informationsangebot, dass die sehr häufig benötigten Daten auf den ersten Blick, die oft benötigten Daten auf den ersten Klick und die seltener benötigten Daten über Unterordner (in Datenbanksprache: eingebettete Formulare) zur Verfügung stellte.

Im nächsten Schritt wurde die Datenbank mit allen verfügbaren Daten gefüllt. Einige Daten mussten dabei auch erst ermittelt werden, so beispielsweise das Gewicht und die Abmessungen der Endprodukte. Diese sind typische Beispiele für Informationen, die in jeder Abteilung selten, aber doch von Zeit zu Zeit benötigt werden und bisher immer wieder aufs Neue ermittelt werden mussten, weil sie für niemanden die Relevanz hatten, systematisch abgelegt zu werden.

In der danach folgenden Testphase der Datenbank zeigte sich, dass einige Informationen zwar einen gewissen Wert in der Datenbank hätten, dieser jedoch hinter dem Aufwand des Einpflegens zurückblieb. Insgesamt muss die ständige Aktualisierung und damit die Verlässlichkeit und Nutzbarkeit von Datenbanken als Problem dieser Lösung eingestuft werden. Unsere Lösungsansätze hierzu folgen im Abschnitt 18.4 Erfahrungen.

Auch trat der Fall auf, dass als relevant eingestufter Informationsaustausch (z. B. Information von der Entwicklung an den Vertrieb, welche Maßnahmen eingeleitet wurden, um auf Reklamationen zu reagieren) keine hohe Relevanz besaß (im Beispiel, weil sich die Endverbraucher nur für den Ersatz und nicht für den Grund des Schadens oder dessen langfristige Behebung interessieren).

Auf der anderen Seite fanden sich aber auch zusätzliche Einsatzmöglichkeiten für die Datenbank. Insbesondere die strukturierte Dokumentation war anfangs nicht der Hauptzweck der Datenbank, erwies sich aber als sehr hilfreich. Ein Beispiel ist etwa die Dokumentation der Lieferantenbeziehungen zu Unterlieferanten (für die Chargenrückverfolgung), ebenso wie die genaue Aufzeichnung von durchgeführten externen Materialprüfungen. Diese Daten müssen zwar nicht abteilungsübergreifend ausgetauscht werden, sind aber für den Qualitätsmanager durch Verbindung von Produkt und Lieferant in der Datenbankform von hoher Übersichtlich- und Nachvollziehbarkeit. Auch Details, die bisher über Freigabemuster geregelt wurden, wie etwa die Polsterungsdicke, werden nun exakt vorgeschrieben und in der Datenbank zur späteren Referenz abgelegt.

Als letzter Punkt auf der Tasklist steht die Anwendungskontrolle. Dies wird ein laufender Prozess sein, der sich bis weit ins Jahr 2008 hinein erstreckt, da einige Informationen nur sporadisch anfallen und diese erst zuverlässig ihren Weg in die Datenbank finden, wenn die Datenbank im Bewusstsein der Mitarbeiter verankert ist.

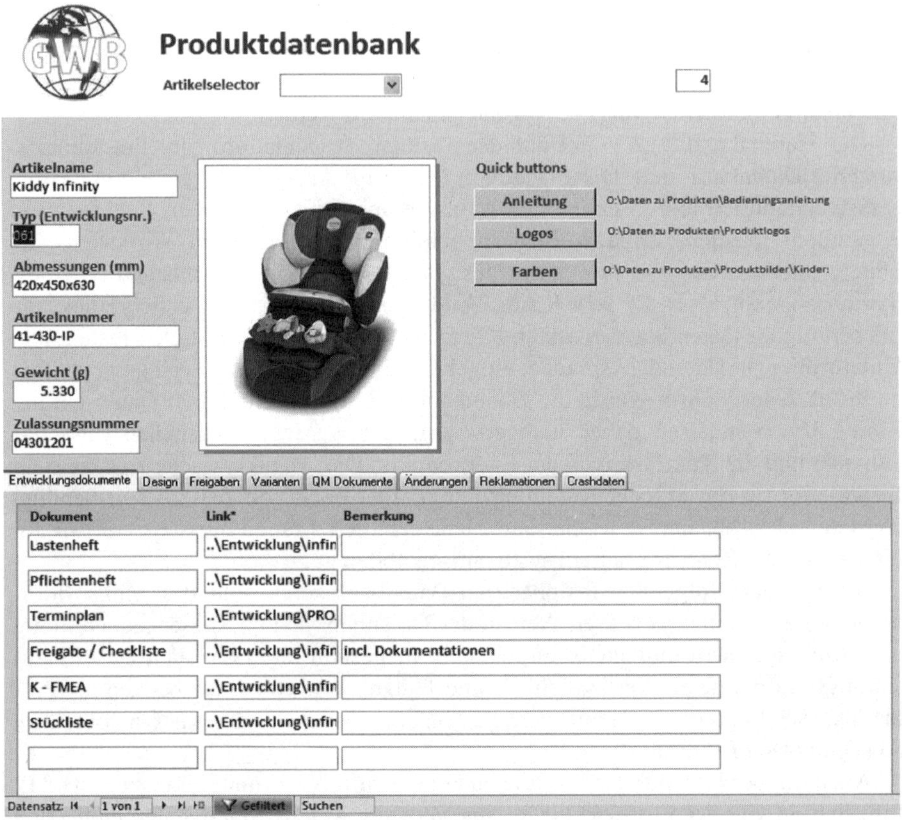

Abb. 52. Produktdatenbank

18.4 Erfahrungen

Drei Monate nach Fertigstellung ist die Produktdatenbank zwar mit den Ausgangsdaten gefüllt, jedoch ist eine ständige Kontrolle und Mahnung zur Einpflege neuer Daten notwendig. Gründe hierfür sind, dass der Einpflegende oftmals nicht der Nutznießer der Information ist und seine Arbeitszeit daher nur widerwillig opfert. Zum anderen ist jeder neue Arbeitsschritt auch eine Frage der Gewohnheit und wird schlichtweg in der Anfangsphase häufig vergessen. In der Praxis begegnen wir dem bei der Einführung unserer Produktdatenbank, indem der Projektmanager immer dann, wenn Informationen anfallen, die den Weg in die Datenbank finden sollen, die Mitarbeiter „an der Hand nimmt“ und ihnen die Möglichkeit der Aufzeichnung in der Datenbank anhand des realen Beispiels vorführt. Dabei wird gleichzeitig die Benutzerfreundlichkeit überprüft und eventuelle Missverständnisse aufgedeckt. Somit erzielen wir eine hohe Datenqualität von Anfang an und stellen sicher, dass es keine Hürden bei der Benutzung der Datenbank gibt.

Der zweite Weg, das Einpflegen der Daten zu sichern, ist, die Dokumentationsfunktion der Datenbank zu betonen und diese Dokumentation den Mitarbeitern abzuverlangen. Diesen Weg verfolgen wir bei der Produktdatenbank für alle Informationen, die den Bezug betreffen. Von Ergebnissen analytischer Textilprüfungen bis zur Schaumstärke des Bezuges werden alle Informationen, die in direktem Produktzusammenhang stehen, hier erfasst. Hierin liegt auch tatsächlich, wie bereits angedeutet, ein von uns bis dato unterschätzter Vorteil. Die Datenbank kann nicht nur als Medium zum Austausch, also zur Verteilung von Daten unter den Mitarbeitern genutzt werden, sondern auch von einzelnen Personen als Archiv. In diesem Falle ist derjenige, der die Daten eingibt, auch zugleich der einzige Nutzer dieser Daten.

Der praktische Nutzen der Dokumentationsfunktion macht sich dabei erst spät bezahlt, da in diesem Falle der Nutzung die Daten nur selten benötigt werden. Insbesondere bei hoher Fluktuation oder Arbeitsplatzgestaltung mit „Job Rotation" stellt diese Lösung jedoch eine sehr viel zuverlässigere Möglichkeit dar, die Informationen langfristig und wieder auffindbar zu sichern, als wenn die Datensicherung und -übergabe den Mitarbeitern selbst überlassen wird.

Grundsätzlich ist die Wahrscheinlichkeit der ordnungsgemäßen Datenpflege vor allem bei häufig gesuchten Informationen oder bei in der Datenbank exklusiv vorliegenden Informationen besonders hoch. Dieser Fall liegt beispielsweise bei unserer Containerdatenbank vor, in die Daten von den Mitarbeitern selbstständig und am Workflow entlang zeitnah eingetragen werden.

Unserer Erfahrung nach ist dies die beste Voraussetzung, um eine Datenbank in kurzer Zeit und mit wenig Kontrollaufwand ins Leben zu rufen. In dem Falle der Containerdatenbank erziehen sich die Mitarbeiter sogar untereinander dazu, die Daten zeitnah und komplett einzutragen, da mehrere Abteilungen häufig darauf zugreifen und auf den Datenaustausch angewiesen sind.

Insgesamt betrachtet haben unsere Maßnahmen im Bereich des Wissensmanagements großen Nutzen geschaffen, ohne hohe zusätzliche Kosten zu verursachen, was für uns als Mittelständler ein wichtiges Kriterium ist. Die Investitionen, vom Arbeitsaufwand abgesehen, beschränken sich auf die Lizenzen für das Datenbankprogramm, das normalerweise ohnehin im Unternehmen vorhanden ist. In unserem Falle waren ausreichend Kenntnisse zur Programmierung der Datenbank vorhanden, um diese ohne fremde Hilfe und zusätzliche Kosten ins Leben zu rufen. Insbesondere die Feinabstimmung vereinfacht sich dadurch natürlich erheblich. Notwendig ist allerdings ein nicht unerheblicher Zeitaufwand für Entwurf, Programmierung und Optimierung.

Unserer Einschätzung nach ist gerade bei mittelständischen Unternehmen das Thema Wissensmanagement von großer Bedeutung, da hier oftmals besondere Risiken des Wissensverlustes durch Mitarbeiterfluktuation bestehen. Auch ohne akute Probleme bietet das Thema eine Fülle von Möglichkeiten zur Effizienzsteigerung, zur Verbesserung des Services und als Kontrollinstrument, um nur einige aufzuzählen.

Im Jahr 2008 bauen wir darauf, durch die Einführung des Firmen-Informationsportals einen einfacheren Zugang zu den Datenquellen zu schaffen. Damit werden auch die Mitarbeiter, die nicht zur Kern-Nutzergruppe zählen, an diese Informationsquellen herangeführt. Durch die fortgeführte Anwendungskontrolle soll auch die Produktdatenbank künftig firmenweit den Informationsfluss fördern und effizienter machen.

Kapitel 19
Krautzberger – 100 Jahre Wissen

Markus Gruhn

19.1 Unternehmensportrait

Unternehmen:	Krautzberger GmbH
Firmensitz:	Eltville am Rhein
Anzahl Mitarbeiter:	97
Produktspektrum:	Spritzapparate, Lackieranlagen, Hubgeräte, Materialbehälter, Pumpen, Materialregler, Lüftungstechnik, Zubehör, Service und Wartung
Branche:	Maschinenbau, Oberflächentechnik

KAISERLICHES PATENTAMT.

AUSGEGEBEN DEN 28. SEPTEMBER 1903.

PATENTSCHRIFT

— № 144518 —

KLASSE 80 a.

ALBERT KRAUTZBERGER IN FRIEDLAND B. BRESLAU.

Durch Luftdruck betriebenes Malgerät.

Patentiert im Deutschen Reiche vom 9. Oktober 1902 ab.

Durch Luftdruck betriebene Malgeräte sind zwar schon vielfach in Gebrauch und werden namentlich in der keramischen Industrie zur

wird bewirkt, indem die Stange e mittels des Zwischenstückes g mit dem Schieber h verbunden ist. Dieser letztere kann mittels des

Am 09. Oktober 1902 meldete Albert Krautzberger aus Friedland bei Breslau ein Patent für ein **„Durch Luftdruck betriebenes Malgerät.“**[1] an. Die meisten heutzutage verwendeten Druckluftspritz-pistolen funktionieren auf der Basis des von A. Krautzberger erfundenen und patentierten Systems. Das aktuelle Krautzberger Produktprogramm erfüllt die gleichen Gedanken wie vor mehr als 100 Jahren: Beschichten von Oberflächen. Die Produkte aus der Pionierzeit sind jedoch nicht mehr mit den Hightech-Produkten der Gegenwart und den Anforderungen an die heutigen Oberflächen zu vergleichen.

Heutzutage bietet die Krautzberger GmbH Systemlösungen bestehend aus Spritzapparaten, Lackieranlagen, Materialbehältern, Hubgeräten, Pumpen, Reglern, Lüftungstechnik und Zubehör an. Im eigenen Technikum werden kundenindividu-

[1] Patentschrift Nr. 144518, Klasse 80a, vom 28.09.1903, Kaiserliches Patentamt

© Springer 2009

elle Anwendungen simuliert und bewertet. Krautzberger Konstrukteure entwickeln auf Basis dieser Ergebnisse nachhaltige ökonomische und ökologische Lösungen für den Kunden.

Krautzberger Kunden lackieren Fahrzeuge aller Art, Spielzeuge Modelleisenbahnen, Sportgeräte, Leder, Möbelteile, Keramik, Porzellan, Handys, Glas, TV, Videogehäuse, Bremsscheiben.

Krautzberger Kunden verkleben Matratzen, Schuhsohlen, Frontscheiben für PKW, Schaumstoffe, beschichten Waschbecken, Badewannen, Fliesen und Dachziegel mit Antihaftmittel.

19.2 Ausgangslage

Stand Anfang 2007

- Neue Produkte standen in der Pipeline. Die Innovationskraft des Unternehmens war und ist sehr groß. Einige organisatorische Umstrukturierungen und Maßnahmen in 2006 unterstützen den Innovationsprozess noch stärker.
- Sehr gute Auftragslage, die Arbeitsbelastung war in allen Unternehmensbereichen sehr hoch.
- Der weitere Ausbau der Abteilung Projektierung und die Komplettierung der Produktpalette standen an. Sowohl die strategische Ausrichtung, sich als Komplettanbieter von vollautomatischen Beschichtungsanlagen zu positionieren, als auch die vorherrschenden Marktbedürfnisse veranlassten das Unternehmen weiteres technisches Know-how zusätzlich zur Spritztechnik anzubieten. Dieses Know-how wurde in Form kompetenter neuer Mitarbeiter „eingekauft".
- Intensivierung der internationalen Aktivitäten. Ausbau des Partner- und Händlernetzes, allen voran in Nordamerika und China.

Motivationsgründe zur Initiierung eines Wissensmanagement-Projektes

In Zusammenarbeit mit den Kunden wird fast täglich neues Wissen im eigenen Technikum generiert. Ziel ist es, dieses Wissen transparent und zielgruppengerecht an die anderen beteiligten Unternehmensbereiche und Mitarbeiter weiterzuleiten.

Die ausländischen Händler und Partner erwarten schnelle Informationen zu technischen Änderungen oder neuen Produkten. Grundlage für einen solchen Transfer ist die Bereitstellung des Wissens und der Informationen in der jeweiligen Sprache.

In der Vergangenheit haben Wissensträger altersbedingt das Unternehmen verlassen. Gleichzeitig mit den ausscheidenden Mitarbeitern verließ auch sehr viel Krautzberger spezifisches Wissen das Unternehmen.

Initialisierung

Das ProWis-Projekt wurde in der Geschäftsführung angesiedelt. Dies sollte die Wichtigkeit und die Ernsthaftigkeit aufzeigen. Einer der Geschäftsführer sollte das Projekt koordinieren und überwachen. Für die Umsetzung war der Assistent der Geschäftsführung zuständig.

- 1. Schritt: Bei einem G8 Treffen, so werden die Abteilungsleitertreffen bei Krautzberger genannt, wurden alle Abteilungsleiter über die Teilnahme an dem ProWis-Projekt informiert. Es wurde nach Wünschen und Anregungen bezüglich des Themas Wissensmanagement gefragt. Auf freiwilliger Basis wurde ein Projektteam zusammen gestellt. Drei Mitarbeiter davon zwei Abteilungsleiter wollten von Anfang an mit dabei sein.
- 2. Schritt: An alle Abteilungsleiter wurde eine kurze Zusammenfassung mit dem Thema „Was ist Wissensmanagement?“ gesendet. Die vorherrschende Meinung im ganzen Unternehmen war, Wissensmanagement sei eine Datenbank. Mit der kurzen Zusammenfassung und in informellen Gesprächen sollten zunächst die Abteilungsleiter als Meinungsbildner und Vorbilder aufgeklärt werden. Der Mythos Wissensmanagement = Datenbank sollte damit entkräftet werden.
- 3. Schritt: Alle Mitarbeiter wurden darüber in Kenntnis gesetzt, dass das Unternehmen sich an dem ProWis-Projekt beteiligt. Die kurze Zusammenfassung „Was ist Wissensmanagement?“ wurde per E-Mail versandt. Im Fertigungsbereich wurde ein Informationsblatt ausgehängt. Zudem wurde auf die freiwillige Befragung (WM-Audit) hingewiesen. Begleitend wurde in informellen Gesprächen mit einigen Mitarbeitern für dieses Projekt geworben.

Das WM-Audit

Die quantitative Onlinebefragung der Belegschaft zum Status quo im Umgang mit Wissen (WM-Audit) war freiwillig. Für den kompletten Zeitraum des WM-Audits wurde extra ein Raum mit einem Notebook reserviert. Mitarbeiter die keinen eigenen Arbeits-PC hatten, erhielten so die Möglichkeit an der Befragung teilzunehmen. 37 Mitarbeiter nahmen an dem WM-Audit teil.

Ergebnisse des WM-Audits

Knapp 80 Prozent der Befragten waren der Meinung, dass ihr Anteil an Erfahrungswissen zur erfolgreichen Erledigung ihrer Aufgaben mindestens 60 Prozent betrage. Über 40 Prozent aller Befragten schätzten diesen sogar höher als 80 Prozent ein. Dieses Ergebnis zeigt das große Potenzial für ein Wissensmanagement. Bei der Frage nach der Zeitersparnis durch Wissensmanagement waren 85 Prozent der

Befragten überzeugt, zumindest eine „geringe Zeitersparnis" als Folge oder Ergebnis zu erhalten. Mit einer „großen Zeitersparnis" rechneten weit über die Hälfte aller Befragten. Daraus wurde geschlussfolgert, dass eine Implementierung eines Wissensmanagements von der Mehrzahl der Befragten gewünscht wurde. Diese Ergebnisse wurden allen Mitarbeitern per Aushang mitgeteilt.

GPO-WM-Analyse

Die GPO-WM-Analyse – die qualitative Untersuchung des Umgangs mit bestimmten Wissensgebieten in den Geschäftsprozessen – fand im Zuge eines Workshops mit den Fraunhofer-Instituten statt. Insgesamt wurden drei Wissensdomänen schematisch analysiert. Die Teilnehmer des Workshops setzten sich aus den vier Personen aus dem Wissensmanagement-Team sowie drei weiteren Mitarbeitern aus verschiedenen Abteilungen zusammen. Zwei weitere GPO-WM-Analysen wurden als Workshops mit anderen Wissensdomänen in Eigenregie durchgeführt.

Tabelle 18. Ergebnis der GPO-WM-Analyse

Wissensdomäne	Kernaktivitäten			
	Erzeugen	Speichern	Verteilen	Anwenden
Wissen über Lieferanten/Partner im Prozess Lieferantenbewertung	grün	gelb	gelb	grün
Wissen über Lieferanten/Partner im Prozess der Angebotserstellung	grün	rot	rot	grün
Wissen über Produkte im Prozess der Angebotserstellung	gelb	rot	grün	gelb
Wissen über Normen und Gesetze im Prozess der Angebotserstellung	gelb	gelb–rot	gelb –rot	rot
Wissen über Markt und Wettbewerber im Prozess der Angebotsbearbeitung	gelb	gelb	gelb	gelb
Wissen über Kunden im Prozess der Angebotsbearbeitung	grün–gelb	gelb	rot	gelb

Das Ergebnis zeigt, dass in den Kernaktivitäten „Speichern" und „Verteilen" das größte Verbesserungspotenzial steckt. Bei den Workshops kristallisierten sich drei Themen heraus, die bei der Betrachtung der einzelnen Prozesse immer wieder angesprochen wurden:

- Der Umgang mit proAlpha wies gewisse Lücken auf, nicht alle Informationen konnten von den Nutzern gefunden werden.
- Informationen zu neuen Produkten erreichen nicht alle Mitarbeiter.
- Die vorhandene Datenordnerstruktur erlaubte keine abteilungsübergreifenden Zugriffe.

Auf dieser Basis wurden zusammen mit der Geschäftsführung untenstehende Handlungsfelder definiert.

Definierte Handlungsfelder:

1. Umgang mit dem ERP-System proAlpha verbessern: Identifikation von Wissenslücken, Modifikationsbedarf und Übersetzungen
2. Einführung eines Dokumentenmanagementsystems
3. Übersicht über Produkte: Ein neuer Prozess soll regeln, wer wann und zu welchen Produkten informiert wird.

19.3 Umgesetzte Lösungen

Die definierten Handlungsfelder wurden gemeinsam mit den Projektmitarbeitern detailliert geplant. Hierzu flossen Informationen aus dem ProWis-Shop und aus den themenbezogenen Netzwerktreffen mit den anderen ProWis-Unternehmen ein. Die geplanten Handlungsfelder wurden entsprechend der Planungen angegangen.

Umgang mit proAlpha verbessern

Die Krautzberger GmbH setzt seit 1999 die ERP-Software proAlpha ein. Die komplette Wertschöpfungskette von Kundenangebot über Auftragseingang, Materialbeschaffung, Lagerung, Produktion, Auslieferung und Rechnungsstellung wird damit bearbeitet. Aus der GPO-WM-Analyse ging hervor, dass einige Mitarbeiter einen Schulungsbedarf aufzeigten. Der Schulungsbedarf sollte ermittelt und gedeckt werden, zusätzlich sollten alle proAlpha-User die Möglichkeit erhalten, Verbesserungsvorschläge einzubringen. Ein weiteres Thema war die Übersetzung der Krautzberger spezifischen Produktdaten. Mittlerweile nutzen auch ausländische Partnerunternehmen zur Angebotsbearbeitung proAlpha. Minimalziel ist die Bereitstellung der Daten in Englisch. Bis dato waren nur wenige dieser spezifischen Daten in Englisch übersetzt. Zusammenfassend ergeben sich daraus folgende Unterziele:

- Identifikation von Wissens- oder Anwendungslücken
- Modifikationen
- Schulungen
- Übersetzungen

Identifikation der Wissens- oder Anwendungslücken

Alle proAlpha-User wurden per E-Mail mit der Bitte angeschrieben, Schulungs- und Optimierungswünsche anzugeben. Zehn Mitarbeiter haben sich auf daraufhin mit verschiedenen Themenstellungen gemeldet. Im Wissensmanagement-Team wurden zusammen mit der EDV und einem Geschäftsführer die eingegangenen Schulungs- und Modifikationswünsche besprochen und nach Dringlichkeit sowie Wichtigkeit eingestuft. Die weiteren Maßnahmen und jeweiligen Verantwortlichen zu den einzelnen Themen wurden festgelegt und definiert.

Modifikationen

Bei der Onlinebefragung gewünscht aber schon vorher beschlossen war die Einführung einer Datenbank für Versuchsberichte. Dies bedurfte einer individuellen Anpassung der eingesetzten ERP-Software. In der Vergangenheit wurden die **kundenindividuellen Daten**, (welches Medium, zu beschichtendes Werkstück usw.), die **verwendete Applikation** (welcher Spritzapparat mit welcher Düse-/Nadel, Pumpe, Druckbehälter usw.) und die **Versuchsparameter** (Luft- und Materialdruck, Abstände, Geschwindigkeit usw.) von Hand auf einen Zettel geschrieben. Dieser Zettel wurde dann von einem Mitarbeiter im Verkauf per Schreibmaschine in ein Formblatt eingetragen. Dieses Formblatt wurde mehrmals kopiert, der Kundenakte beigelegt, an die Außendienstmitarbeiter, Vertriebsinnendienstmitarbeiter, Konstrukteure, Partner und Händler verteilt. Abgesehen von der doppelten Erfassung und der Verteilung traten bei diesem Verfahren immer wieder Fehler auf. Oftmals war die Handschrift nicht eindeutig zu lesen. Das führte immer wieder zu Rückfragen und blockierte die Arbeitszeit der Mitarbeiter aus dem Technikum. In Zusammenarbeit mit der ABS-AG, proAlpha Systemhaus, wurde ein neues Modul „Versuchsberichte“ entwickelt und programmiert. Seit August können die Mitarbeiter des Technikums direkt im ERP-System einen Versuchsbericht erfassen.

Die Erfassung der Daten ist strukturiert, es gibt sechs verschiedene Folder (s. Abb. 53), die wiederum eine Vielzahl an spezifischen Eingaben ermöglichen (s. Abb. 54). Zusätzlich besteht die Möglichkeit, Bilder und Videos an den Versuchsbericht anzuhängen.

Abb. 53. Sechs Folder zur Erfassung eines Versuchsberichtes

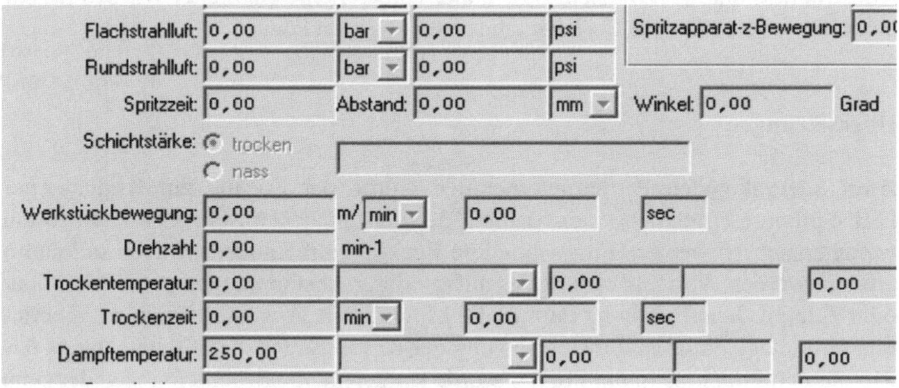

Abb. 54. Ausschnitt eines Folders zur Erfassung der Versuchsberichte

Eine verbesserte Informationsfindung war ein weiterer Modifikationswunsch, der bei der E-Mail-Aktion genannt wurde. Es wurde und wird geprüft, ob mit einer individuellen Anpassung die Suchoption nachhaltig verbessert werden könnte. Weitere Maßnahmen sollen nach dem Umstieg auf die nächst höhere Version von proAlpha erfolgen. Zusätzlich soll die Einführung des Dokumentenmanagement-Systems abgewartet werden, da das Programm über eine eigene Suchlogik verfügt.

Schulungen

Resultierend aus der Onlineumfrage ergaben sich drei Schulungsthemen. Erstes Thema war die Terminauskunft für Kaufteile. Es werden Komponenten für Kommissionen (z. B. Motoren für Lüfter) von Lieferanten zugekauft. Der Vertriebsmitarbeiter muss den Liefertermin dieses Kaufteils beauskunften können. Nur so kann er dem Kunden eine richtige Aussage bezüglich seines Liefertermins geben. Einige der Vertriebsmitarbeiter kannten diese Möglichkeit der Auskunft noch nicht und holten die Auskunft telefonisch in der Einkaufsabteilung ein. Die Arbeit der Mitarbeiter im Einkauf wurde so immer wieder unterbrochen und blockiert. Eine Mitarbeiterin aus dem Vertrieb zeigte den Vertriebsmitarbeitern im Innendienst die Vorgehensweise. Das zweite Thema betraf den Variantengenerator. Mit dem Variantengenerator können kundenindividuelle Produktvarianten erstellt werden. Ein Außendienstmitarbeiter wollte eine Auffrischungsschulung bezüglich der Funktionen und Vorgehensweisen des Variantengenerators. Diese Auffrischungsschulung wurde telefonisch von einer Mitarbeiterin der EDV durchgeführt. Das dritte Thema ergab sich aus der Einführung des Moduls „Versuchsberichte". Hier galt es, alle beteiligten Mitarbeiter zu schulen und einzuweisen. Die EDV übernahm die Schulungen. Es wurden die Mitarbeiter aus dem Technikum geschult und eingewiesen, wie sie künftig ihre Versuchsberichte zu erfassen haben. Die Mitarbeiter der Konstruktion und des Vertriebs sowie alle Außendienstmitarbeiter wurden darauf geschult, wo und wie die Berichte eingesehen werden können.

Übersetzungen

Zwei internationalen Partnerunternehmen wurde der Zugang zur Krautzberger ERP-Software ermöglicht. Der Nachteil der verschiedenen Zeitzonen kann so ein wenig entschärft werden. Eine schnellere Reaktion auf Kundenanfragen soll damit erreicht werden. Vormals bedurfte es aufwendiger Abstimmungen per E-Mail und/ oder Telefon. Jetzt haben die Partner die Möglichkeit, Angebote direkt zu generieren. Grundlage dafür ist die Übersetzung der Krautzberger spezifischen Daten. Als Ziel für den Projektzeitraum ProWis wurde festgelegt, die Beschreibungen der zehn umsatzstärksten Artikel ins Englische zu übersetzen. Der Leiter Verkauf Übersee ist für dieses Ziel verantwortlich. Nach anfänglicher Prüfung wurde schnell klar, dass es einiger Aufwendung bedarf, die vorhandenen Daten zu übersetzen. Ein eigens dafür vorgesehenes Programm konnte bei der vorhandenen Syntax nicht angewendet werden. Es galt daher, zunächst eine Übersetzungsgrundlage zu schaffen. Zusammen mit der technischen Redaktion wird zurzeit eine einheitliche Nomenklatur erarbeitet. Zusätzlich soll eine bindende Abfragestruktur für gleiche Produktgruppen festgelegt werden. Die Bedienerfreundlichkeit wird dadurch erhöht, Fehler können schneller erkannt werden. Dies schafft die Basis und Syntax für eine automatische Übersetzung mit dem vorgesehenen Programm. Da der erhebliche Mehraufwand nicht eingeplant war, konnten bisher nur drei Produkte auf diese Art und Weise übersetzt werden.

Einführung eines Dokumentenmanagement-Systems

Konkretes Ziel war und ist es, die Kernaktivitäten Wissen speichern und Wissen verteilen zu optimieren. Das ursprüngliche Projektziel war die Neustrukturierung der abteilungsspezifischen Ordner. Die vorherrschende Wissensstrukturierung stellt sich wie folgt da. Jede Abteilung hat einen eigenen Abteilungsordner, in dem Dokumente abgelegt werden können. Im Krautzberger-Informations-System, kurz KIS genannt, sind spezielle Regeln hinterlegt wie, wo und welche Dateien zu speichern sind. Die Zugangsberechtigungen wurden gemäß Abteilungszugehörigkeit definiert. Diese Struktur macht es jedoch schwer, Dokumente für Mitarbeiter aus verschiedenen Abteilungen zugänglich zu machen. Dieser Umstand begründete das Vorhaben der Umstrukturierung. Die Vorgabe der Geschäftsführung war ganz klar die Integration aller Dokumente in proAlpha. Es wurde vereinbart, ein Dokumentenmanagement-System (DMS) einzuführen und zu integrieren. Die Wahl fiel auf das proAlpha DMS, damit sollte die höchstmögliche Integration aller Dokumente in der ERP-Software möglich sein.

Erste Maßnahme war die Prüfung, ob das DMS auf der aktuellen proAlpha Version eingeführt werden kann. Hierzu gab es einen Termin, an dem das besagte DMS vorgestellt wurde. Das Ergebnis war positiv. Eine weitere Prüfung ergab jedoch, dass der erwartete Aufwand recht hoch sein sollte. Die Geschäftsführung entschied daher, das DMS erst mit dem Upgrade auf die ERP Version 5.1 einzuführen. In zwei Gesprächsterminen wurden mit einem der Geschäftsführer verschiedene Beispiele der Wissensstrukturierung (Ordnerstruktur) diskutiert. Für Dokumente, die unmittelbar weder den Kunden, Lieferanten noch den Artikel zuzuordnen sind, muss eine bindende Struktur mit Berechtigungen aufgebaut werden. Die Vergabe der Berechtigungen richtet sich nach den definierten Prozessen aus dem Qualitätsmanagement-Handbuch. Denkanstöße gaben die verschiedenen Beispiele von dem Netzwerktreffen zu diesem Thema. Zudem wird das Wissensmanagement bei Krautzberger in das vorhandene Qualitäts- und Umweltmanagement und den vorhandenen Prozessen weiter integriert werden.

Wissen über neue Produkte

Ziel war es, Mitarbeiter über neue Produkte schneller zu informieren. Aufgrund der hohen Anzahl und heterogenen Struktur des Produktprogramms kennen viele Mitarbeiter nicht alle neuen Produkte. Ein Prozess sollte sicherstellen, dass Mitarbeiter, Partner und Händler über neue Produkte informiert werden. Eine Prüfung der bestehenden Prozesse im Qualitätsmanagement-Handbuch (QMH) ergab, dass ein komplett neuer Prozess nicht notwendig ist. Ein vorhandener Prozess wurde angepasst. Der Prozess wurde um eine Abfrage und einen Prozessschritt erweitert. Die Abfrage dient zum Selektieren, über welche Produkte informiert werden soll. Der integrierte Prozessschritt regelt die Zuständigkeit der Informationsweitergabe an das Marketing. Das Marketing wird in Zusammenarbeit mit der Konstruktion, speziell mit dem technischen Redakteur, eine Produktinformation erstellen. Diese Produktinformation wird am schwarzen Brett im Fertigungsbereich ausgehängt. Weiter wird diese Produktinformation ins KIS eingebunden, somit können alle Mitarbeiter erreicht werden.

Maßnahmencontrolling, inkl. Statusverfolgung

Es war sehr wichtig für die jeweiligen Ziele, Maßnahmenplanungen zu hinterlegen, da die Wissensmanagement-Aktivitäten neben dem täglichen Arbeitspensum oft ins Stocken gerieten. In den Maßnahmenplänen wurden die geplanten und erledigten

Maßnahmen festgehalten. Abweichungen wurden und werden protokolliert. Künftig sollen Aspekte des Wissensmanagements in die Prozesse integriert werden.

„Teile dein Wissen mit anderen. Das ist eine gute Möglichkeit Unsterblichkeit zu erlangen.“ (Dalai Lama)

19.4 Erfahrungen

Weniger Fragen an EDV

Durch die Aktion „Identifikation von Wissens- oder Anwendungslücken“ und den Schulungen in proAlpha konnte das Ziel, den „Umgang mit proAlpha verbessern“ erreicht werden.

Zeitersparnis, Wegfall einer Fehlerquelle

Das „Modul Versuchsbericht“ erspart die Verteilung von Kopien an die vielen Adressaten. Der Bericht wird von den Mitarbeitern verfasst, die den Versuch auch durchführen. Die jetzige Versuchsberichtserfassung ist umfassender, in proAlpha integriert und bietet einen schnellen Zugriff sowie eine Möglichkeit zur Auswertung.

Bedienerfreundlichkeit, Zeitersparnis

Künftige Übersetzungen können sich an der neu geschaffenen Struktur orientieren. Eine neue Bedienerfreundlichkeit hilft dem Mitarbeiter, Produkte schneller zu konfigurieren und auszuwählen, womit auch die Fehlerhäufigkeit reduziert wird. Die bereits übersetzten Produktbeschreibungen werden von den ausländischen Partnern schon für die Angebotserstellung genutzt.

Einführung Dokumentenmanagement-System, Notwendigkeit erkannt

Das ursprüngliche Projektziel war die Neustrukturierung der abteilungsspezifischen Ordner. Die Geschäftsführung möchte aber eine Integration aller Dokumente in proAlpha und nahm dies zum Anlass, ein Dokumentenmanagement-System einzuführen.

Prozessintegration „Information zu neuen Produkten"

Ziel war es, die Mitarbeiter über neue Produkte zu informieren. Dies wurde durch die Prozessintegration geregelt. Künftig werden die Mitarbeiter über neue Produkte informiert.

Kapitel 20
Kristronics – Wissensmanagement als Kompass in stürmischer See

Bernd Molter

20.1 Unternehmensportrait

Unternehmen:	Kristronics GmbH
Firmensitz:	Harrislee bei Flensburg
Anzahl Mitarbeiter:	130
Produktspektrum:	Entwicklungs-, Produktions- und Logistikdienstleistungen in den Segmenten Automotive-, Industrie- und Aerospace-Elektronik
Branche:	EMS-Full-Service- und Automotive-Supplier

Produktspektrum

Die Kristronics GmbH bietet Entwicklungs-, Produktions- und Logistikdienstleistungen in den Segmenten Automotive-, Industrie- und Aerospace-Elektronik. Als Premiumpartner unserer namhaften Kunden pflegen wir höchste Qualitätsstandards und legen besonderen Wert auf Innovation. Dank erweiterter Entwicklungskapazitäten bieten wir einen umfassenden „One-Stop-Service" von der Produktidee bis zur Realisierung und helfen unseren Kunden, in ihren Märkten schneller erfolgreich zu sein.

Im Automotive Segment sind wir als 2nd-Tier und 3rd-Tier in der Supply-Chain für diverse OEM als Baugruppenlieferant für den Bereich der Innenraum-/Komfort-Elektronik verantwortlich. Bei neueren Projekten steht segmentübergreifend die Leistungselektronik im Vordergrund.

© Springer 2009

Firmenentwicklung

Die Kristronics GmbH ist seit 1977 als Eigentümer geführter Elektronikdienstleister am Markt. Im Laufe der Firmengeschichte wurden die Tätigkeitsschwerpunkte stets den Markterfordernissen angepasst.

Zunächst begann der Betrieb mit der kompletten Eigenentwicklung und dem Vertrieb von Labormessgeräten und kundenspezifischen Steuerungen, sowie speziellen Stromversorgungen für die Hochenergiephysik (u.a. für CERN und DESY). Zeitweise existierte ein eigener Bereich für die Leiterplattenfertigung, bevor sich Kristronics mit dem intensiven Ausbau der Fertigungskapazitäten verstärkt der Auftragsfertigung für den Telekommunikations-Bereich zuwandte.

Alsbald folgte die Qualifizierung als Automotive-Lieferant (QS9000, TS16949) mit dem dafür benötigten Ausbau von Kapazitäten, Logistik und Prozessen. Gleiches gilt für die Qualifizierung für den Aerospace-Markt (EN9100), die in 2007 erreicht wurde. Parallel wurde ebenfalls in zusätzliche Entwicklungskapazitäten investiert.

20.2 Ausgangslage

In Verbindung mit einer außerordentlich geringen Mitarbeiterfluktuation resultierte diese Entwicklung in einem sehr gut aufgestellten, modernen Fertigungsbetrieb. Zum einen verfügen die Mitarbeiter von Kristronics über ein sehr breit gestreutes Erfahrungswissen mit profundem Know-how in den Bereichen Hard- und Softwareentwicklung, PCB-Layout (Printed Circuit Board) oder Test Engineering. Zum anderen ist das Unternehmen in Anbetracht der Größe mit leistungsfähigen und hoch automatisierten Fertigungsanlagen ausgestattet. Darüber hinaus besteht ein moderner Mechanik-Bereich für die 3D-CAD-Konstruktion mit eigener Werkstatt für den Vorrichtungs- und Testerbau.

Neuer Kurs durch neuen Eigentümer

Im Rahmen einer Nachfolge-Regelung wurde mit einem Eigentümerwechsel im Jahre 2005 nach einer längeren Phase der Konsolidierung ein neuer Wachstumskurs eingeleitet, um am Markt weiterhin nachhaltig erfolgreich agieren zu können. Festgelegte strategische Ziele waren insbesondere die Ausrichtung der Strukturen im Betrieb auf zukünftiges Wachstum und die Stärkung der Entwicklungsdienstleistung als Differenzierungsmerkmal am Markt. Auf Grundlage dieser Vorgaben wurden daher bis zum Ende des Jahres 2007 verschiedene Restrukturierungs- und Investitionsprojekte umgesetzt.

Die Vertriebsorganisation wurde neu aufgestellt, um gezielt Umsatzsteigerungen voranzutreiben, und die Bereiche Materialwirtschaft und Entwicklung personell verstärkt, um dem geplanten Unternehmenswachstum gerecht zu werden. Zur IT Unterstützung von Beschaffung, Produktion und Verwaltung wurde ein neues Enterprise Resource Planning System (SAP/R3) implementiert und auf sämtliche Bereiche ausgeweitet. Zusätzliche Maßnahmen zur Verbesserung der operativen Effizienz bestanden in der Umstrukturierung und Reorganisation der Fertigung sowie im Umzug von Entwicklung und Administration in einen neuen Verwaltungstrakt.

Die bisherigen Strukturen waren teilweise historisch gewachsen und viele Aufgaben bzw. Rollen waren von den Mitarbeitern über die Jahre je nach Fähigkeiten, Erfahrungen, Neigungen und Erfordernissen eher ungeplant hinzu gewonnen worden. Positive Aspekte an dieser Organisation sind, dass die langjährigen Mitarbeiter über ein sehr breitbandiges Erfahrungswissen verfügen, was sie sehr flexibel einsetzbar macht. Derart erfahrene Mitarbeiter kann der Markt aber nicht ohne weiteres bereit stellen, erst recht nicht mit dem notwendigen firmenspezifischen Wissen. Folglich behinderten die bisherigen Strukturen den Personalaufbau, der nicht mehr in gleicher Weise möglich war. Daher wurden Arbeitsabläufe kleinteiliger gestaltet, viele Rollen neu definiert und das Projektmanagement umstrukturiert. Dadurch ergaben sich viele zusätzliche Kommunikationsschnittstellen: Wo früher oft der „Flurfunk" ausreichte, um ein Problem kurzfristig zu lösen, mussten nun andere kommunikative Wege gefunden werden.

„Unruhige See"

Der erfolgreiche Neuaufbau der Vertriebsorganisation und die Einführung des neuen ERP-Systems in sehr kurzer Zeit führten zu einer allgemein sehr hohen Arbeitsbelastung. Viele betriebliche Abläufe mussten an die SAP/R3-Logik angepasst werden. Insgesamt befand sich das Unternehmen in einer Umstellungsphase, die in dieser Größenordnung neu für das Unternehmen und die Mitarbeiter war. Dieser Umstellungsprozess wird allerdings nicht mit einem einmaligen „Kraftakt" beendet sein, sondern die ständige schnelle Anpassungsfähigkeit an die Marktgegebenheiten muss Teil der neuen Unternehmenskultur werden.

„Umbau während voller Fahrt"

Faktisch war die Vorgehensweise des Umbaus sehr pragmatisch. Viele Änderungen wurden aufgrund strategischer Überlegungen einfach kurzerhand vorgenommen, um dann die Auswirkungen zu bewerten und ggf. nachzukorrigieren, statt vorher lange im großen Kreis über Sinn und Zweck zu diskutieren und nach der „optimalen" Lösung zu suchen. Um im maritimen Bild zu bleiben: Der Skipper musste das Schiff durch die unruhige See führen und die Mannschaft gleichzeitig das Schiff seegängiger machen. Das Unternehmen stand daher insgesamt vor der Fragestellung:

- Wie können die bereits bestehenden und funktionierenden Prozesse in die neue Prozesslandschaft integriert werden?
- Wie können die Mitarbeiter dabei mitgenommen werden und Reibungsverluste innen wie außen vermieden werden?
- Wie können dabei die sehr guten Kundenbeziehungen erhalten oder sogar noch verbessert werden?

„Ein Leuchtturm in Sicht?"

In dieser etwas „stürmischen" Zeit wurden wir durch unseren Branchen-Fachverband ZVEI auf das ProWis-Projekt aufmerksam gemacht. Durch den Besuch der ProWis-Auftaktveranstaltung in Berlin wurde der Eindruck bestärkt, dass wir aus dem neuen Blickwinkel „Wissensmanagement" zusätzliche Erkenntnisse über die zugrunde liegenden Schwierigkeiten und deren Lösungspotenzial gewinnen können. Wir hatten die Erwartung, durch Kenntnis neuer Methoden und grundsätzlicher Kommunikationsmechanismen Hilfsmittel an die Hand zu bekommen, um die neuen Prozesse und deren Sinn transparenter zu beschreiben und zu kommunizieren. Weiterhin erwarteten wir uns eine Sensibilisierung, Orientierung und Hilfestellung für die Einarbeitung der zahlreichen neuen Mitarbeiter.

„Nur weiterer Ballast- oder Treibstoff?"

Gerade in einer eher unruhigen Zeit, wenn man mit dem Tagesgeschäft ohnehin schon mehr als ausgelastet ist, ist der Nährboden für ein neues Thema „X-Management" nicht unbedingt sehr fruchtbar. Der Zusatz Management ist allein schon geeignet, ohne weiteres Zutun bei vielen Mitarbeitern einen Widerwillen gegen das Thema „X" zu induzieren. Trotzdem wurde das Projekt zunächst dem Führungskreis vorgestellt und von der Geschäftsleitung, aufgrund des anwendungsorientierten Ansatzes, als sehr sinnvoll eingeschätzt. Es wurde beschlossen, dass die Entwicklungsabteilung als Pilot an dem Projekt teilnimmt, um daraus Erfahrungen zu gewinnen, die möglicherweise auch für die anderen Abteilungen von Interesse sind. Das Thema Wissensmanagement in der Ausprägung des ProWis-Projektes mit seinem prozessorientierten und -integriertem Ansatz wurde als Medium genutzt, um die Prozesslandschaft an die neue Organisation anzupassen, klarer zu definieren und besser zu kommunizieren.

20.3 Zentrale Analyseergebnisse

Ergebnisse WM-Audit

Am WM-Audit – einer internetbasierten Fragebogen-Umfrage – nahmen alle Mitarbeiter aus der Entwicklungsabteilung teil (s. Kap. 5). Die Internet-Umfrage verlief problemlos und war ein guter Einstieg in die Analyse und das Thema an sich, weil die Mitarbeiter einen Eindruck gewinnen konnten, mit welchen Fragen sich das Wissensmanagement beschäftigt. Durch die neutrale Befragungsmethodik konnten die Mitarbeiter unvoreingenommen, anonym und damit ohne Rechtfertigungsstress ihre Meinung abgeben.

Erfolgskritisches Wissen und dessen Verfügbarkeit

Die Ergebnisse des WM-Audits waren nicht ganz unerwartet, aber es war gut zu sehen, ob und inwieweit die eigene subjektive Wahrnehmung mit der Einschätzung der Mitarbeiter übereinstimmte.

Das Fach- und Methodenwissen wurde naturgemäß als wichtigste Ressource innerhalb der Entwicklungs-Abteilung erkannt. Es war allerdings interessant, dass das Wissen über die Organisation als fast genauso wichtig eingeschätzt wurde. Das Erfahrungswissen der Mitarbeiter wurde von ihnen als erfolgskritisch eingestuft, denn 80 Prozent der Mitarbeiter sind der Meinung, dass der Anteil an Erfahrungswissen zur erfolgreichen Erledigung ihrer Aufgabe bei 40 Prozent bis 80 Prozent liegt. Allgemein wurde erkannt, dass vorhandenes Wissen zu wenig genutzt und geteilt wird, obwohl in der Firma allgemein eine sehr kooperative Kultur herrscht. Die Gründe liegen unter anderem in unzureichend formalisierten Speicherregeln und schwieriger Auffindbarkeit von Dateien auf dem Server-System. Weiterhin wurde die strukturierte und systematische Auswertung der Projekterfahrungen als Verbesserungspotenzial identifiziert.

Die Umfrage-Ergebnisse zeigten außerdem, dass besonders der abteilungsübergreifende Wissensaustausch als ausbaufähig eingeschätzt wurde. Insgesamt zeigte die Befragung, dass die Mitarbeiter sich der Bedeutung des Themas Wissensmanagement durchaus bewusst sind und als wichtig für eine persönliche und betriebliche Effektivitätssteigerung einschätzen, denn 27 Prozent der Mitarbeiter erwarten eine gewisse Zeitersparnis und 45 Prozent eine große, wenn Methoden des Wissensmanagements eingeführt werden.

Ergebnisse GPO-WM

Nach dem eher vorsichtigen Sondieren der Thematik durch das allgemein gehaltene WM-Audit und der Vorselektion der interessanten Themen ging es mit dem GPO-WM direkt zur Sache: In mehreren Sitzungen, die durch die Mitarbeiter der Fraunhofer-Gesellschaft vor Ort kompetent moderiert wurden, wurden die durch das WM-Audit ausgewählten Wissensdomänen

- Wissen über Projekte,
- Wissen über Kunden und
- Fach- und Methodenwissen näher durchleuchtet.

Die jeweils mit mindestens sechs Mitarbeitern besetzten Arbeitsgruppen waren recht kreativ und effektiv. Es hat sich als sehr sinnvoll erwiesen, Mitarbeiter aus den anderen Abteilungen zu beteiligen, obwohl wir als abteilungsinternes Projekt gestartet waren. Es entwickelten sich dadurch angeregte und konstruktive Diskussionen über potenzielle Schwachstellen an den Abteilungsschnittstellen und deren Verbesserungsmöglichkeiten.

Die zusammenfassende Bewertung nach den vorgegebenen Bewertungskriterien nach Ampel-Prinzip (rot, gelb, grün) zeigten zwar keine ausgeprägten Schwachpunkte (kaum rot), aber ein sehr breit gestreutes Verbesserungspotenzial (viel gelb). Erwartungsgemäß wurden die Anwendungsaspekte in den Wissensdomänen als gut (grün) eingeschätzt, denn wir haben es mit einem in der Praxis auch heute gut funktionierenden Betrieb zu tun, der seine guten Ergebnisse in Zukunft noch effektiver erreichen möchte.

Ergebnisse und Priorisierung

Als Ergebnis der GPO-WM-Analyse wurden zehn Handlungsfelder definiert, deren weitere Bearbeitung sinnvoll erschien. Diese Handlungsfelder waren:

1. Optimierung der Verzeichnisstrukturen auf dem Server.
2. Entwicklung von Checklisten zur Prozessunterstützung.
3. Transparenz über Zuständigkeiten in der Entwicklung verbessern.
4. „Alte" Prozesse aktualisieren und wieder aufleben lassen.
5. Die Zusammenarbeit an Schnittstellen klarer definieren.
6. Die Dokumentenvorlagen aktualisieren/vereinheitlichen.
7. Eine Roadmap für künftige Entwicklungs-Methoden und Fähigkeiten erarbeiten.
8. Die Kommunikation an Schnittstellen verbessern.
9. Ein Projekt-Berichtswesen einführen.
10. Den Innovationsprozess fördern.

Es war natürlich klar ersichtlich, dass nicht alle Felder sofort bearbeitet werden konnten, deshalb wurden sie in einem zweiten Workshop mit einer Arbeitsgruppe und unter Moderation der Fraunhofer-Forscher priorisiert und mit einer Planung des weiteren Vorgehens untersetzt. Die Punkte 4, 5 und 8 sind sich thematisch ähnlich und wurden deshalb zu „Zusammenarbeit an Schnittstellen" zusammengefasst. Die Gewichtung der Themen nach Handlungsbedarf und Umsetzbarkeit ergab dann, dass die Felder:

- Optimierung der Verzeichnisstrukturen auf dem Server,
- Transparenz über Zuständigkeiten in der Entwicklung erhöhen,
- die Zusammenarbeit an Schnittstellen verbessern,
- den Innovationsprozess fördern,

vordringlich behandelt werden sollten. Im weiteren Verlauf stellte sich jedoch heraus, dass diese gut gemeinte Beschränkung noch zu optimistisch war.

20.4 Umgesetzte Lösungen

In der anschließenden Umsetzungsphase gab es neben den erhofften und geplanten Verbesserungen auch ungeplante positive Nebeneffekte: Die interne Kommunikation ist durch die Beschäftigung mit den ProWis-Themen angeregt worden. Es wurden weitere Prozess-Themen auf die Agenda gehoben, bei denen der gefühlte Leidensdruck höher war als bei den ursprünglich selektierten Handlungsfeldern. Diese neuen Themen werden in interdisziplinären Teams bereits behandelt und umgesetzt.

Optimierung der Verzeichnisstrukturen auf dem Server

Aufgrund der Erfordernisse der Entwicklungsarbeit und der diversen Forderungen seitens des Qualitätsmanagements war die Strukturierung der Verzeichnisse im Engineering-Bereich am weitesten fortgeschritten, aber natürlich auch genau auf die Erfordernisse dieser Abteilung zugeschnitten. In den anderen Bereichen hatten sich je nach Engagement einzelner Mitarbeiter eigene lokale Strukturen herauskristallisiert, teilweise waren noch keine gemeinsam genutzten Strukturen vorhanden (s. Kap. 9).

Ziel war es, abteilungsübergreifende gemeinsam nutzbare Strukturen zu etablieren, um den Arbeitsablauf zu vereinfachen, Suchzeiten zu minimieren und Fehlermöglichkeiten zu beseitigen. Das Grunddilemma eines Ordner-basierten File-Systems ist leider ohne hinterlegte Datenbank (Dokumentenmanagement-System) nicht zu lösen: Es gibt nur eine statische Sicht auf die Dateien und das ist der angelegte Ordner-Baum.

Wenn man solche Strukturen abteilungsübergreifend nutzen möchte, kommt man sehr bald auf die Frage der Zugriffsrechte je nach Rollenzugehörigkeit. So müsste man im obigen Beispiel für jeden Unterordner verschiedene Rechte definieren,

Abb. 55. Beispielhafter Ordner-Baum für den Bereich Engineering

- \Kunde
  - \01-global (Übergreifende Infos zum Kunden)
  - \Projekt1
    - \0010-Vorgaben
    - \0020-Konzept
      - normierte Kapitel mit Nummer
    - \0390-Kaufmännisches
    - \0400-Test
  - \Projekt2 (mit gleicher Unterstruktur)

damit z.B. Kalkulationsdaten im Order \0390 für Unbefugte nicht einsehbar sind. Um die Administration überschaubar zu halten, wurden leere Ordnerstrukturen als Kopiervorlagen (Templates) angelegt, die bereits mit den passenden Zugriffsrechten belegt waren, die dann bei der Anlage mitkopiert werden und keinerlei Administrator-Eingriff benötigen.

Die statische, eindimensionale Ordner-Sicht hat noch ein weiteres Manko: Bisweilen möchte man die gleiche Datei gern in verschiedenen Bäumen anhängen, muss sich dann aber für einen entscheiden. Die übliche Hilfskonstruktion, die dann oft gewählt wird, ist der Hyperlink. Das funktioniert einfach und schnell, und wenn man dieses Verfahren nur oft genug anwendet, bekommt man etwas, was wir Kristronics-intern die „Hyperlink-Hölle" nennen: Der Server ist voll mit Hyperlinks, deren Ziel lange schon nicht mehr vorhanden ist, bzw. man kann vorhandene Strukturen nicht mehr verändern, weil zu viele Links darauf zeigen, die dann verwaisen würden. Eine potenzielle Lösung steckt möglicherweise in der Verwendung so genannter NTFS-junction-points statt Hyperlinks – man zeigt nicht direkt auf eine Datei, sondern auf einen vereinbarten Ort, wo der Zeiger auf die Datei hinterlegt ist. Die praktische Anwendbarkeit des Verfahrens wurde zum Zeitpunkt der Fallstudie noch evaluiert.

Zusammenarbeit an Schnittstellen

Dieses Thema ist sehr komplex. Der Handlungsbedarf entstand hauptsächlich aus dem kurzfristigen Personalaufbau (neues Personal ohne das Erfahrungswissen über das Unternehmen), den veränderten Rollenzuschnitten und den offenbar nicht hinreichend klar herausgearbeiteten neuen Verantwortungsbereichen. Die durch das Qualitätsmanagement-Handbuch und ergänzende Verfahrensanweisungen bereits grob vorhandene Richtschnur wird hier jetzt je nach Bedarf um genauere Beschreibungen bzw. Arbeitsanweisungen ergänzt. Dazu wurde eine neue Prozess-Beschreibungsform gewählt, die die Interaktion zwischen verschiedenen Rollen/Abteilungen wesentlich besser visualisiert und verständlich macht, als die

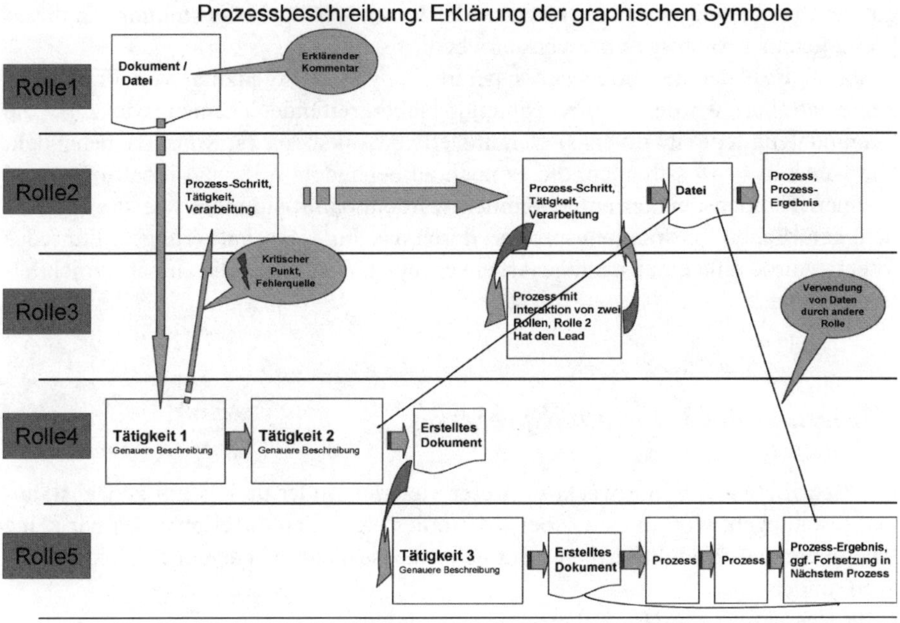

Abb. 56. Beispiel-Prozessbeschreibung im Swimlane-Format

bisher verwendeten herkömmlichen Flussdiagramme: So genannte „swimlanes" (Schwimmbahnen).

Das ist keine revolutionäre Sache: Es werden einfach auf einem Blatt im Querformat links untereinander die beteiligten Rollen aufgetragen und durch Querstriche voneinander getrennt, schon hat jeder Teilnehmer im Geschehen seine „Schwimmbahn". Jetzt kann man von links nach rechts die Handlungskette auftragen und sehr gut visualisieren, wenn die Verantwortung für eine Aktion die „Schwimmbahn" wechselt oder Handlungsstränge parallel verlaufen.

Ein hochkomplexes EDV-Tool war dazu nicht erforderlich: Es wurde eine einfache Vorlage mit wenigen vordefinierten Symbolen in Microsoft Powerpoint erstellt, die fertigen Grafiken können dann einfach in z. B. ein Microsoft Word-Dokument eingefügt werden. Die Darstellung sollte auf einer Seite bleiben, sonst wird es schnell zu unübersichtlich. Auf „Gimmicks" wie Hyperlinks und damit Verkettung mit anderen Prozessen haben wir zu diesem Zeitpunkt zugunsten der schnellen Umsetzbarkeit bewusst verzichtet.

Am Beispiel des internen Prozesses „Erstellung von Stücklisten und Fertigungsdaten" der einer intensiven Zusammenarbeit zwischen Materialwirtschaft, Entwicklung und Fertigung bedarf, wurde diese Darstellungsform erprobt, der Prozess wurde in den Abteilungen diskutiert und nach einigen Iterationen zur allgemeinen Zufriedenheit in Kraft gesetzt. Da sich die Darstellungsform und Vorgehensweise gut bewährt hatten, wurde als nächstes der Prozess „Angebotserstellung“ in dieser Weise genauer rollenspezifisch beschrieben.

Parallel zu der beschriebenen Überarbeitung und Ergänzung von Prozessdokumentationen wurden weitere abteilungsübergreifende Themen wie z.B. die Stammdatenpflege in diversen Schnittstellen-Workshops (s. Kap. 13) behandelt. Die weiteren Prozessthemen, die es noch zu behandeln gilt, sind identifiziert und in einen Themenspeicher aufgenommen worden, damit sie nicht wie so oft zuvor dem natürlichen Verdrängungsprozess durch das Tagesgeschäft erliegen. Für jedes Thema wurde eine eigenständige Arbeitsgruppe eingerichtet, die an den Projektleiter berichtet.

Förderung des Innovationsprozesses

Der Begriff Innovation erweckt im Leser vielerlei Bilder und es gilt zunächst einmal festzulegen, worum es uns bei Kristronics eigentlich dabei geht. Da wir keine Palette eigener Produkte haben, geht es zunächst nicht primär um Produktinnovation, sondern um:

- Prozess-Innovation (neue Fertigungsmethoden),
- Trends in der Aufbau und Verbindungstechnik (z.B. MID-Technik),
- Neue Entwurfsmethodiken und Tools,
- Neue Fachgebiete (z.B. Power-LED-Elektronik, regenerative Energien), und deren schaltungs- und produktionstechnische Besonderheiten,
- Neue Test-Verfahren,
- Neue Organisationsformen.

Durch die natürliche Neugier der Entwicklungs-Mitarbeiter und viele Kundenprojekte mit stets neuen Anforderungen hat diese Innovation in den letzten 30 Jahren natürlich immer schon stattgefunden, sonst gäbe es den Betrieb sicher lange schon nicht mehr. Nur war dies in der Vergangenheit oft eine einfache Reaktion auf Markterfordernisse. Für die Zukunft möchten wir uns als Premiumpartner unserer Kunden sehr früh um neue Trends bemühen und ganz vorne mit dabei sein. Um also die Innovation nicht dem Zufall zu überlassen, möchten wir Prozesse installieren, die Innovation vielleicht nicht erzeugen, aber zumindest ein innovationsförderliches Klima schaffen. Einige eher einfache Maßnahmen in dieser Richtung konnten sofort umgesetzt werden.

Fachthemen-Champions

Für spezielle Fachthemen wurden so genannte „Champions“ benannt, die als zentrale Ansprechpartner und Know-how-Träger dienen. Die Champions fühlen sich verpflichtet, für ihre Themen Informationen zu sammeln, aufzubereiten und den Kollegen zur Verfügung zu stellen. Die Kollegen wissen um die Fachgebiete und wenn Sie auf eine interessante Information stoßen (z. B. in Fachzeitschriften), so können sie diese an den zuständigen Champion weiterleiten. Die Benennung von Champions diente somit ebenfalls dem Ziel „Verbesserung der Transparenz in der Entwicklung".

Regelmäßige interne Fachvorträge

Es wurde ein Ritual von monatlichen internen Fachvorträgen eingeführt. Das bedeutet, einmal im Monat trägt ein Mitarbeiter zu einem interessanten Thema seiner Wahl seinen Kollegen etwas vor. Wer ein Seminar oder eine Schulung besucht hat, ist ebenfalls verpflichtet, darüber kurz zu berichten. Jeder Mitarbeiter hält so im Laufe eines Jahres mindestens einen Vortrag und hat über eine Planungsliste die Möglichkeit, den Termin zu bestimmen und sich rechtzeitig darauf vorzubereiten. Es ergibt sich ein mehrfacher Nutzen: Die Kollegen können im vertrauten Kreis ihre Präsentationstechniken trainieren, sie gewinnen neues Wissen und erfahren, an wen Sie sich bei speziellen Fragen wenden können.

Arbeitsgruppe Innovation/Entwicklungs-Roadmap

Um das Thema Innovation über diese ersten einfachen Maßnahmen hinaus weiter voranzubringen, wurde eine Arbeitsgruppe initiiert. Sie hat zum Ziel, eine so genannte „Roadmap" für die Planung der zukünftigen Fähigkeiten der Entwicklung aufzustellen. Diese Fähigkeiten sollen entsprechend der zukünftig als marktrelevant eingeschätzten Themen weiterentwickelt werden.

20.5 Erfahrungen

Erste Erfolge

Durch die Beschäftigung des Betriebes mit dem Thema Wissensmanagement hat sich in vielen Fällen eine neue Sichtweise auf alte Dinge ergeben. Viele auf den ersten Blick nicht als Wissensmanagement-spezifisch eingestufte Dinge wurden in Gang gebracht, weil es dafür plötzlich Gremien oder einen „Aufhänger" aus dem ProWis-Projekt gab. Dies hat erheblich zur Verbesserung der innerbetrieblichen Kommunikation und der Problemlösungs-Kultur beigetragen.

Schwierigkeiten

Es hat sich herausgestellt, dass die Zeitplanung zu optimistisch war. Es konnte nicht alles in der geplanten Zeit umgesetzt werden, weil teilweise zu wenige Ressourcen zur Verfügung standen oder der Prozess durch die Vielzahl der Beteiligten einfach viel länger dauerte als zunächst geplant.

Alle Mitarbeiter haben natürlich die Schwierigkeit, die Umsetzung der ProWis-Aktivitäten durch Mitarbeit in den Arbeitsgruppen in ihrem Tagesgeschäft mit unterzubringen. Wenn ein Kundentermin eng wird, werden interne Projekte in der Regel zurückgestellt.

Alles, was nach zusätzlichem Aufwand aussieht, wird von den Mitarbeitern sehr kritisch betrachtet. Bei konkreten Handlungsanweisungen, wie z. B. bei Verzeichnisstrukturen oder Benennungsregeln, wird die Herausforderung darin bestehen, alle Mitarbeiter dazu zu motivieren, sich an den gemeinsam herausgearbeiteten Konsens auch konsequent zu halten.

Erfahrungen aus Netzwerktreffen

Ein sehr wesentlicher Aspekt des ProWis-Projektes war der wertvolle Erfahrungsaustausch während der Netzwerk- und Meilensteintreffen. Hier konnte man eindrucksvoll beobachten, dass alle beteiligten KMU im Wesentlichen mit ähnlichen Problemen konfrontiert sind. Patentlösungen dafür liefert leider auch die Wissensmanagement-Lösungsbox nicht – aber man fühlt sich weniger allein mit den Problemen und wird für mögliche neue Methoden und Ansätze sensibilisiert.

Insbesondere war sehr interessant zu sehen, wie sich die Bilder im Gestaltungsfeld IT – speziell beim Thema Verzeichnisstrukturen – in allen Unternehmen gleichen (s. Kap. 9).

Ergebnisse und Ausblick

Neben der oben beschriebenen inhaltlichen Arbeit an Prozessen, war es eine gute Erfahrung, in der Praxis zu erleben, wie effektiv Workshops sein können, die von externen, geschulten Moderatoren geleitet werden. Die Hemmschwelle, dies einfach einmal zu tun, um ein komplexes Problem effektiv anzupacken, wurde bei uns erheblich herabgesetzt. Eine Menge Arbeit aus den definierten Handlungsfeldern liegt noch vor uns, aber aufgrund der bisherigen Erfolge möchte die Kristronics GmbH den eingeschlagenen Kurs mit Hilfe des neuen „ProWis-Kompasses“ unbedingt beibehalten!

Kapitel 21
LTi DRiVES GmbH – aus Erfahrungen lernen und Irrwege vermeiden

Jürgen Rühl

21.1 Unternehmensprofil

Unternehmen:	LTi DRiVES GmbH
Firmensitz:	Lahnau
Anzahl Mitarbeiter:	240
Produktspektrum:	Komponenten und Systeme der elektrischen Antriebstechnik
Branche:	Elektrotechnik

Die mit Firmensitz in Lahnau 1971 gegründete LTi DRiVES GmbH (vor 1.1.2008 Lust Antriebstechnik GmbH) ist ein zunehmend auf dem internationalen Markt agierendes Unternehmen, das mit seinen rund 240 Mitarbeitern (Stand: 2007) einen Jahresumsatz von ca. 40 Mio. Euro erwirtschaftet. Vor dem Hintergrund eines festen und über Jahre relativ stabilen Kundenstamms entwickelt und produziert das Unternehmen vornehmlich elektronische Antriebslösungen für die Automation. Das Produktportfolio erstreckt sich dabei von Servoreglern, Servomotoren und High-Speed-Antrieben bis hin zu kompletten Antriebssystemen insbesondere für die Branchen Medizintechnik, Aufzugstechnik, Productronic sowie für anspruchsvolle Lösungen im Bereich Pumpen und Verdichter.

Bei der LTi DRiVES GmbH handelt es sich um ein inhabergeführtes Familienunternehmen, bei dem inzwischen auch die zweite Generation die Unternehmensleitung übernommen hat und dessen organisatorischer Aufbau durch eine Matrixorganisation gekennzeichnet ist. Der funktionale Organisationsaufbau (Bereiche: Vertrieb, Entwicklung, Administration und Produktion) wird durch produktbereichsspezifische Sparten ergänzt.

Aufgrund der vielfältigen Aktivitäten zur Ausweitung der Technologien und der Zielmärkte sind in den zurückliegenden Jahren weitere Unternehmen entstanden, die mit dem „Stammunternehmen“ LTi DRiVES GmbH in enger Beziehung und

© Springer 2009

organisatorischer Verbindung stehen. Dabei sind neben den antriebstechnischen Firmen auch Unternehmen entstanden, die sich insbesondere auf dem Gebiet der Mikrosystemtechnik engagieren.

21.2 Ausgangslage und Rahmenbedingungen

Das mittelständische Unternehmen sieht sich derzeit mit einem starken Innovationsdruck aufgrund immer kürzerer Produktlebenszyklen konfrontiert. Verkürzte Produktentwicklungs- und Markteinführungszeiten gehören mittlerweile ebenso zum Kennzeichen der Wettbewerbsverhältnisse wie die steigende Variantenvielfalt und Komplexität der Produkte und Prozesse des Unternehmens. Dies erfordert letztlich eine innovative Produkt- und Produktionsgestaltung sowie eine effektive Prozesslenkung unter Berücksichtigung neuer Qualitätsstandards und Vorschriften. Die steigende Komplexität der Produkte und der Kundenanforderungen führen für das Unternehmen zu einem Wechsel von einem Produkt- hin zu einem Systemanbieter.

Motivation zur Mitwirkung am Projekt

Angesichts der wettbewerbsspezifischen Herausforderungen sieht die LTi DRiVES GmbH die Notwendigkeit einer systematischen Erfassung und Speicherung von Informationen und Wissen vor allem in den Bereichen des Fach- und Kundenwissens. Es war jedoch zu beobachten, dass Informationen und Wissen dabei bislang nicht oder nur unregelmäßig an alle dafür sinnvoll vorzusehenden Stellen innerhalb des Unternehmens gelangten. So erreichte beispielsweise das Wissen über Kunden die Entwicklungsabteilung nur bedingt, da u.a. der interne Wissensaustausch bislang in vielen Fällen eher nach einem zufälligen Prinzip geschah. Ziel war es daher, den Informations- und Wissensaustausch an den internen Schnittstellen zu optimieren und den Austausch von Erfahrungswissen im Unternehmen und zwischen den Unternehmen der Gruppe zu organisieren, um damit eine Verbesserung der Verfügbarkeit von bestehendem Abwendungs-Know-how herbeizuführen. In diesem Zusammenhang sollte auch die Sicherung und Wiederverwertung von Ergebnissen aus (Entwicklungs-) Projekten gewährleistet werden.

Betrachtungsgegenstand

Der Fokus der Untersuchungen bei der LTi DRiVES GmbH konzentrierte sich im Zuge des ProWis-Projektes auf die Forschungs- und Entwicklungsabteilung mit ihren 30 Mitarbeitern, die vornehmlich über eine elektrotechnische (Hochschul-) Ausbildung verfügen. Diesem Bereich wird damit eine wichtige Bedeutung im Zuge der nachhaltigen Konkurrenzfähigkeit und der Sicherung der bestehenden Marktsituation zugeschrieben. Daher wurden die Investitionen in diesem Sektor in den vergangenen Jahren kontinuierlich angehoben. Die Ausgaben für F&E betragen derzeit fast 10 Prozent des Unternehmensumsatzes. Für die Entwicklung hochwertiger und kostengünstiger Produkte und Dienstleistungen in den Bereichen der Antriebs- und Automatisierungstechnik erfolgte in den vergangenen Jahren eine kontinuierliche Ausweitung der unternehmensspezifischen Kernkompetenzen auf den Gebieten der Regelungs- und Kommunikationstechnik, der Leistungselektronik, des Softwareengineerings und des fertigungsgerechten Designs. In diesem Zusammenhang ist es daher im Unternehmen üblich, über nationale und internationale Grundlagen- und Forschungsprojekte neue Technologien und Verfahren zu identifizieren, zu optimieren und schließlich für den Einsatz in neue Produktentwicklungen zu nutzen.

21.3 Zentrale Analyseergebnisse

Für den Einstieg in das Wissensmanagement-Projekt wurde als Methode das „WM-Audit" vom Forscherteam vorgeschlagen und ausgewählt. Dieses Werkzeug nutzt einen internetbasierten Fragebogen, um Informationen über Stärken und Schwächen im Umgang mit Wissen im Entwicklungsbereich und im Produktentstehungsprozess systematisch zu erhalten und darzustellen. Durchaus spannend war zunächst das abgefragte Stimmungsbild hinsichtlich der Akzeptanz und erwarteter Wirksamkeit von Wissensmanagement-Methoden im Unternehmen bzw. speziell im Entwicklungsbereich. Wie aus Abb. 57 hervorgeht, war die Einschätzung der

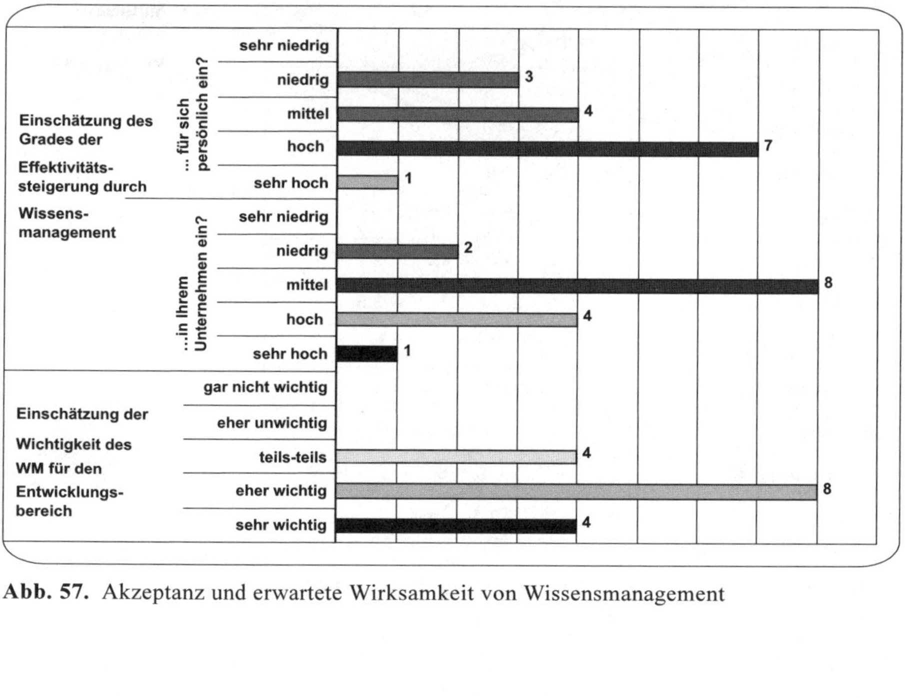

Abb. 57. Akzeptanz und erwartete Wirksamkeit von Wissensmanagement

Mitarbeiter als Grundlage für die weiteren Arbeiten jedoch durchaus positiv und aufgeschlossen.
Zum Einstieg in die inhaltliche Projektarbeit wurden die fachlichen Themenfelder, die sogenannten „Wissensdomänen" hinsichtlich ihrer Bedeutung für den Entwicklungsprozess und hinsichtlich ihrer aktuellen Verfügbarkeit bewertet. Der generelle Trend der Ergebnisse bestätigte zwar an vielen Stellen die vorab vorhandene subjektive Einschätzung (Bedeutung Fachwissen und Technologie, Verfügbarkeit der Wettbewerbsdaten), lieferte jedoch auch einige Überraschungen, wie z. B. die Diskrepanz im Bereich Normen und Gesetze.

Auf Basis dieser Daten wurden für die weiteren zielgerichteten Arbeiten die Wissensdomänen „Fachwissen" (aufgrund ihrer hohen Bedeutung) sowie „Wissen über Kunden/Wettbewerber/Markt" und „Normen/Gesetze" aufgrund der deutlich erkennbaren Diskrepanz zwischen Notwendigkeit und Verfügbarkeit ausgewählt.

Eine für die nachfolgende Betrachtung des WM-Audits durchaus interessante Erkenntnis war die punktuell entstandene Unsicherheit im Hinblick auf erkennbare persönliche bzw. Personen zuordbaren Daten bei Einsatz von standardisierten Fragebögen und der Durchführung der so genannten „Interviews". Hier wurden insbesondere aus dem Umfeld des Betriebsrates einige Hinweise und Bedenken

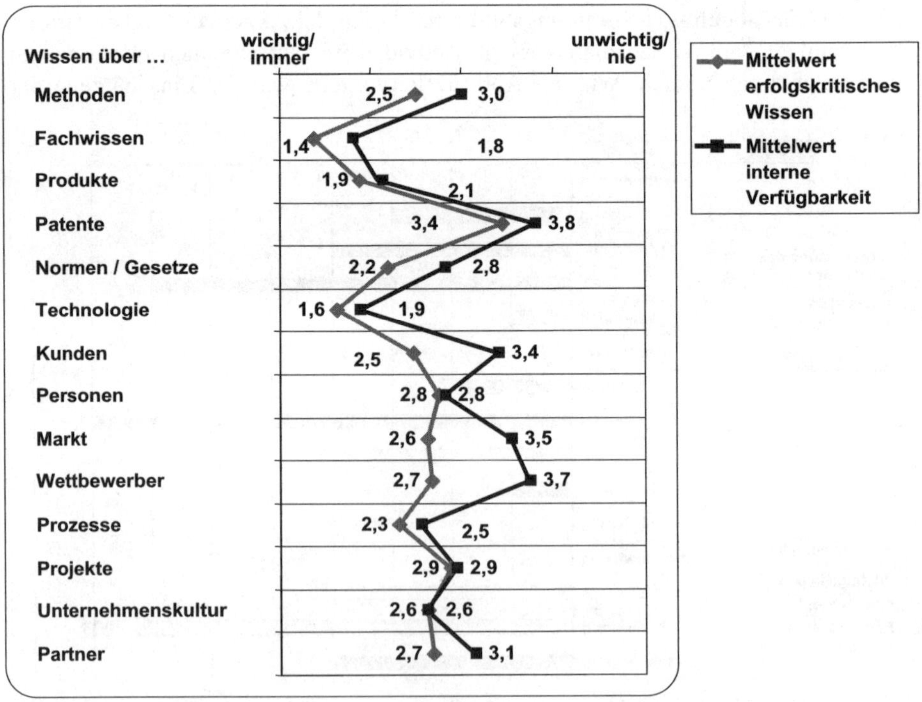

Abb. 58. Bedeutsamkeit und Verfügbarkeit der Wissensdomänen

formuliert, die zu einer Modifikation der gestellten Fragen geführt haben. Auch wenn die erhobenen Daten und die abgeleiteten Ergebnisse im Sinne der gelebten Unternehmenskultur sicher nicht zum Nachteil von Personen oder Abteilungen genutzt werden sollen, so sollte diese Forderung zur Anonymisierung sicherlich in ähnlich gearteten Projekten beachtet werden.

21.4 Zielstellung und Lösungsauswahl

Aus den im Zuge des WM-Audits und der GPO-WM-Analyse identifizierten Schwachstellen und den in diesem Zusammenhang ausgewiesenen Verbesserungsvorschlägen wurden in Folge die grundsätzlichen groben Ziele des Unternehmens und ihre Methoden zur Realisierung/Umsetzung abgeleitet:

1. Verbesserung der Informations- bzw. Wissensbeschaffung und Informations- bzw. Wissensverteilung (Ansatzpunkt: Informationsportal, Wiki)
2. Dokumentation, Weitergabe und Nutzung von Projekterfahrungen mit Hilfe eines klar definierten und strukturierten Prozesses (Ansatzpunkt: Lessons Learned-Workshops)
3. Systematische Aufbereitung der Informationen über Kunden und Wettbewerber
4. Ausweitung der Qualifizierungsmaßnahmen und Stärkung des internen Informations- und Wissensaustausches zwischen den verbundenen bzw. nahe stehenden Unternehmen durch Organisation von „Entwicklungstagen zum Erfahrungsaustausch“

Darüber hinaus ist das Unternehmen weiterhin darum bemüht, seine Aktivitäten auf dem Gebiet der Mitarbeiterqualifizierung auszubauen. Bisweilen verfügt das Unternehmen bereits in diesem Zusammenhang über ein sehr umfangreiches Seminar- und Qualifizierungsangebot, dass eine Vielzahl von fachlichen Themen aber auch Freizeitaktivitäten umfasst und bei den Mitarbeitern auf große Resonanz stößt. Um dafür Sorge zu tragen, dass die Aktualität und Weiterentwicklung des Seminarprogramms gesichert wird und die sich damit bietenden Angebote der Kompetenzentwicklung zukünftig in regelmäßigen Abständen und gezielt genutzt werden, wird die Einführung eines Punktesystems diskutiert. Weiterbildungsmaßnahmen sollen allerdings nicht durch starre Vorgaben reglementiert, sondern weiterhin als durch die Geschäftsführung unterstützte Bestrebungen einer wünschenswerten Kompetenzentwicklung angesehen werden.

21.5 Darstellung der erarbeiteten Ergebnisse und umgesetzten Maßnahmen

Ausgehend von den vorgenannten groben Zielen des Unternehmens wurden erste Maßnahmen innerhalb der Projektlaufzeit umgesetzt bzw. gestartet:

Normen, Gesetze

Die Aufarbeitung dieser Wissensdomäne zeigte eine sicherlich nicht untypische Eigenart so mancher Hemmnisse im Arbeitsalltag auf: Ist die Erkenntnis über die Unzulänglichkeit erst einmal thematisiert und sachlich aufbereitet, so sind es oft die kleinen Maßnahmen, die bereits den gewünschten Erfolg zeigen. So konnte hier durch eine klare Zuordnung der fachlichen und organisatorischen Zuständigkeiten, der Beschaffungswege und der gezielten Nutzung von externen Dienstleistern die notwendige Aktualität der Dokumente sichergestellt werden. Erkenntnisse aus verschiedenen Quellen über erkennbare neue Anforderungen sollen im Sinne eines „Frühwarnsystems" möglichst zuverlässig und zeitnah zusammengeführt werden.

Wissen über Kunden/Wettbewerber/Markt

Grundsätzlich und sicher zu Recht werden in der Erfassung und Erfüllung der Kundenerwartungen entscheidende Wettbewerbsvorteile gesehen. So sind auch die Aktivitäten des Unternehmens durch ein hohes Maß an Kundenorientierung gekennzeichnet. In der Praxis wird dies durch unterschiedliche Software-Werkzeuge (insbesondere CRM-Tool, Statistikprogramme und -auswertungen), durch projekt- und abteilungsspezifische Dokumentationen sowie Datensammlungen bereits unterstützt. Allerdings, und auch das wiederum ist sicherlich keine typische Besonderheit des Unternehmens, sind die Daten nicht für alle Mitarbeiter verfügbar bzw. ist das Vorhandensein derartiger Informationen nicht ausreichend über die Abteilungs- und Bereichsgrenzen hinweg kommuniziert. Der sinnvollen Ausweitung von Zugriffsrechten, der Information über Zuständigkeiten oder der Gestaltung des gegenseitigen Informationsaustausches (wechselseitige Teilnehmer in bisher abteilungs- oder bereichsinternen Besprechungen) wird daher bereits eine zunehmende Bedeutung geschenkt. Hier bietet der ProWis-Shop noch interessante Informationen zu WM-Werkzeugen an (z. B. zu Schnittstellenworkshops, FAQ´s), die in der näheren Zukunft im Unternehmen oder über die Unternehmensgrenzen hinweg eingeführt oder optimiert werden sollen.

Informationsportal

Eine weitere gestartete Aktivität zu Wissensaufbereitung und -verteilung betrifft die Etablierung eines so genannten „Informationsportals". Bereits durch ein weiteres Organisations-Projekt im Unternehmen für die Aufbereitung und Verteilung von allgemeinen Informationen, vorrangig im Bereich Produktion initiiert, soll dieses Informationsportal auch auf die Belange der technischen Abteilungen Entwicklung,

Produktmanagement, Applikation usw. ausgeweitet werden. Für die inhaltliche Gestaltung der Plattform wurde u.a. als besonders hilfreich identifiziert:

- Bereitstellung von Informationen über Ansprechpartner zu fachlichen und organisatorischen Themen (z. B. „Yellow Pages")
- Aufbau einer fachspezifischen Know-how-Bibliothek (Wiki)

So werden derzeit in einer Testphase die Möglichkeiten der „Microsoft Sharepoint Services V3.0" für unterschiedliche Aufgaben und Ziele erprobt. Auch hier soll in Folge ein Transfer der Projektergebnisse zur Nutzung in den Tochterunternehmen erfolgen.

Lessons Learned-Workshops

Mit der Einführung und Schulung von Lessons Learned-Workshops steht dem Unternehmen inzwischen eine Methode zur Verfügung, Erfahrungswissen abgeschlossener Projekte in einer Form zu erschließen und zu dokumentieren, die eine effektive und effiziente Weitergabe und Nutzung gewährleistet. Andere Mitarbeiter sollen von den erzielten Lernerfahrungen aus anderen Projekten profitieren, indem die wesentlichsten Inhalte, Probleme und Lösungswege in einem Workshop skizziert werden. Durch die Besprechung und der damit verbundenen Nacharbeit der Projekte wird auch ein gemeinsames Verständnis der Arbeitsschritte und zentralen Inhalte geschaffen. Dieses Wissen kann dann bedarfsgerecht in die eigene Arbeit einfließen. So sollen schließlich aus „guten Beispielen" Best Practices abgeleitet und Wiederholungsfehler vermieden werden. Voraussetzung für eine derartige Vorgehensweise ist allerdings die offene Fehlerkultur im Unternehmen, die gerade die Lösung von Problemen als wichtigen Erfolg ansieht. Dafür muss ein ausreichendes Maß an Zeit zur Durchführung eines solchen Austausches zur Verfügung gestellt werden.

Die Einführung dieser Methode erfolgte dabei in mehreren Schritten. Zunächst wurde durch die Mitarbeiter der Forschungseinrichtungen die grundsätzliche Vorgehensweise der „Lessons Learned-Workshops" für erste reale Beispielprojekte vorgestellt (s. auch Kap. 8) und umgesetzt. Neben der Umsetzung der inhaltlichen Ergebnisse war als Nacharbeit auch eine Rückkopplung hinsichtlich der Eignung und Akzeptanz dieser Methodik vereinbart. Dabei zeigte sich, dass auch einige Elemente im vorgestellten Ablauf durchaus kritisch hinterfragt wurden, sodass Anpassungen sowohl für die Vorbereitungsphase zum Workshop als auch im Ablauf des eigentlichen Workshops vorgeschlagen und vereinbart wurden. Insbesondere dem Risiko, dass zum Workshop-Einstieg evtl. die „falschen" positiven oder negativen Erfahrungen thematisiert werden, welche eher aus anderen Projekten oder aus dem aktuellen Tagesgeschäft stammen, sollte sinnvoll begegnet werden. Diese Gefahr ist natürlich dann verstärkt vorhanden, wenn Teilnehmer ohne ausreichende Vorbereitung in den Workshop einsteigen. Daher wurde vereinbart, dass der Projekt-

Abb. 59. Impressionen aus den Lessons Learned-Workshops

leiter im Vorfeld der Veranstaltung die aus seiner Sicht wichtigen Erkenntnisse der Projektarbeit aufbereitet und damit einen ersten Input für den Einstieg in den Workshop einbringt, der dann noch durch Beiträge aus dem Kreis des Projektteams ergänzt werden soll. Generell ist zu erwarten, dass die Gestaltung der Workshops im Unternehmen aufgrund der jeweils gesammelten Erfahrungen einem kontinuierlichen Verbesserungsprozess unterliegt.

Um diese Methode, die auch fester Bestandteil der Projektarbeit gemäß Projektmanagementhandbuch ist, möglichst breit und akzeptiert nutzen zu können, wurden die Mitarbeiter mit Projektverantwortung entsprechend geschult, wobei gerade in der Anfangsphase der Einführung eine entsprechende Unterstützung durch die zuständige Führungsebene zugesichert ist.

Organisation von übergreifenden „Entwicklungstagen"

Trotz durchaus unterschiedlicher Geschäftsideen und den damit verbundenen unterschiedlichen Produkten und Dienstleistungen bietet die Zusammenarbeit der einzelnen Unternehmen der Gruppe ein beachtliches Synergiepotenzial. Damit ist nicht nur die Fähigkeit gemeint, spezielle Kundenlösungen zu erarbeiten, die aufgrund der Zusammenführung der verschiedenen Technologien und Know-how-Felder der Einzelunternehmen entstehen können, sondern auch die Fähigkeit im jeweiligen Entwicklungsprozess die Erfahrungen aus den anderen Unternehmen zu nutzen.

Aufgrund der in den letzten Jahren kontinuierlich steigenden Mitarbeiterzahlen und den regional getrennten Standorten wurden diese Potenziale in der zurückliegenden Zeit nur in einem kleineren Umfang überhaupt genutzt. So ist das Wissen über vorhandene Tools, erarbeitetes Know-how oder bereits die Kenntnis von geeigneten Ansprechpartnern im anderen Unternehmen recht inhomogen ausgeprägt, sodass durch die Organisation von so genannten „Entwicklungstagen" ein entsprechendes Verbesserungspotenzial erschlossen werden soll. Neben dem fachlichen Austausch steht dabei auch das Kennenlernen der Mitarbeiter, der Produkte oder dem Aufbau von weiteren informellen Kontakten gerade für die jüngeren, neu ins Unternehmen gekommenen Mitarbeiter im Fokus. Die Ergebnisse eines ersten „Entwicklungstages Simulation" bestätigen die Akzeptanz dieser Vorgehensweise und lassen erkennen, dass hier noch weitergehende Veranstaltungen mit weiteren Themenstellungen sinnvoll zu organisieren sind.

21.6 Wichtige Erfahrungen

Generell erfolgt der fachliche Informations- und Wissensaustausch innerhalb des Unternehmens an manchen Stellen noch recht unsystematisch, da die Dokumentation oft zu spezifisch und nicht in Form von einheitlichen Vorlagen oder vornehmlich auf informellen Kommunikationswegen stattfindet. Ein wichtiges Ergebnis der Projektarbeit war daher auch die damit angestoßene Kommunikation über organisatorische Aufgaben, über verfügbare Informationen und Informationswege sowie die Impulse für durchaus kleine, aber im Ergebnis wirksame Verbesserungsmaßnahmen. Insbesondere diese Ergebnisse, welche mit kleinem Aufwand erarbeitet und umgesetzt werden können, helfen evtl. Vorurteile über den mächtigen und aufwändig erscheinenden Begriff „Wissensmanagement" abzubauen.

In Bezug auf die Verbesserungspotenziale im Bereich der abteilungsübergreifenden Kommunikation von fachspezifischen Informations- und Wissensbeständen wurde in diesem Zusammenhang als eine wichtige Aufgabe die Verbesserung der internen Schnittstellenarbeit erkannt. Aufgrund der vorhandenen Unternehmenskultur sollte die Identifizierung und Motivation zur Bearbeitung dieser Aufgaben auch für die Zukunft abgesichert sein. Darüber hinaus bietet eine Verbesserung des Informations- und Wissensaustausches über die Grenzen der Unternehmen innerhalb der Gruppe hinweg noch ein beachtliches und lohnendes Verbesserungspotenzial.

Kapitel 22
Dr.-Ing. Meywald GmbH & Co. KG. – Überzeugungsarbeit mit Augenmaß

Dr. Volker H. Meywald

22.1 Unternehmensportrait

Unternehmen:	**Dr.-Ing. Meywald GmbH & Co. KG**
Firmensitz:	Bad Arolsen
Anzahl Mitarbeiter:	15
Produktspektrum:	Produktion von Bandhalbzeugen mit bereits vor dem Stanzprozess konfektionierten Oberflächen, Produktion von Messbändern und kalibrierten Maßbandstreifen
Branche:	Zulieferer Automobil-, Elektro- und Elektronikindustrie

Die Dr.-Ing. Meywald GmbH & Co. KG ist ein kleines Unternehmen mit Firmensitz in Bad Arolsen. Unter der Marke MeyBand® werden der Zuliefererindustrie innovativ beschichtete Band-Halbzeuge angeboten. Die Oberflächen können eine optische und/oder eine technische Funktion haben und sind hinreichend verformungsfähig für die Herstellung von Stanz-, Stanzbiege- und sogar Stanzbiegetiefzieh-Teilen. Der Vorteil gegenüber der Stückbeschichtung liegt auf der Hand – fertige Teile mit Oberfläche direkt aus der Stanze und sogar direkt an der Linie. Das spart Kosten, reduziert Produktionszeiten und garantiert hohe Prozesssicherheiten.

In der älteren Sparte des Unternehmens werden Messbänder und kalibrierte Maßbandstreifen für Industrie und Wissenschaft produziert.

Historie

1921 als Hersteller von Messbändern für Geodäsie und Markscheider gegründet wurde das Unternehmen nach dem 2. Weltkrieg wiederaufgebaut. Das Erfolgsre-

© Springer 2009

zept der 50er und 60er Jahre war die zunehmende Konzentration auf hochwertige Produkte und Spezialitäten für Erdölexploration, Bergbau und Wissenschaft. Der derzeitige Inhaber (3. Generation, 4. Generation bereits im Unternehmen tätig) ist Diplom-Ingenieur der Thermischen Verfahrenstechnik und Elektronik und hat Berufserfahrung in Chemiefaser-Produktion. Das führte zur Entwicklung eines hoch-temperaturbeständigen und hochscherfesten Trennmittels für die Kunststoff-Industrie, z. B. für Spinndüsen von Chemiefasern (Handelsname TEXAL ÖKO).

MeyBand® ist ein Produkt (Band-Halbzeug mit „fertiger" Oberfläche) basierend auf einer Dienstleistung, der ingenieur-technischen Unterstützung und Begleitung für Produkt-Entwickler, -Designer und andere Innovatoren: Die derzeit bis 150 mm breiten bandförmigen Halbzeuge aus allen Metallen werden demnach bereits mit Lacken und Kunststoffen beschichtet (auch einschließlich der Kanten!), bevor der Kunde daraus Teile formt. Gegenüber Stückbeschichtungen gibt es ein hohes Nutzen-Potenzial bei allen Arten von Stanzteilen wie z. B. geringere Kosten und neuartige technische Möglichkeiten im Wertschöpfungsdesign von Oberflächen. Von den Vorteilen dieses Konzeptes profitieren z. B. Hersteller von Mobilphones, sowie die Elektronik-Hardware-, Hausgeräte- und Automobil-Industrie. Ob im Handy, in Rasierern oder Druckern: Überall gibt es Teile, die ihre gewünschten Eigenschaften (Funktionen und/oder Dekor) erst durch eine Beschichtung erhalten.

22.2 Ausgangslage

Ein neues Produkt für eine neue Zielgruppe einzuführen, gehört zu den schwierigsten Aufgaben, die man sich unternehmerisch stellen kann. Sie produziert vor allem eine Vielzahl von Aufgabenstellungen, die bis dahin niemand lösen konnte. Eine der ersten großen Innovationen in diesem Gebiet war die Teflon®-Beschichtung für Stanzbänder, die interessante Projekte in der Handybranche brachte.

Vertriebziel des Jahres 2007 war es, Zielgruppen zu finden, deren Abnahmeverhalten nicht in gleicher Weise kurzzyklisch ist, wie das in der Handy-Branche der Fall ist. Das bedeutet für den Vertrieb, dass in hohem Maße Kaltakquise betrieben werden musste. Da alle Produkte kundenspezifisch und anwendungsbezogen entwickelt und gefertigt werden, ist mit derartigen Zielen auch die Entwicklung überproportional stark belastet. Die Hauptaufgaben von Vertrieb und Entwicklung waren:

- Generieren von Interessenten- und Kundendaten für neue Zielgruppen
- Hohe Entwicklungsgeschwindigkeit, dadurch starke Belastung der Vertriebs-, Einkaufs- und Entwicklungsabteilungen
- Absicherung der erzielten Ergebnisse und Implementierung in die Produktion

Wissensmanagement – Konkret

Stringente Vertriebs- und Entwicklungsarbeit bringt es mit sich, dass in hohem Maße und in hoher Geschwindigkeit Wissen über Märkte, Kunden, Verfahren, Produkte und dazugehöriges Know-how generiert werden. Es besteht deshalb die Gefahr, dass dieses Wissen mit zugehörigen Fähigkeiten und Erfahrungen mehrfach generiert werden muss, wenn nicht eine kluge und nachhaltige Art gefunden wird, mit diesem Wissen umzugehen. „Wissensmanagement" klang deshalb in den Ohren des Seniorchefs schon einmal gut. Auch wenn von vorneherein mehr oder weniger heftige Vorbehalte dagegen vorgebracht wurden, dass wir als ein kleines Unternehmen mit an die Grenzen ihrer Leistungsfähigkeit belasteten Mitarbeitern und Verantwortlichen ein solches Projekt überhaupt werden stemmen können. Die Neugier überwog mit der Einstellung, dass es im Zweifel mehr nutzen als „schaden" wird (im Sinne von: nutzlosen Aufwand zu treiben, wo man sowieso nicht weiß, wie man alles schaffen soll). Im Rahmen von ProWis wurde betont, dass es gerade das Ziel des Forschungsvorhabens sei, kleinen Unternehmen den Zugang zu Wissensmanagement zu ermöglichen.

So gelang es dem Seniorchef, die Verantwortlichen des Unternehmens davon zu überzeugen, dass dieser Aufwand trotz des hohen Einsatzes, den alle fahren, gerechtfertigt ist und durchgeführt werden sollte. Die Auftaktveranstaltung in Berlin stand bereits unmittelbar bevor. Die Teilnehmer der Freitagsrunde (das ist die Führungsrunde im Unternehmen) wurden von Inhalt und Ziel der Auftaktveranstaltung informiert.

Analyseergebnisse WM-Audit und GPO-WM

Aufgrund der geringen Akzeptanz des Themas einerseits und der hohen Arbeitsbelastung der Mitarbeiter andererseits, nahmen insgesamt nur fünf Mitarbeiter an der Befragung mit dem WM-Audit teil. Die Ergebnisse ließen sich somit nur tendenziell bewerten.

Der Anteil an Erfahrungswissen für die erfolgreiche Erledigung von Aufgaben wurde von den fünf Mitarbeitern als sehr hoch eingeschätzt. Es gibt gemeinsame Regeln für die Erstellung von elektronischen Dokumenten. In unserer Unternehmensgröße ist es noch kein generelles Problem, Wissen mit anderen zu teilen. Manchmal stellt es allerdings eine nicht zu unterschätzende organisatorische Aufgabe dar, das jeweils gerade erworbene Wissen überhaupt zu sichern (Zeitfaktor) und somit rechtzeitig für andere zur Verfügung zu stellen.

An diesem Punkt zeigte sich, dass in Zukunft ein Wissensmanagement-Regelwerk mit einer eindeutigen Systematik erstellt werden muss! Dieses Regelwerk muss auch eine weitere Dimension mit umfassen: Das Wissen effektiv zu sichern. Wie kann nachhaltig sichergestellt werden, dass relevantes Wissen auf keinen Fall in unbefugte Hände gelangt?

Zwar wurde diese Frage zunächst nicht als konkretes Handlungsfeld bei der Meywald GmbH aufgenommen. Nachdem sich das Thema bei Umfragen von Kollegen gleicher Unternehmensgröße als genauso wichtig wie derzeit noch vernachlässigt darstellte, wurde die Aufgabe jedoch als zukünftiger genereller Forschungsbedarf für KMU formuliert.

In der GPO-WM-Analyse wurden die Wissensdomänen Wissen über Kunden, Produkte und Partner näher betrachtet. Es ergab sich vor allem ein Handlungsbedarf in der Erzeugung von Wissen. Während es beim Wissen über den Kunden darum geht, das „richtige" Wissen zu generieren, gilt es im Bereich Produktwissen, die starke Personenbindung aufzulösen. Auch das Wissen über mögliche Partner ist stark personengebunden, und es wird die fehlende Systematik zum Aufbau dieses Wissens bemängelt.

Handlungsfelder

Nach der GPO-WM-Analyse im Hause Meywald ergab sich demnach folgender Handlungsbedarf:

- Verfügbarkeit von Kundenwissen inkl. Verknüpfung zu Projekten verbessern
- Personelle Engpässe abbauen (für zentrale Engpässe) sowie Mitarbeitermotivation steigern bzgl. Wissensaustausch
- Wissen über Partner und Kunden systematisch erzeugen
- Projekterfahrungen festhalten

Aus den Handlungsfeldern resultierten einige konkrete Maßnahmen, die im Rahmen des Projektes angepackt werden konnten:

- Projektagenden: Im Prinzip verfügten wir bereits über ein hervorragendes Instrument der Projektverfolgung: die Projektagenda. Dieses Instrument ist jedoch nur dann gut, wenn es hinreichend gepflegt wird. Es wurde die Aufgabe definiert, dafür zu sorgen, dass auch im größten Alltagsstress die Projektagenden „à jour" sind.
- Kunden-Typologie: Aus Seminaren, die die Vertriebsmitarbeiterin besuchte, verfügten wir über das Instrument der Kunden-Typologie. Die Kenntnis der dahinter stehenden Zusammenhänge hat uns bei der Bewältigung von hausinternen (Kommunikations-) Problemen bereits gute Dienste geleistet. Es wurde die Aufgabe definiert, dieses Wissen best-möglich für die Kundenbetreuung einzusetzen.
- MeyBand®-Kamingespräche: Um Kunden noch enger zu binden und um vor allem relevantes Wissen der Kunden z. B. über zukünftige Anforderungen zu gewinnen, wird das Kamingespräch als regelmäßige Veranstaltung geplant. Hier soll in informellem Kreise die Beziehung zum Kunden gepflegt werden. Zusätzlich können die Kunden, die noch an den Senior gewöhnt sind, in lockerer Runde den Junior kennen und schätzen lernen.

Die Herausforderung der MeyBand®-Verkaufsarbeit ist eine mehr oder weniger umfangreiche Beratungsarbeit, die von der einfachen Auswahl des Beschichtungsstoffes bis zur wertanalytischen Systemberatung für die Entwicklung eines Bauteiles oder einer Baugruppe reicht. Um diese Lösungskompetenz – die naturgemäß nicht jeder in hoher Intensität nutzen will – auf eine besonders sympathische Weise als Chance zu vermitteln, können die MeyBand®-Kamingespräche für Entwickler und Produktdesigner eine gute Gelegenheit sein.

22.3 Umsetzung

Projektagenda

Schon lange gibt es in unserem Haus für jedes Projekt eine Projektagenda (s. Abb. 60). Sie wird gleich zu Beginn der Anfrage des Kunden angelegt und in einem Projektordner auf dem Server abgelegt. Eine Projektagenda anlegen und führen bedeutet Fleißarbeit und Disziplin. Die Anschrift des Kunden, verschiedene Ansprechpartner, ihre Telefon- und Faxnummern, das Thema des Projektes und das Erstgespräch sind einzutragen. Die Agenda selbst wird von unten nach oben geführt. Der letzte Stand ist also sofort auf einen Blick sichtbar. Alle Mitarbeiter des Projektteams haben Zugriff auf diese Agenden und tragen jeden Schriftverkehr und jedes Telefonat ein. Dazu gehören auch alle Telefonate und der Schriftverkehr mit Lieferanten, deren Produkte für dieses Projekt eingesetzt werden. Nach jedem

Seite [redacted] von [redacted]

meyband® Wir beschichten bevor Sie formen

AGENDA	Projekt-Nummer: 010807-331		Projektleiter: VM	Beginn 07.08.2001	
Anschrift des Kunden	Firma	[illegible] GmbH & Co. KG			
	Branche	Büro- und Datentechnik			
	Straße	Postfach [illegible]			
	PLZ / Ort	[illegible]			
	Fax	[illegible]			
Ansprechpartner	Herr [illegible]	Fkt:		T-DW -	F-DW -
	Frau [illegible]	Fkt:		T-DW -	F-DW -
	Herr [illegible]	Fkt: EK		T-DW -	F-DW -
Projektbezeichnung	Teile für Büro - OEM				
Produktbezogene Forderungen	Umformfähig für Trapezbleche				

Datum	Aktion	Kürzel	Termin
12.11.01	Gespräch mit H. [illegible] über Trapezbleche – Entscheidung gefallen für Teile aus 1 Hand ???	VM	
05.11.01	Pflichtenheft Trapezbleche – Standzeitverlängerung gegen rostfreien Stahl (30.000 Blatt) auf mindestens 150.000 Blatt – wie können wir das testen?	VM-WE	08.11.01

Abb. 60. Beispiel-Projektagenda

Eintrag wird die Agenda im internen Netz an die Mitarbeiter des Projektteams verschickt, so dass jeder stets auf dem neuesten Projektstand ist.

Was neu ist: Bisher wurden unsere Agenden eher punktuell genutzt, sie waren nicht immer aktuell und deshalb nicht verlässlich, weil nicht alle Gespräche eingetragen und Schriftverkehr und Angebote an verschiedenen Orten abgespeichert wurden. So war zwar die Idee gut, die stringente Umsetzung fehlte. Das führte zu unnötigen Rückfragen und Doppelarbeiten. Insbesondere die größer werdende Anzahl von Projekten und die Fülle der zu erledigenden Punkte erzeugte Handlungsbedarf. Das Wissen um die Wichtigkeit von Kundenwissen und die enorme Arbeitsbelastung der Mitarbeiter führten zu einer hohen Bereitschaft, kurzfristig etwas zu ändern, weil der Zusammenhang zwischen Disziplin und dadurch eingesparter Arbeit deutlich wurde.

Mit einer relativ kleinen Verhaltensänderung konnten wir unsere Agenden in kurzer Zeit zu brauchbarem Leben erwecken, und davon profitieren alle Beteiligten: Heute wird jeder Schriftverkehr eingetragen. Da vieles per E-Mail abgewickelt wird, sind es nur wenige „Klicks" und der Schriftverkehr ist in die Agenda kopiert. Angebote und ausgehender Schriftverkehr werden mit der Agenda verlinkt und lassen sich mit einem „Klick" öffnen. Das gleiche gilt für Besuchsberichte. Unsere Agenden sind heute komplexe, chronologisch geführte kleine Datenbanken, die auch der Geschäftsführung schnelle Einblicke mit umfangreichen Infos in die Projekte ermöglichen. Ein Wunsch für die Zukunft ist, Stammdaten automatisch zu generieren und damit nur einmal pflegen zu müssen.

Kundentypologie

Unsere Produkte und Leistungen haben einen hohen Beratungsbedarf. Unsere Kunden kommen zumeist mit Wünschen auf uns zu, für die sie noch keinen konkreten Lösungsansatz haben. Dabei ist es eher nebensächlich, ob es sich bei der Kundenanfrage um eine Neuentwicklung oder ein bereits bestehendes Produkt handelt. Es geht immer darum, dem Kunden eine für ihn optimale Lösung inklusive passender Oberfläche anzubieten. Dazu bedarf es vieler Informationen hinsichtlich der geforderten Eigenschaften, aber auch um das Produkt selbst und sein wertanalytisches Umfeld. Für das zu erarbeitende Pflichtenheft sind dies zum einen Informationen zur Technik, wie maximale oder minimale Schichtdicke, Umformbarkeit oder Gleiteigenschaft, zum anderen zur chemischem Beständigkeit, wie eingesetzte Reinigungsmedien, Witterungsbeständigkeit usw. und nicht zuletzt zu geforderten Qualitätskriterien, wie die geplanten Freigabetests (z. B. der Handtaschentest eines großen Handyherstellers usw.).

Fehlt nur eine dieser Informationen zum Pflichtenheft, besteht die Gefahr, dass das ganze Projekt scheitert. Deshalb ist es für uns sehr wichtig, mit dem richtigen Ansprechpartner zu kommunizieren und die zutreffenden Antworten zu bekommen. Gern sprechen wir mit dem Produktentwickler, der im Entwicklungsstadium eines Produktes von unserer Kompetenz profitieren kann und der oft ein hohes Maß an

Innovation mitbringt, also der Bereitschaft auch neue unbekannte Wege zu gehen. Doch allein die Tatsache, mit dem richtigen Ansprechpartner zu kommunizieren, bringt uns noch nicht alle wichtigen Informationen. Der Entwickler gibt zum Beispiel ungern sein Know-how preis, ist aber an neuen Informationen sehr interessiert und der Einkäufer hat die Kostenseite im Fokus und möchte sich ungern mit Informationen beschäftigten, die ihm vielleicht gar nicht vorliegen. Und manchmal fehlt es einfach auch am technischen Verständnis.

Hier gilt es, die Ansprechpartner dort abzuholen, wo sie stehen und sich als ihr Partner zu etablieren. Für uns ist deshalb das „weiche" Kundenwissen sehr wichtig. Unser Vertrieb hat sich aktuell und intensiv mit den verschiedenen Persönlichkeitsprofilen auch im eigenen Team beschäftigt (DISG und PSA) und ist in diesem Thema sehr gut ausgebildet. Hier geht es nicht um Methoden zum „Aushorchen" oder zur „Kundenbeeinflussung" sondern um strategische Partnerschaften zwischen Berater (Meywald) und Ansprechpartner (Kunde). Auf dieser Basis werden langjährige vertrauensvolle und sehr erfolgreiche Synergien geschlossen. Dieses für uns so wichtige weiche Kundenwissen wird NICHT in Datenbanken für die Ewigkeit abgespeichert, sondern gehört zu den persönlichen Kompetenzen und ist gelebte Partnerschaft.

MeyBand® Kamingespräche

Wie zuvor beschrieben, sind der persönliche Kontakt und die weichen Faktoren des Kundenwissens für uns sehr wichtig. Dieses Wissen lässt sich nicht durch Telefonate und Schriftverkehr aneignen. Bereits vor dem ProWis-Projekt haben wir uns deshalb Gedanken gemacht, was für unsere Kunden wichtig ist und in welchem Rahmen wir sie erreichen könnten. Newsletter und Mailings sind eine gute Informationsmöglichkeit zu Fakten, aber Beratung und Entwicklung braucht zwingend das persönliche Gespräch. Eine Idee, die wir auch schon umgesetzt haben, sind z. B. Kamingespräche bei Kunden.

Einen ganzen Tag haben wir mit ausgewählten Ansprechpartnern eines großen Kunden verbracht. Nach dem „Come together" gab es einen Fachvortrag über verformungsfähige Oberflächen, anschließend einen intensiven Gedankenaustausch über die Chancen, die neue Lösungen bieten, und eine detaillierte Betrachtung neuer Produktentwicklungen aus allen Blickwinkeln (Entwickler, Maschinenbauer, Logistik, Vertrieb usw.).

In den Pausen und beim gemeinsamen Abendessen standen die persönlichen Gespräche im Vordergrund und die wurden sogleich bis tief in die Nacht bei einem Besuch in einem Pub intensiviert.

Dieser Kundentag war zwar in vielerlei Hinsicht aufwendig, wurde aber als lohnend bewertet. Deshalb werden wir ihn wiederholen. Die Form kann sich ändern, um mehr kleinere Unternehmen zu erreichen. Über Zielgruppen, den Rahmen und den Ort werden wir uns noch Gedanken machen, aber die Zielsetzung für die gewünschten Teilnehmer ist schon klar: Sie sollen

- neue Kontakte knüpfen und alte intensivieren,
- gemeinsam – so gewünscht – neue Lösungen finden,
- Fachvorträge hören, von denen sie etwas Produktives mitnehmen können.

22.4 Erstes Fazit

Durch die Aktion „Projektagenda" und „Kunden Typologie" konnte das Ziel einer Verbesserung der internen Abläufe erreicht werden mit den Hauptvorteilen: Zeitersparnis, Wegfall einer Fehlerquelle und Verbesserung der weichen Faktoren im Umgang mit den Kunden.

1. Es ist wie im richtigen Leben: das Dringende ist von dem Wichtigen zu unterscheiden. Nicht nur in der Zielplanung, sondern täglich, sogar stündlich. Nur wenn es hier hinreichende Kriterien gibt, an welcher Stelle die Erfüllung von Aufgaben zwingend notwendig ist, kann Wissensmanagement gelingen.
2. Die Bereitschaft von äußerst belasteten Mitarbeitern, etwas Zusätzliches zu tun, ist nur dann gegeben, wenn ihnen ein nachhaltiger Gewinn winkt. Wenn dieser Gewinn unterteilt werden kann in kurzfristige, möglichst sofort sichtbare Ergebnisse, und langfristige Vorteile, die sich auf die Entwicklung des Unternehmens auswirken, wirkt es optimal.
3. „Ich bin immer noch verwirrt, jetzt aber auf einer viel höheren Ebene", soll jemand erklärt haben, dem die Relativitätstheorie dargelegt wurde. Ähnlich fühlen wir uns. Wir wissen jetzt deutlicher, woran es bei uns mangelt und was noch zu entwickeln ist.

Kapitel 23
PLATH – den Wettbewerb im Visier

Hinrich Brüggmann, Michael Niewöhner, Kirsten Müller

23.1 Unternehmensportrait

Unternehmen:	**PLATH GmbH**
Firmensitz:	Hamburg
Anzahl Mitarbeiter:	150 (90 Entwickler)
Produktspektrum:	Strategische und taktische Aufklärungs- und Überwachungssysteme für militärische und zivile Anwendungen: Signalprodukte (Antennen, Peiler, Sensoren), Softwareprodukte, Systemintegration sowie Installation und Wartung
Branche:	Elektronikindustrie

Die PLATH GmbH ist ein international anerkannter Spezialist für Funkaufklärungssysteme. Die Produktpalette umfasst strategische und taktische Systeme zur Nachrichtengewinnung und Aufklärung sowie Funkpeilanlagen zur maritimen Verkehrssicherung. Der Schwerpunkt des Unternehmens liegt im „Public Sector".

In den 50 Jahren seit seiner Gründung hat PLATH sich erfolgreich vom Gerätebauer zu einem Anbieter kompletter Systemlösungen für stationäre und mobile Einsatzszenarien gewandelt. Am Standort Hamburg wird das gesamte Leistungsspektrum angeboten: vom Systemdesign über die Prototypentwicklung und Fertigung der Schlüsselkomponenten bis hin zu Montage, Installation, technischem Service und Wartung.

Als mittelständisches Unternehmen beliefert PLATH heute mehr als 20 Länder weltweit bei einem Exportanteil von rund 85 Prozent.

© Springer 2009

23.2 Ausgangslage: Initialisierung und Analyse

Die PLATH GmbH ist stark auf Wachstum ausgerichtet. In den letzten Jahren hat sich die Mitarbeiterzahl annähernd verdoppelt. Parallel dazu ist durch Outsourcing und Unternehmensbeteiligungen ein mittelständischer Unternehmensverbund entstanden.

Im Zuge dieses schnellen Wachstums sind Kompetenzen und Kapazitäten erweitert worden, die Infrastrukturen, insbesondere die Informationsinfrastruktur, wurden jedoch nicht in gleichem Maße angepasst. Von einem einzelnen kleineren Unternehmen mit kurzen informellen Kommunikationswegen wurde ein Wandel zu einer mittelständischen Unternehmensgruppe vollzogen, für die klare Kommunikationsstrukturen und Strukturen zur Wissensgewinnung und -verteilung notwendig geworden sind.

Vor diesem Hintergrund hat PLATH das Projekt ProWis zur Einführung von Wissensmanagement im Unternehmen initiiert. Das Projekt und dessen Ziele wurden den PLATH-Mitarbeitern in einem unternehmensweiten Meeting vorgestellt. Ausgewählte Mitarbeiter aller Abteilungen und Ebenen wurden vertieft über die Inhalte und den Gewinn aus dem Projekt informiert und in den weiteren Projektverlauf eingebunden.

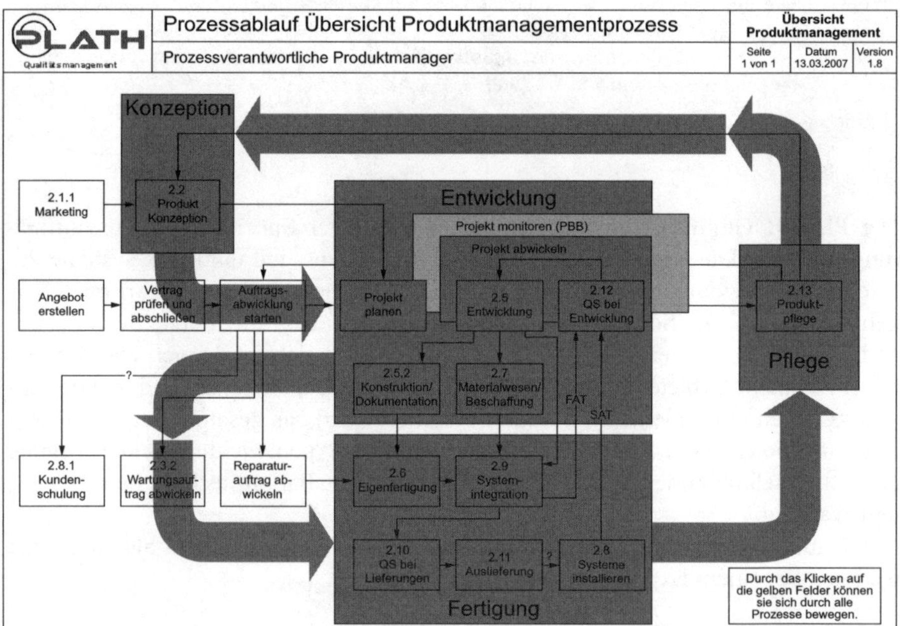

Abb. 61. Produktmanagementprozess bei PLATH

Als Ausgangspunkt für die Einführung des Wissensmanagements wurde der Produktmanagementprozess gewählt. Dieser Prozess wurde mit der Gründung der Abteilung „Produktmanagement & Marketing“ neu eingeführt und berührt mit seinen Schnittstellen zu Vertrieb und Entwicklung die zentralen (wissensbasierten) Prozesse des Unternehmens. Die Kernaktivitäten des Prozesses liegen in der Konzeption, Entwicklung, Fertigung und Pflege der PLATH-Produkte (s. Abb. 61).

Bedingt durch diese Aktivitäten und den damit verbundenen Schnittstellen, sind für den Produktmanagementprozess alle wesentlichen Wissensgebiete, wie das Wissen über Kunden, Produkte, Märkte und Wettbewerber, aber auch das Fach- und Methodenwissen von zentraler Bedeutung.

Die Befragung der Mitarbeiter im Zuge der Analysephase ergab, dass insbesondere das Wissen über Kunden, Märkte und Wettbewerber nicht in der Form zur Verfügung steht, wie es bezüglich seiner Relevanz notwendig wäre (s. Abb. 62).

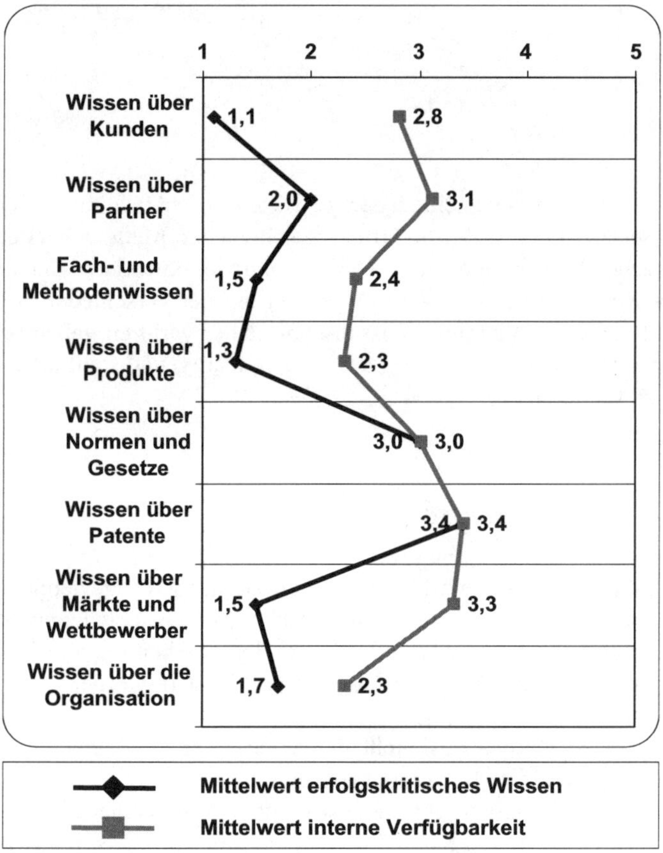

Abb. 62. Ergebnis des WM-Audits

An der Befragung waren ca. 25 Prozent der Mitarbeiter aus allen Abteilungen und Hierarchieebenen beteiligt, so dass das Ergebnis ein repräsentatives Meinungsbild aus dem Unternehmen widerspiegelt. Die Befragung erfolgte freiwillig und anonym.

Auf diesem Ergebnis aufbauend wurde die Analyse anhand ausgewählter Wissensdomänen in Gruppenworkshops vertieft. Zentrale Ergebnisse der GPO-WM-Analyse sind:

Wissen über Wettbewerber

Das Wettbewerberwissen wird von einer Vielzahl von Mitarbeitern erhoben. Die Erhebung und Aufbereitung des erzeugten Wissens erfolgt aufgrund mangelnden Bewusstseins oder zeitlicher Engpässe oft unstrukturiert. Vergleichende Wettbewerbsanalysen auf der Basis des erzeugten Wissens sind daher nur eingeschränkt möglich.

Wissen über Kunden

Kundenwissen wird auf verschiedenen Ebenen (Geschäftsleitung, Vertrieb, Entwicklung, Service etc.) und mit Hilfe verschiedener Methoden (Reiseberichte, Kundenbesuche, Fragebögen etc.) erhoben und dokumentiert. Ein einheitlicher Prozess der Zusammenführung bzw. Verifizierung der verschiedenen Informationen ist nicht etabliert. Wichtiges Wissen kann daher verloren gehen bzw. erreicht nur einen eingeschränkten Verteiler (z. B. Projektteams) und steht nicht für weitere Analysen zur Verfügung.

Fach- und Methodenwissen

Fach- und Methodenwissen wird teilweise unsystematisch angewendet und gespeichert. Gleiche Fragestellungen könnten daher von verschiedenen Mitarbeitern mehrfach bearbeitet werden. Wertvolle Zeit in der Abarbeitung von Projekten geht verloren oder Synergien bei der Beseitigung von Fehlern werden nicht umfassend genutzt.

Ergänzend dazu wurden aus Sicht der Mitarbeiter die folgenden Aspekte im Umgang mit Wissen als verbesserungswürdig eingeschätzt:

- Ein Großteil des Wissens liegt zumeist nicht zentral, sondern in elektronischen Insellösungen oder in den Köpfen der Mitarbeiter vor. Es ist daher nicht immer transparent, welches Wissen zu bestimmten Themen bereits im Unternehmen vorhanden ist – da es *kaum* oder *an verschiedenen Stellen* dokumentiert ist. Bereits vorhandenes Wissen könnte daher redundant erzeugt oder Synergieeffekte können nicht in umfassendem Maße genutzt werden. Zudem existieren nur wenige gemeinsame Regeln zum Speichern von (abteilungsübergreifendem) Wissen.

- Die Adressaten für relevante Informationen sind nicht in jedem Fall transparent. Die Folgen sind undifferenzierte Streuung von Informationen und Informationsüberflutung.

Handlungsfelder und Zielsetzungen

Vereinbartes Ziel mit der höchsten Priorität ist daher, eine Übersicht über Wettbewerber, Kunden und Produkte zu schaffen, die auf einer gemeinsamen Plattform basiert und somit sowohl eine strukturierte Erfassung und Analyse des Datenmaterials als auch eine zentrale Speicherung des generierten Wissens sicherstellt.

In der Konsequenz ergeben sich daraus nachstehende Unterziele:

1. Übersicht über den Wettbewerb schaffen

Ziel ist vor allem, die qualitative Verbesserung des Informationsbestandes, die Strukturierung der vorhandenen Daten und die Bewertung des Wettbewerbs mit Blick auf das eigene Unternehmen.

2. Übersicht über die Kunden schaffen

Mit Hilfe dieser Übersicht soll vor allem Transparenz über die Struktur und Funktionsweise der Kundenorganisation geschaffen werden und ein Überblick über die bestehende Produktlandschaft und damit die Bedürfnisse und Entwicklungspotenziale des Kunden entstehen.

3. Übersicht über die Produkte schaffen

Im Zuge des Aufbaus und Wachstums der PLATH Gruppe hat sich das Produktportfolio entsprechend erweitert. Mit der Übersicht soll zum einen eine Bestandsaufnahme über alle Produkte und deren Leistungsfähigkeit erfolgen und zum anderen (gemeinsame) Potenziale für Weiter- und Neuentwicklungen identifiziert werden. Ergänzend dazu werden sukzessive die Wettbewerbsprodukte mit ihren jeweiligen Kriterien erfasst.

23.3 Umgesetzte Lösungen

Hintergrund

Mit der Neugründung der Abteilung Produktmanagement & Marketing entstand die Idee des Aufbaus einer Produktmanagement-Datenbank als Arbeitsinstrument für die Abteilung. Diese Idee wurde im Zuge der Analyseergebnisse der WM-Workshops erweitert und u.a. auf die Bereiche Kunden, Organisationen, Wettbewerber und Projekte übertragen. Damit wurde eine Lösung gefunden, die die definierten Handlungsfelder ganzheitlich abdeckt und eine qualitative und quantitative Verbesserung des Datenbestandes zum Ziel hat.

Vorgehen und Aufbau

Die Datenbank soll unter anderem die Erstellung von Produktportfolios sowie den schnellen und übersichtlichen Vergleich mit Wettbewerbern ermöglichen. Darüber hinaus soll sie Informationen zur Bedarfsabschätzung und Marktentwicklung beinhalten und – darauf aufbauend – Indikatoren und deren Nutzung für den Strategieprozess definieren und erheben.

Die Struktur, die Inhalte und der Leistungsumfang der Datenbank wurden vom Produktmanagement zusammen mit ausgewählten Mitarbeitern in Schnittstellenfunktionen definiert und in enger Zusammenarbeit mit einem externen Dienstleister, der Haasware GmbH, entwickelt. Damit ist sie direkt auf die speziellen Unternehmensbedürfnisse zugeschnitten. Strukturelle Erweiterungen sind bei Bedarf jederzeit möglich.

In Anlehnung an die Ordnerstruktur eines Windows Explorers sind die Hauptkategorien mit ihren entsprechenden Unterkategorien in einer Baumstruktur aufgebaut (s. Abb. 63). Die Masken zur Eingabe der Daten verändern sich mit Öffnen der jeweiligen Kategorie, so dass ausschließlich die für diese Kategorie relevanten Daten erfasst und mögliche Fehlerquellen reduziert werden.

Als Hauptkategorien wurden festgelegt:

1. **Organisationen:** Erfasst werden die eigene Organisation, Kunden, Wettbewerber, Tochter- und Partnerunternehmen nach Kriterien wie Umsatz, Gewinn, Beteiligungen, Kernkompetenzen etc.
2. **Projekte:** Relevante Großprojekte der letzten Jahre werden nach Kriterien wie Stärken und Schwächen, Verkaufsprozess (Chronik des Projektverlaufs), Kundenplan (Ziel, Buying Center, Wettbewerbsstrategie, kritische Erfolgsfaktoren, Alleinstellungsmerkmale), Auftraggeber, Verbindung zu anderen Projekten, Projektteam erfasst. Um zusätzlich dazu Informationen in Bezug auf *Synergieeffekte* oder *Lessons Learned* für andere Projekte zu nutzen, werden sowohl die laufenden und gewonnenen als auch die verlorenen Projekte erfasst.

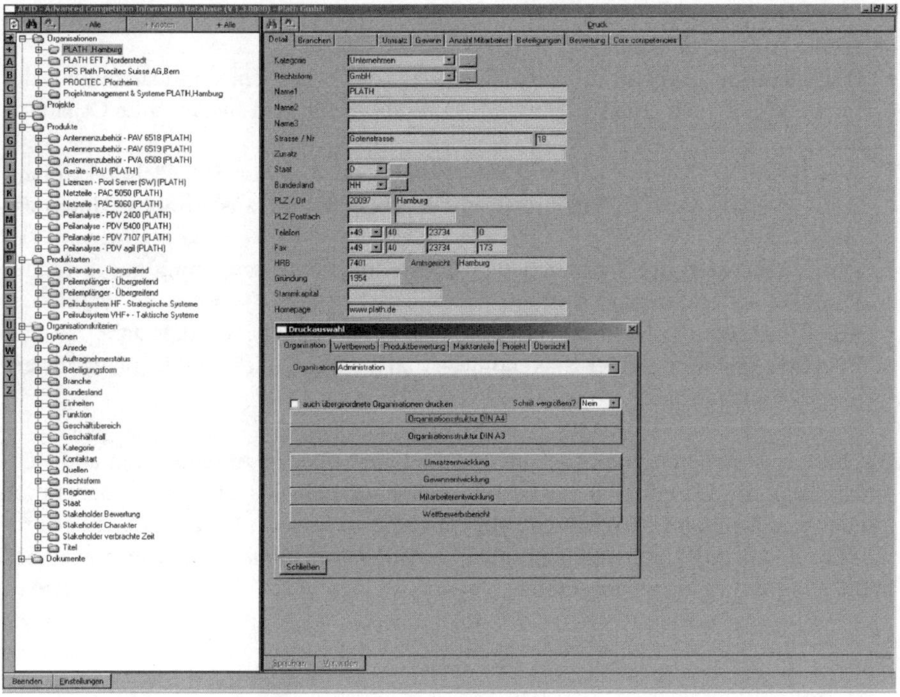

Abb. 63. Produktmanagement-Datenbank (Eingabemaske)

3. **Produkte:** Neben den Produkten der PLATH-Gruppe sollen sukzessive sowohl Wettbewerbsprodukte als auch Komplementärprodukte aufgenommen und die technischen Daten und Spezifikationen miteinander verglichen werden. Soweit möglich und sinnvoll werden der Produktlebenszyklus, Geschäftsfall und die verkaufsentscheidenden Kriterien des jeweiligen Produktes ergänzt.
4. **Produktarten:** Die Produktarten, wie z. B. Antennen, Peilempfänger, Subsysteme oder Lizenzen werden nach ihren Kriterien spezifiziert. Die Datensätze sind mit der Kategorie *Produkte* verknüpft. Die Kategorie *Produktarten* dient ebenso wie die Kategorie *Organisationskriterien* der Konfiguration der Datenbank.
5. **Organisationskriterien:** Zur Bewertung der Organisationen oder der eigenen Position im Wettbewerb werden gewichtete Kriterien wie Dienstleistungs-, Mitarbeiter-, Preis-, Vertriebsstärke erfasst, deren Gewichtung aus der Bewertung mehrerer Unterkriterien erfolgt. Innerhalb der Datenbank werden diese Kriterien für die Erstellung von Berichten zu Projekt/Markt/Wettbewerb genutzt.
6. **Dokumente:** Einem Datensatz beigefügte Dokumente (Prospekte, Präsentationen, Reiseberichte etc.) werden in dieser Kategorie alphabetisch aufgeführt und sind für den Nutzer gesammelt und schnell einsehbar.

Die Datenbank verknüpft die oben gesammelten Daten zu Berichten (s. Abb. 64) nach den Themenbereichen:

- **Organisation:** Organisationsstruktur, Wettbewerbsbericht und Darstellung der Entwicklung nach Umsatz, Gewinn, Mitarbeiter für eine ausgewählte Organisation
- **Wettbewerb:** Vergleichende Darstellung von Stärken/Schwächen-Profilen; Wettbewerbspotenzial/Platzierung im Wettbewerb für ausgewählte Unternehmen
- **Produktbewertung:** Vergleichende Darstellung und Bewertung ausgewählter Produkte auf technischer Ebene
- **Marktanteile:** Nach Umsatz oder Gewinn in einem ausgewählten Jahr
- **Projekt:** Erstellung einer Stakeholder-Analyse oder eines Kundenplans für ein ausgewähltes Projekt

Um bereits bestehende Daten zu nutzen, die Fehlerquellen zu reduzieren und Redundanzen in den Datenbeständen zu vermeiden, werden die Datensätze wöchentlich mit der bestehenden ERP-Software abgeglichen, so dass der Datenbestand der Produktdatenbank an aktuellen Änderungen im ERP-System partizipiert. Ein Abgleich in die andere Richtung erfolgt nicht.

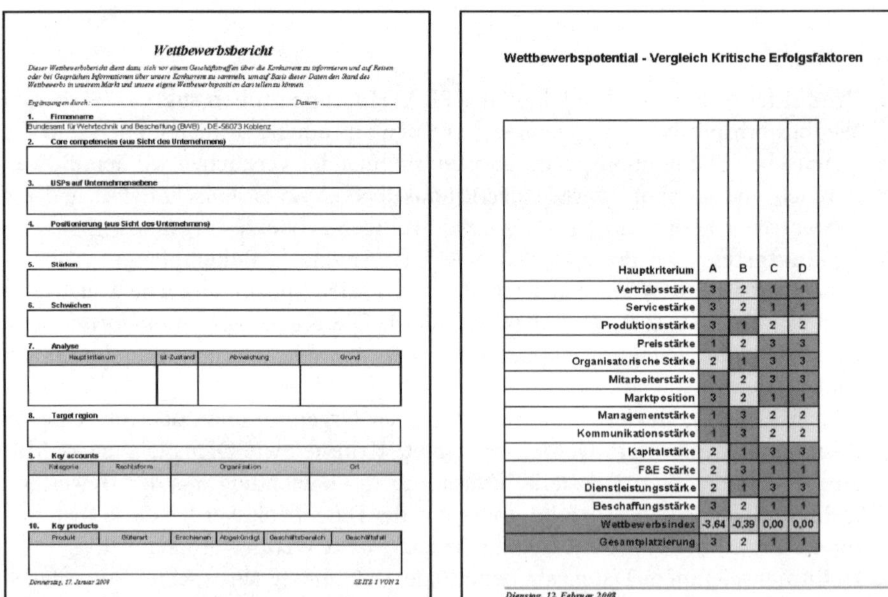

Wettbewerbsbericht

Dieser Wettbewerbsbericht dient dazu, sich vor einem Geschäftstreffen über die Konkurrenz zu informieren und auf Reisen oder bei Gesprächen Informationen über unsere Konkurrenz zu sammeln, um auf Basis dieser Daten den Stand des Wettbewerbs in unserem Markt und unsere eigene Wettbewerbsposition darstellen zu können.

Ergänzungen durch: .... *Datum:* ....

1. **Firmenname**
Bundesamt für Wehrtechnik und Beschaffung (BWB) , DE-56073 Koblenz
2. **Core competencies (aus Sicht des Unternehmens)**
3. **USPs auf Unternehmensebene**
4. **Positionierung (aus Sicht des Unternehmens)**
5. **Stärken**
6. **Schwächen**
7. **Analyse**

Hauptkriterium	Ist-Zustand	Abweichung	Grund

8. **Target region**
9. **Key accounts**

Kategorie	Rechtsform	Organisation	Ort

10. **Key products**

Produkt	Güterart	Erschienen	Abgekündigt	Geschäftsbereich	Geschäftsfall

Donnerstag, 17. Januar 2008 *SEITE 1 VON 2*

Wettbewerbspotential - Vergleich Kritische Erfolgsfaktoren

Hauptkriterium	A	B	C	D
Vertriebsstärke	3	2	1	1
Servicestärke	3	2	1	1
Produktionsstärke	3	1	2	2
Preisstärke	1	2	3	3
Organisatorische Stärke	2	1	3	3
Mitarbeiterstärke	1	2	3	3
Marktposition	3	2	1	1
Managementstärke	1	3	2	2
Kommunikationsstärke	1	3	2	2
Kapitalstärke	2	1	3	3
F&E Stärke	2	3	1	1
Dienstleistungsstärke	2	1	3	3
Beschaffungsstärke	3	2	1	1
Wettbewerbsindex	-3,64	-0,39	0,00	0,00
Gesamtplatzierung	3	2	1	1

Dienstag, 12. Februar 2008

Abb. 64. Produktmanagement-Datenbank (Berichtsbeispiele)

23.4 Erfahrungen und Ausblick

Wissensmanagement lebt von der Bereitschaft der Mitarbeiter, Wissen zu teilen und den Umgang mit Wissen offen zu gestalten. Das Projekt wurde daher zu Beginn der gesamten Belegschaft vorgestellt und von der Geschäftsleitung jederzeit unterstützt. Die beteiligten Mitarbeiter erhielten darüber hinaus zusätzliche Informationen.

Mit dem Projekt und der damit verbundenen (Mehr-)Arbeit wurden bei den beteiligten Mitarbeitern entsprechende Erwartungen verbunden. Neben der umfassenden Information war daher eine eingehende Nutzenargumentation für die Mitarbeit und Motivation hilfreich. Fragen wie: Welchen Nutzen haben die Mitarbeiter von dem zusätzlichen Arbeitsaufwand? Welchen Einfluss haben die getroffenen Maßnahmen auf bestehende Prozesse? etc. wurden gemeinsam diskutiert.

Die hohe Auslastung der Mitarbeiter im Tagesgeschäft beeinflusste die Umsetzung der Maßnahmen zeitweise erheblich. Dies ist vor allem bedingt durch das stark projekt- und damit zeitgetriebene Geschäft. Um die beschlossene Zielsetzung dennoch nicht aus dem Fokus zu verlieren, erwies sich die Etablierung eines „Projektleiters" als unabdingbar. Dieser übernimmt die Funktion des Ansprechpartners nach innen und außen und begleitet und unterstützt die Umsetzung der einzelnen Maßnahmen.

Trotz des erhöhten Zeit- und Arbeitsaufwands setzte die Analyse- und Umsetzungsphase wertvolle neue Impulse bei den Mitarbeitern, die diese in ihren Abteilungen und laufenden Arbeitsprozesse eingebunden haben.

Die Produktmanagement-Datenbank wird sukzessive mit weiteren Inhalten gefüllt und in erster Linie von Produktmanagement, Marketing, Vertrieb und der Projektleitung genutzt werden. Die Berichte und Analysen dienen u.a. der Vorbereitung auf Kundengespräche, der schnellen Analyse eines Projektes, der Nutzung von Synergieeffekten und der Vermeidung von Fehlern.

Kapitel 24
PM-Automotive GmbH – Verantwortung durch Qualifizierung übergeben

Annegret Döhler

24.1 Unternehmensprofil

Unternehmen:	**PM-Automotive GmbH**
Firmensitz:	Wilkau-Hasslau
Anzahl Mitarbeiter:	82
Produktspektrum:	Herstellung und Vertrieb von Bauteilen und Baugruppen sowie der notwendigen Werkzeuge und Vorrichtungen für den Fahrzeugbau
Branche:	Automotive

Die PM-Automotive GmbH wurde im Oktober 2001 von den geschäftsführenden Gesellschaftern als Automobilzulieferer mit Sitz in Wilkau-Hasslau gegründet. Das Tätigkeitsfeld des mittelständigen Unternehmens umfasst die Herstellung und den Vertrieb von Bauteilen und Baugruppen sowie der notwendigen Werkzeuge und Vorrichtungen für den Fahrzeugbau. Mit der weiteren Fokussierung auf das Seriengeschäft setzt die PM-Automotive GmbH ihre Entwicklung zu einem verlässlichen und stabilen Partner der Automobilindustrie und der großen Systemlieferanten fort. Unsere Kunden sind fast zu gleichen Teilen in- und ausländische Systemlieferanten und Automobilhersteller. Unser Personalbestand stieg in den vergangenen sechs Jahren auf insgesamt 82 Mitarbeiter.

Die strategische Ausrichtung der PM-Automotive GmbH mit den Eckpfeilern Wachstum, Ertragssteigerung und Erhöhung der finanziellen Unabhängigkeit hat unverändert Gültigkeit. Im Jahr 2008 werden wir mit der Vorserienfertigung komplexer Module für den Einsatz in Nutzfahrzeugen beginnen. Das von uns angestrebte Umsatzwachstum von durchschnittlich 20 Prozent in den nächsten fünf Jahren ist erklärtes Unternehmensziel.

K. Mertins, H. Seidel, *Wissensmanagement im Mittelstand*

© Springer 2009

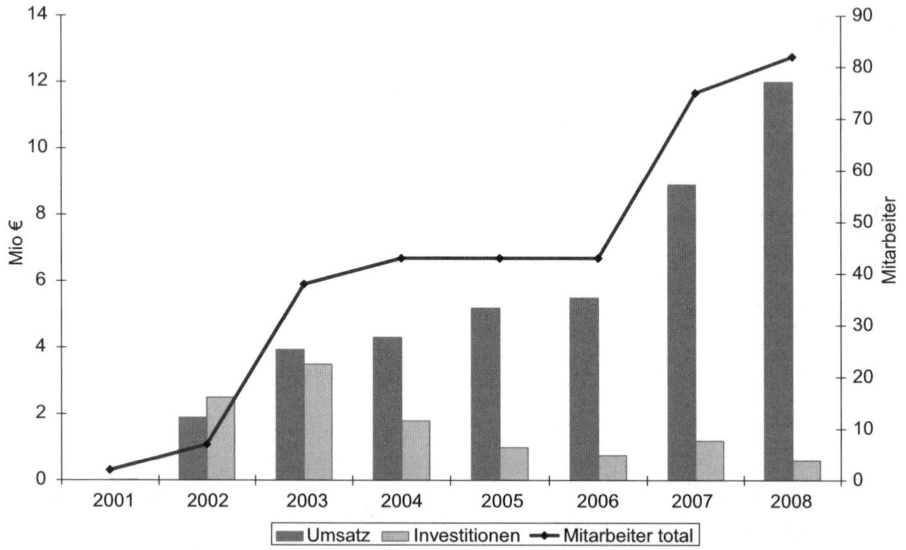

Abb. 65. Entwicklung Umsatz, Investitionen und Mitarbeiter PM-Automotive GmbH

24.2 Ausgangslage und Rahmenbedingungen

Als wir 2006 als einer von drei Erstanwendern mit ProWis starteten, wies die PM-Automotive GmbH eine funktionale Organisationsstruktur auf. Unterhalb der Unternehmensleitung, die im Unternehmen eine doppelte Führungsspitze besitzt, waren die Hauptabteilungen nach Sachfunktionen – nach dem Verrichtungsprinzip – gebildet. Das Unternehmen war sehr stark auf unsere Geschäftsführer fokussiert, auf die sich das Kunden- und Produktwissen nahezu beschränkte. Die Eigenverantwortung der Mitarbeiter und die Einschätzung der Reichweite ihres Handelns musste entwickelt werden. Die Bereitschaft zur Wissensteilung war prinzipiell vorhanden, scheiterte jedoch teilweise an Abteilungsgrenzen.

Die Zukunftssicherung durch eine flexible Automatisierung und entsprechend engagierten und qualifizierten Mitarbeitern bildete die Hauptmotivation uns mit dem Thema Wissensmanagement und insbesondere mit der internen Kommunikation auseinanderzusetzen.

Unsere Hauptziele waren:

- Aufgaben müssen innerhalb der sehr schlanken Struktur der Firma, auch bei Abwesenheit von Schlüsselmitarbeitern, erfüllt werden können
- Informationen/Wissen ohne Zeitverzug und Interpretation an den Bedarfspunkt/ Mitarbeiter bringen
- Motivation/Zielorientierung der Mitarbeiter durch Information erhöhen
- Rahmen für kontinuierliche interne Mitarbeiterschulung schaffen

24.3 Analysephase WM-Audit und GPO-WM

Zu Beginn führten wir eine onlinebasierte Umfrage aller Mitarbeiter unseres Unternehmens zu Wissensbedarf/-verfügbarkeit, Kernaktivitäten und Gestaltungsfeldern des Wissensmanagements durch. Dadurch sollten Defizite und Probleme im Umgang mit Wissen und Identifikation von Handlungsfeldern zur Optimierung des Umgangs mit Wissen ermittelt werden. Alle Mitarbeiter, sowohl in Verwaltung als auch in den Fertigungsbereichen standen dieser Befragung offen gegenüber. Im zweiten Schritt erfolgten teilstrukturierte Gruppeninterviews zur Analyse und Bewertung des Umgangs mit dem erfolgskritischen Wissen. Bei der Analyse des Umgangs mit Wissen wurde der Prozess „Projektablauf" unter Berücksichtigung der Bereiche „Kundenauftrag", „Abnahme der Produkte" und „interner Projektabschluss" einer näheren Betrachtung unterzogen.

Zentrale Analyseergebnisse

Die über das WM-Audit ermittelten bestehenden Aktivitäten in Hinblick auf den systematischen Umgang mit Wissen zeigten eine durch die Geschäftsführung stark geprägte Unternehmenskultur auf. Die flache Hierarchiestruktur ermöglichte einen engen Kontakt der Geschäftsführung mit uns Mitarbeitern. Durch das rasche Wachstum unseres Unternehmens zeichnete sich ab, dass neben dem persönlichen Kontakt neue Formen der Interaktion gefunden werden mussten. Auch wurde zukünftig mehr Delegation von Entscheidungen und Verantwortlichkeiten

Tabelle 19. Übersicht über die Ergebnisse aus dem WM-Audit

Analyse	Was
Unternehmenskultur	• stark durch Geschäftsführung geprägt • wenige Möglichkeiten zum Ausbau von Selbstverantwortung der Mitarbeiter • Unternehmenskultur wird als offen und kooperativ beschrieben • Bedeutsamkeit von Wissen im Unternehmen wird nicht durchgängig erkannt
Organisation und Rolle (Prozesse)	• festgelegte Rollen und klare Aufgabenverteilungen • Arbeit nach Standards/Prozesse erfolgt bereits gut
Informationstechnik	• IT-Kompetenzen der Mitarbeiter sind unterschiedlich gut ausgeprägt • Nutzung des Groupware-Systems Tobit ausbaufähig
Führungssystem	• Geschäftsführung ist stark in das operative Geschäft eingebunden
Personalmanagement	• keine Mitarbeiterbewertung • interne Kompetenzträger sind nicht immer transparent

Tabelle 20. Übersicht über die zentralen Ergebnisse aus dem GPO-WM

Analyse	Was
Wissensdomäne „Kundenwissen"	• Kenntnisse über Wissensdomäne sind bei der Geschäftsführung zentralisiert • Kommunikation des Wissens muss gezielter/konsequenter vorgenommen werden • Speicherung und Verteilung muss ausgebaut werden
Wissensdomäne „Produktwissen"	• Kenntnisse über Wissensdomäne sind bei der Geschäftsführung zentralisiert • Speicherung und Verteilung muss ausgebaut werden • effektive und effiziente Nutzung des Wissens muss durch eine systematische Auswertung und Offenlegung des dokumentierten Wissens und Verantwortlichkeiten verstärkt werden
Wissensdomäne „Methodenwissen"	• kritische Prozessschritte sind dem Unternehmen bekannt und Lösungsstrategien werden bereits entwickelt • es erfolgt eine konsequente und fortwährende Pflege des Methodenhandbuches
Wissensdomäne „Organisationswissen"	• Schwierigkeiten im Bereich der Projektorganisation • interne Kompetenzträger sind nicht immer transparent

notwendig, um einer Überlastung der Geschäftsleitung entgegen zu wirken. Dieser stärkere Einbezug der Mitarbeiter sollte auch den bisher hohen Grad an Einsatzbereitschaft weiter stärken. Weiterer Handlungsbedarf bestand in der Festlegung einer einheitlichen Unternehmenssprache (Terminologie, Funktionsbezeichnungen usw.), um die Kommunikation und das Verständnis zu erleichtern. Des Weiteren wurde ein offenerer Umgang mit Fehlern angestrebt, damit aus diesen Erfahrungen für die Zukunft gelernt werden kann.

Mit dem GPO-WM erfolgte im weiteren Verlauf der Analysephase eine detaillierte Untersetzung der Ergebnisse des WM-Audits und die Bewertung des syste-

Tabelle 21. Zusammenfassende Bewertung der Wissensdomänen und Kernaktivitäten aus der GPO-WM-Analyse

Wissensdomäne	Kernaktivitäten			
	Erzeugen	Speichern	Verteilen	Anwenden
Wissen über die eigene Organisation (Bemusterung)	grün	grün	grün	grün
Kundenwissen (Projektplanung)	rot	gelb	grün	grün
Produktwissen (Projektplanung)	gelb	gelb	gelb	rot
Methodenwissen (Bemusterung)	grün	grün	grün	grün

matischen, methodengestützten Umgangs mit Wissen in ausgewählten Geschäftsprozessen bzw. Teilprozessen. Bei uns kristallisierte sich dabei heraus, dass für die betrachteten Geschäftsprozesse bzw. Teilprozesse (Projektplanung, Bemusterung bis zum Serienstart) die Wissensdomänen Kunden-, Produkt-, Methoden- und Organisationswissen von besonderer Relevanz sind und wurden infolgedessen einer eingehenden Untersuchung unterzogen.

24.4 Wissensmanagement-Maßnahmen

Im Ergebnis des WM-Audits und der GPO-WM-Analyse wurden die folgenden vier grundsätzlichen Globalziele des Unternehmens und ihre Methoden zur Realisierung abgeleitet:
1. Verbesserung der Kommunikation und des Wissensaustausches untereinander (Maßnahme: Schnittstellenworkshops)
2. Dokumentation, Weitergabe und Nutzung von Erfahrungswissen mit Hilfe eines klar definierten und strukturierten Prozesses (Maßnahme: Lessons Learned-Workshops)
3. Wirksame Delegation von Verantwortung durch gezielte Kompetenzentwicklung (Maßnahme: Bildung von Projektgruppen)
4. Erarbeitung von Stellenbeschreibungen und die Einführung von Mitarbeiterbeurteilungen für jeden Mitarbeiter innerhalb des Unternehmens (Maßnahme: Stellenbeschreibung/Mitarbeitergespräch)

Schnittstellen-Workshops zur Verbesserung der internen Kommunikation

Mit der Durchführung von Schnittstellen-Workshops wollten wir die Kommunikation und den Wissensaustausch innerhalb des Unternehmens gezielt verbessern. Wir führten drei Schnittstellen-Workshops unter der Moderation der Fraunhofer-Gesellschaft in unserem Unternehmen durch:
- Presswerkfertigung – Qualitätssicherung
- Schweißerei – Fertigungsleitung/Disposition
- Geschäftsführung – mittleres Management

Zum Ziel hatten diese Workshops, dass sich die verschiedenen Bereiche des Unternehmens verstärkt als Dienstleister verstehen und sich damit auch im Umgang mit Mitarbeitern anderer Abteilungen kundenorientiert verhalten. Angestrebt wurde insgesamt einerseits eine spürbare Verbesserung der bereichsübergreifenden Zusammenarbeit, indem Stärken und Schwächen im internen Miteinander aufgezeigt, Ursachen sich abzeichnender Defizite ermittelt und die gemeinsam mit den betroffenen Mitarbeitern erarbeiteten Lösungswege in konkrete Maßnahmen überführt wurden. Gleichzeitig erfolgte eine Moderatorenschulung zur Durchführung von Schnittstellenworkshops für die PM-Automotive GmbH durch die Mitarbeiter der Fraunhofer-Gesellschaft, so dass wir nun selbst in der Lage sind, Schnittstellen-Workshops durchzuführen.

Schnittstellen-Workshops werden wir als Instrument weiterhin nutzen. Dazu haben wir im Moment keine festen Regeln integriert. Anlass werden wachsende bzw. neue Strukturen genug bieten.

Fallbeispiel Schnittstelle „Presswerk und Qualitätssicherung“

Wir luden die jeweiligen Mitarbeiter in unseren Besprechungsraum ein und führten die Befragungen zunächst getrennt je Schnittstelle aus. Alle Aussagen zu den einzelnen Fragen wurden auf einer Pinnwand gesammelt. Nach ca. 20 Minuten stellte jede Gruppe ihre Aussagen der anderen Gruppe vor. Dabei wurden die Ergebnisse ausführlich erläutert und diskutiert.

In der Gruppenarbeit zeigte sich, wie wichtig es ist, zunächst auch die (oft zahlreichen) positiven Aspekte der Zusammenarbeit zu benennen. Aus Sicht der Qualitätssicherung liegen die Stärken des Presswerkes z. B. in der flexiblen Arbeitsgestaltung, in der Lernbereitschaft und Eigeninitiative der dort eingesetzten Mitarbeiter, der schnellen Fehlererkennung und Umsetzung von Aufgaben.

Defizite zeigten sich aus Sicht der Qualitätssicherung z. B. in Unregelmäßigkeiten bei der Schichtübergabe, in Ordnung und Sauberkeit am Arbeitsplatz sowie in der offenen Kommunikation eigener Fehler.

Das Presswerk sieht die Stärken der Qualitätssicherung im Entscheidungstempo, im hohen Engagement und der hohen Zuverlässigkeit in den Arbeitsprozessen, in Einsatzbereitschaft sowie im Fingerspitzengefühl im Umgang mit Kunden. Defizite sahen die Mitarbeiter des Presswerkes z. B. in der Erreichbarkeit oder im mangelnden Informationsfluss.

Auf der gemeinsamen Ursachenfindung aufbauend wurde im weiteren Verlauf ein Maßnahmenkatalog für den Umgang mit Information, Wissen und der Kooperation an der Schnittstelle erarbeitet.

Bei der PM-Automotive GmbH wurden für das Presswerk Maßnahmen erarbeitet, die vor allem die Verantwortlichkeiten in der Abteilung und an der Schnittstelle zur Qualitätssicherung eindeutig benennen. Hier soll die Schichteinteilung künftig nicht mehr wie bisher durch die Geschäftsführung vorgenommen werden. Außerdem müssen Prioritäten in den Arbeitsabläufen klarer kommuniziert werden. Dazu gehört auch, dass das Dienstleistungsprinzip weiter etabliert und eine Gruppendynamik geschaffen wird, die Fehler nicht am Einzelnen festmacht, sondern die Abteilung als Ganzes auftreten lässt. Dafür ist die Vorbildfunktion der Schichtführer entscheidend.

Für die Qualitätssicherung erarbeiteten die Workshopteilnehmer einen Maßnahmenkatalog, der auf eine bessere Abteilungs-Kunden-Kommunikation abzielt. So sollen Referenzteileabnahmen künftig im Beisein des Kunden durchgeführt, Kundeninformationen frühzeitig eingeholt und besser kommuniziert werden. Zur besseren Erreichbarkeit und Abstimmung an der Schnittstelle werden die Schichtführer und die Qualitätssicherung mit Mobiltelefonen ausgestattet. Ferner werden Baupläne von Teilen zum verbesserten Produktverständnis visualisiert.

Alle drei durchgeführten Schnittstellen-Workshops zeigten eine ausgesprochene offene Atmosphäre. Die Mitarbeiter konnten sich ihre Probleme einmal „von der Seele reden". Alle Veranstaltungen sind sehr konstruktiv verlaufen. Die Workshops wurden mit praktischen Umsetzungsvereinbarungen abgeschlossen, die die im Mittelpunkt der Betrachtung stehende Schnittstellenarbeit optimieren und dauerhaft stärken sollen.

Mit Lessons Learned Erfahrungen sichern

Mit dem Lessons Learned-Workshop (s. Methodenbeschreibung in Kap. 8) steht unserem Unternehmen eine Methode zur Verfügung Erfahrungswissen, das im Zuge der Durchführung eines Projektes oder einer Arbeitsaufgabe generiert wurde, in einer Form zu dokumentieren, die eine effektive und effiziente Weitergabe und Nutzung gewährleistet. Andere Mitarbeiter sollen von den erzielten Lernerfahrungen profitieren, indem sie einen Zugang zu diesem Wissen erhalten, sich bedarfsgerecht dieses Wissen selbstständig aneignen und im Zuge ihrer eigenen Arbeit einfließen lassen. So können schließlich aus „guten Beispielen" Best Practices abgeleitet und Fehler vermieden werden, die bereits anderen Mitarbeitern unterlaufen sind. Voraussetzung für eine derartige Vorgehensweise ist allerdings eine positive Fehlerkultur im Unternehmen, die das Zu- und Weitergeben negativer Erfahrungen zulässt und ein ausreichendes Maß an Zeit zur Durchführung eines solchen Handelns zur Verfügung stellt.

Zwei Mitarbeiter der PM-Automotive GmbH wurden durch die Fraunhofer-Forscher geschult, somit sind wir inzwischen in der Lage nach jedem Verlagerungsprojekt unsere Erfahrungen selbst zu sichern. Tabelle 22 beschreibt die Ausgangssituation bei einem solchen Verlagerungsprojekt, d. h. einem Projekt bei dem die PM-Automotive GmbH für eine bestimmte Zeit die Produktion eines Kunden auf der PM-Automotive GmbH Presse übernimmt. Wir haben bewusst dieses Projekt als Piloten ausgewählt, weil wir uns hier sehr hohe Lerneffekte erhofft haben.

Im Rahmen des ca. dreistündigen Workshops nach dem im Kapitel 8 beschriebenen Vorgehens sind einige ganz konkrete Maßnahmen herausgearbeitet worden, wie wir aus unseren Projektfehlern lernen wollen. Neben diesen Maßnahmen wurden auch positive Aspekte hervorgehoben, auf denen zukünftig aufgebaut werden soll. Abbildung 66 beschreibt die gesammelten Erfahrungen (Lessons Learned), die zumeist den angegebenen sechs Feldern zugeordnet werden können.

Aus dem Lessons Learned-Workshop wurde erneut die Notwendigkeit der Förderung der Mitarbeiter zur Übernahme von Verantwortung herausgearbeitet. Der nachfolgende Abschnitt beschreibt die daraufhin angestoßenen Maßnahmen der verschiedenen ins Leben gerufenen Projektgruppen.

Tabelle 22. Fallbeispiel Workshop Lessons Learned

Ausgangsituation	Kurzfristige Verlagerung der Fertigung von Bauteilen
Zeitraum	29.09.–03.10.06 mit Optimierungsschleife Werkzeugbau
Werkzeugstatus	Werkzeug ohne Optimierung aus dem Werkzeugbau zur ersten Fertigung von ca. 800 Teilen
Beteiligte	Mitarbeiter der Firma des verlagerten Werkzeuges, 3 Mitarbeiter PMA
Risiko	manuelle Nacharbeit
Ergebnis	Deformation der Bauteile, Sortieraktion am Band beim Endverbraucher, beschädigte Bauteile, ca. 300 n.i.O. Teile
Umsatz	7.000 €
Schaden	25.000 €

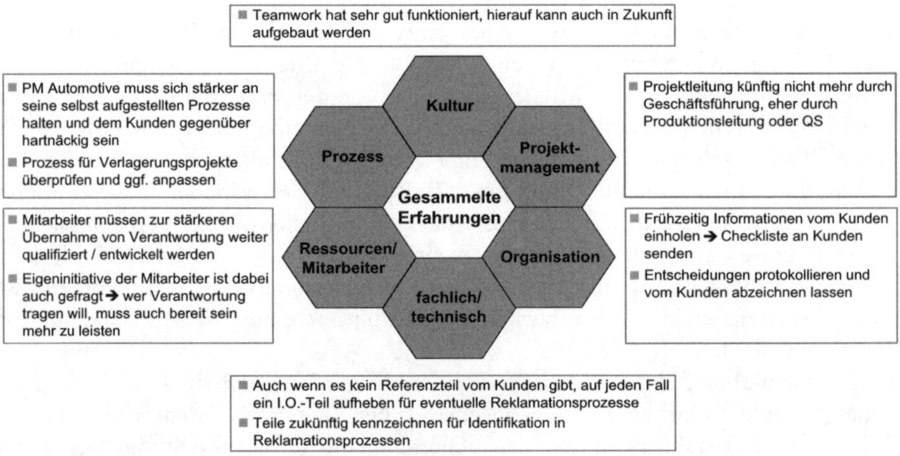

Abb. 66. Gesammelte Erfahrungen aus dem Lessons Learned-Workshop

Projektgruppen zur Förderung der Selbstverantwortung von Mitarbeitern

In den für einen begrenzten Zeitraum gebildeten Projektgruppen bearbeitet ein Team von fünf bis zehn Mitarbeitern ein von der Geschäftsführung vorgegebenes oder ein aus Veranstaltungen (z. B. Lessons Learned-Workshop, Schnittstellen-Workshop) hervorgegangenes und mit Handlungsbedarf behaftetes Thema. Die Bearbeitung der klar umgrenzten Themenstellung, die eine gegebene Aufgabenstellung mit konkreter Zielstellung und den Anspruch einer durch das Team selbstständig zu erarbeitenden Gestaltung des Lösungsweges umfasst, erfolgt dabei in einer beständigen

Teamzusammensetzung pro Aufgabenstellung und eines vorgegebenen begrenzten Zeitrahmens.

Fallbeispiel Projektgruppe – Neubau und Umbau der Sozialräume

Zum Zeitpunkt der Vorstellung der Methode Projektgruppen planten wir gerade verschiedene kleine Baumaßnahmen. Die Rahmenbedingungen (Beauftragung der Dienstleister wie z. B. Klempner, Fliesenleger usw.) dafür waren gesteckt und es sollte nun der Bau bzw. Umbau begleitet werden. Dazu luden wir vier Mitarbeiter aus der Fertigung ein und übertrugen die Aufgaben entsprechend.

Die Mitarbeiter hatten keine Probleme bei der Umsetzung der Aufgaben. Die Abstimmung mit den Gewerken und der damit verbundene Zeitplan wurden ohne Probleme eingehalten. Man spürte eine gewisse Motivation, das vorgegeben Ziel zu erreichen. Das Ergebnis zeigte, dass die Mitarbeiter keine Probleme bei der Umsetzung hatten.

Fallbeispiel Projektgruppe – Einführung eines neuen Schichtmodells

Mitte 2007 wurde es zwingend notwendig, das bestehende Schichtmodell in ein flexibles Modell umzuwandeln. Es wurde ein Projektteam aus der Fertigungssteuerung und dem Personalwesen mit dem Ziel gebildet, ein Programm zu finden und zu installieren, welches unseren Anforderungen gerecht wurde. Zeit blieb nicht sehr viel. Es musste innerhalb von sechs Wochen was Passendes gefunden werden. Es war ebenfalls wichtig, die Mitarbeiter vom Presswerk umfassend zu informieren und mit der neuen Situation vertraut zu machen. Schließlich bedeutete dieses Modell erhebliche persönliche Veränderungen. Durch die Aufgabenverteilung innerhalb des Projektteams konnte eine reibungslose Einführung des Schichtmodells erfolgen. Das Team wirkte auch als Multiplikator. Die betroffenen Mitarbeiter hatten somit mehrere Ansprechpartner zu offenen Fragen.

Wir planen die Arbeit in Projektgruppen als festen Bestandteil zu integrieren. Die bisherigen Fälle zeigten, dass die Mitarbeiter mit hohem Einsatz an die Umsetzung herangegangen sind. Abweichend zu ihren eigentlichen Aufgaben bringen diese Projekte auch Abwechslung in deren tägliche Arbeit.

Stellenbeschreibungen und Mitarbeitergespräch

Seit Mai 2007 führt die Geschäftsführung mit ausgewählten Mitarbeitern Gespräche durch. Dabei wurden mit dem Mitarbeiter Vereinbarungen über seine persönlichen Ziele, sowie über Gruppenziele und den Unternehmenszielen getroffen: Diese Vereinbarungen sind für einen Zeitraum von einem Jahr gültig. Damit wollen wir die aktive Mitarbeit Einzelner erreichen. Sie sollen gleichzeitig auch als Multiplikatoren wirken. Mit der Aktualisierung von Stellenbeschreibungen und der erstmaligen Durchführung von Mitarbeiterbeurteilungen verfolgt die PM-Automotive GmbH das primäre Ziel, eine wirksame Aufgabendelegation durch gezielte Kompetenzentwicklungsmaßnahmen zu ermöglichen, um damit die Geschäftsleitung mit Blick auf ihren derzeitig sehr starken Einbezug in operative Geschäfte zu entlasten.

24.5 Erfahrungen bei der Durchführung und Ausblick

Der Einführungsprozess des Wissensmanagements und erste Projektaktivitäten erfolgten bei der PM-Automotive GmbH unter dem Titel „Verbesserung der internen Kommunikation und Zusammenarbeit", da der Begriff Wissensmanagement gegenüber den Mitarbeitern nur schwer vermittelbar ist.

Zu keinem Zeitpunkt des Projektes traten bei uns Barrieren auf, die auf den Umgang mit unternehmensspezifischem Wissen zurück zu führen sind. Die häufig in diesem Zusammenhang zu beobachtende Verweigerung der Mitarbeiter, Wissen und Erfahrungen mit anderem Mitgliedern der Organisation zu teilen, wird grundsätzlich als eine der größten Barrieren für ein erfolgreiches Wissensmanagement angesehen, konnte jedoch bei uns im Unternehmen nicht wahrgenommen werden. Ängste der Mitarbeiter, in ihrer persönlichen Freiheit eingeengt oder überwacht zu werden, den neuen Anforderungen nicht gewachsen zu sein oder durch Wissenspreisgabe überflüssig zu werden, sind nicht erkannt worden.

Erste Ergebnisse zeigen, dass die qualitative Entwicklung unserer Mitarbeiter durch regelmäßige Schulungen zu den Produkten und Prozessen durch geeignete Methoden (u.a. vom Wissensmanagement) in einer zunehmend positiven Resonanz unserer Kunden resultiert. Mit unserer, vom ProWis-Projekt flankierten Initiative zur Mitarbeitermotivation haben wir ein Umsatz- und Produktivitätswachstum realisiert, das wir nicht für möglich gehalten hätten. Wir haben das Jahr 2007 mit einer Umsatzplanung von 500T€/Monat gestartet, rechneten mit 1.200T€/Monat ab. Unsere Qualitätskennzahlen sind auf dem Planungsniveau geblieben und das trotz eines Schichtmodells, das mit 18 Schichten/Woche hart an der Grenze zum Machbaren ist.

Auch 2008 werden wir weitere Projekte mit neuer Technik starten, bei denen uns die Erfahrungen mit Wissensmanagement helfen werden. Unsere Organisationsstruktur steht auf dem Prüfstand und muss sich den neuen Anforderungen stellen. Wissensaustausch und -weitergabe werden zunehmend an Bedeutung gewinnen. Dabei werden uns die Methoden Lessons Learned und die Bildung von Projektteams unterstützen. Es bleibt spannend, wie wir die weiteren Mitarbeiter abholen können.

Kapitel 25
Schmalz – Wikipedia für den unternehmensinternen Einsatz

Patrick Ulmer

25.1 Unternehmensportrait

Unternehmen:	**J. Schmalz GmbH**
Firmensitz:	Glatten
Anzahl Mitarbeiter:	weltweit über 500 Mitarbeiter
Produktspektrum:	Vakuum-Komponenten, -Greifsysteme, -Aufspannsysteme und manuelle Handhabungssysteme
Branche:	Maschinenbau

Die J. Schmalz GmbH ist ein mittelständisches familiengeführtes Unternehmen, welches sich im Bereich der Vakuum-Technik einen Namen gemacht hat und gegenwärtig als ein führender Hersteller auf diesem Gebiet angesehen werden kann. Das moderne, zukunftsorientierte Unternehmen wurde im Jahre 1910 von Johannes Schmalz gegründet und befand sich zum damaligen Zeitpunkt auf der Ebene der Produktherstellung aus heutiger Sicht auf gänzlich anderem Terrain. Mit der Herstellung von Rasierklingen konnte das Unternehmen ca. 35 Jahre am Markt bestehen, doch mit der Erfindung des Elektrorasierers und der damit einhergehenden Marktverdrängung der Rasierklingen war die Basis des bisherigen Geschäftserfolges verloren gegangen. Eine neue Produktausrichtung musste daraufhin geschaffen werden, im Zuge deren dem Unternehmen das Prinzip Zufall zu gute kam. Zunächst widmete sich die J. Schmalz GmbH der Herstellung von Transportgeräten, die auf Flughäfen zur Beförderung von Gepäckstücken und auf Bahnhöfen von Stückgütern zum Einsatz kamen. Doch auch auf diesem Gebiet zeichnete sich im Laufe der Zeit ein Wandel ab, im Rahmen dessen u.a. die Transportgeräte auf Flughäfen durch Gepäckbänder ersetzt wurden.

Die zum damaligen Zeitpunkt produzierten Lacktrockenwägen, die ebenso zur Produktpalette des Unternehmens zählten, wurde dabei primär an Schreinereien

© Springer 2009

verkauft. Einem persönlichen Gespräch eben mit einem jener damaligen Kunden aus dem Bereich der Schreinerei ist die heutige Produktausrichtung des Unternehmens zu verdanken. Der in diesem Zusammenhang entstandene Auftrag bestand darin, eine Spannvorrichtung zu konstruieren, mit deren Hilfe eine Bearbeitung von Holzplatten, um ihre eigene Achse drehend, möglich ist, ohne eine Beschädigung der Holzplatte zur Folge zu haben. Das Ergebnis dieser Herausforderung war die Entwicklung des ersten pneumatischen Vakuum-Tisches. Daraufhin nahm allerdings eine Erfolgsgeschichte seinen Lauf, die heute in der Beschäftigung von über 500 Mitarbeitern weltweit in 52 Ländern mit 18 eigenen Gesellschaften gipfelt. Aus der beschriebenen Historie wird bereits ersichtlich, wie wichtig die fortwährende Wandlungsfähigkeit sowie die Fähigkeit zur Nutzung bzw. Integration neuen Wissens für den Unternehmenserfolg waren und sind.

25.2 Ausgangslage und Fortsetzung der bereits angetretenen „Expedition“ zum Wissensmanagement

Aufgrund des starken Unternehmenswachstums der J. Schmalz GmbH beschäftigte sich das Unternehmen schon früh mit dem Thema Wissensmanagement zunächst allerdings ohne einen direkten Verweis auf die Begrifflichkeit. Um die stetig wachsenden Wissensbestände innerhalb des Unternehmens beherrschen zu können und

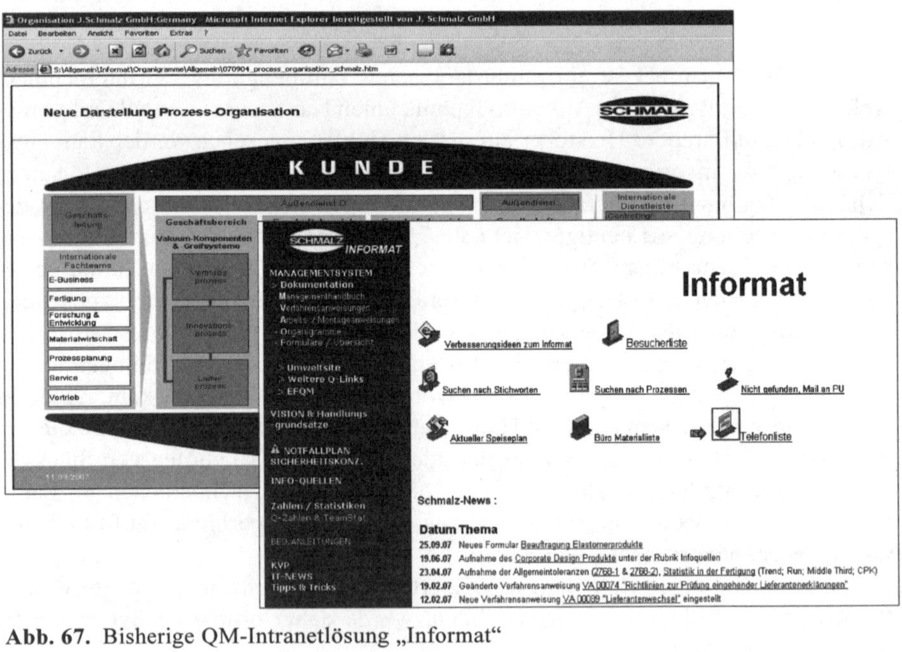

Abb. 67. Bisherige QM-Intranetlösung „Informat“

den Bestrebungen aufbereitetes Wissen einem möglichst großen Mitarbeiterkreis zugänglich zu machen, begab sich das Unternehmen auf die Suche nach Wegen, dieses Vorhaben zu realisieren. Einen ersten Schritt in diese Richtung wurde mit der Implementierung des Qualitätsmanagementsystems nach DIN EN ISO 9001:1994 bereits 1994 vorgenommen, indem das damalig lediglich in Papierform vorliegende Handbuch über diese Intranet-basierte Lösung allen Mitarbeitern zur Verfügung gestellt wurde.

Grundsätzlich wuchs im Laufe des unternehmerischen Bestehens allerdings der Bedarf an unterschiedlichen EDV-Systemen, um die mit dem Wachstum verbundenen Datenmengen noch effektiv verarbeiten zu können. Infolgedessen begann das Unternehmen frühzeitig damit, eine elektronische Archivierung umzusetzen. Doch mit der hierbei vorgenommenen Einführung eines CRM-Systems[1] sowie eines PLM-Systems[2] wuchsen in gleichem Maße auch die Anforderungen an die Mitarbeiter im Umgang mit diesen technischen Gegebenheiten. Als eine weitere und sich für uns hierbei als sehr wertvolle Möglichkeit des kontinuierlichen Aufbaus von Wissen und Kompetenzen unsere Mitarbeiter hat sich die schon seit vielen Jahren bewährte Schmalz-Academy gezeigt. Mit den darüber regelmäßig stattfindenden Schulungen kann den Mitarbeitern u.a. das moderne IT-Umfeld des Unternehmens gezielt näher gebracht werden. Im Rahmen dessen wurde das Schulungsangebot auch auf andere Themenfelder ausgerichtet, wobei halbjährig eine aktualisierte Broschüre mit sämtlichen Weiterbildungsmöglichkeiten erstellt wird. Die damit angebotene Vielfalt der mittlerweile durchschnittlich über 100 verschiedenen Seminare pro Jahr ermöglicht sowohl eine umfangreiche berufliche Weiterentwicklung als auch die Teilnahme an unzähligen Freizeitaktivitäten. Über die hierdurch erfolgende Partizipation an gemeinsamen Aktivitäten wird darüber hinaus das Wir-Gefühl gestärkt und das Teamverhalten innerhalb des Unternehmens nachhaltig gefördert.

Das Unternehmen beschäftigt sich folglich schon seit längeren mit dem Thema Wissensmanagement und untersuchte unterschiedliche Ansätze hierzu. Leider wurden in der Vergangenheit zum Teil sehr wissenschaftliche Ansätze betrachtet, die dem Unternehmen keine wirklichen pragmatischen Ansätze zur Umsetzung boten. Aufgrund dieser Erfahrungen wurde im Rahmen einer Strategiesitzung der Punkt der Einführung eines systematischen Wissensmanagement als strategische Initiative aufgenommen.

Als erste Aktivität wurde damit begonnen eine Wissenslandkarte in Form einer Mindmap zu erstellen. Hierbei wurde klar, dass das Unternehmen schon viele einzelne Aktivitäten mit Wissensmanagement-Bezug implementiert hatte, aber die Verknüpfung dieser Maßnahmen – auch unter dem zusammenfassenden Begriff „Wissensmanagement“ – fehlte.

---

[1] Customer-Relationship-Management: Bezeichnet die Dokumentation und Verwaltung von Kundenbeziehungen.

[2] Product-Lifecycle-Management: Bezeichnet ein IT-Lösungssystem, mit dem alle Daten, die bei der Entwicklung, Produktion, Lagerhaltung und dem Vertrieb eines Produkts anfallen, einheitlich gespeichert, verwaltet und abgerufen werden.

25.3 Integration von ProWis in die vorhandene strategische Wissensmanagement-Initiative

Im Zuge der bereits umgesetzten unternehmerischen Aktivitäten und der damit auch vielfältig angelegten theoretischen Auseinandersetzungen auf dem Gebiet des Wissensmanagements wurde die J. Schmalz GmbH auf die vom BMWi eingeleitete Initiative „Fit für den Wissenswettbewerb“ aufmerksam. Das im Rahmen dessen ins Leben gerufene Projekt ProWis rückte dabei ins nähere Interesse, da es ein aus unser Sicht vielversprechenden Eindruck mit Blick auf die Implementierung eines als ganzheitlich zu bezeichnenden Wissensmanagement-Ansatz vorsah. Die hierbei zunächst vorgesehene Status quo-Analyse des Unternehmens hinsichtlich seines Umgangs mit Wissen sah in einem ersten Schritt dabei zunächst die Durchführung eines sogenannten WM-Audits und darauffolgend die GPO-WM-Analyse vor. Hierbei zeigte sich, dass vor dem Hintergrund der ausgewählten Wissensdomänen vornehmlich im Bereich der Wissensteilung ein Handlungsbedarf bestand, den es sich aktiv zu widmen galt (s. Tabelle 23).

Die Vielzahl an genutzten IT-Systemen (ERP, CRM, PLM etc.) führte bei vielen Mitarbeitern zu einer Intransparenz darüber, welche Inhalte wo gespeichert und abgerufen werden konnten. Die damit einhergehende teilweise redundante Datenhaltung innerhalb der J. Schmalz GmbH erschwerte zu Beginn des Projektes bereits innerhalb der einzelnen Abteilungen eine zeitnah erfolgende, zielgerichtete Auffindung benötigter Informationen respektive Wissen für die Bearbeitung der jeweiligen Arbeitsaufgabe. Ursächlich dafür war eine Kombination aus fehlenden einheitlichen Regeln zur Wissensablage in der entsprechenden Ordnerstruktur und einer teilweise unzureichenden Umsetzung bestehender Absprachen.

Es wurde darüber hinaus deutlich, dass auch im Bereich der abteilungsübergreifende Kommunikation von Informationen noch Verbesserungspotenziale schlummerten, die sich auch in einer geringen Kenntnis über die Relevanz des Wissens für die jeweils anderen Mitarbeiter außerhalb der eigenen Abteilung begründete. Der darüber zu ermöglichende Erfahrungsaustausch der Mitarbeiter sollte daher im weiteren Verlauf noch stärker forciert werden, da der Gehalt an Erfahrungswissen im Zuge einer effektiven und effizienten Umsetzung der Arbeitsaufgaben grundsätzlich als relativ hoch betrachtet werden kann.

Tabelle 23. Zusammengefasstes Ergebnis der GPO-WM-Analyse

Wissensdomäne	Kernaktivitäten			
	Erzeugen	Speichern	Verteilen	Anwenden
Wissensbereich 1	grün/gelb	gelb	grün	gelb
Wissensbereich 2	gelb	gelb	rot	gelb
Wissensbereich 3	gelb	gelb	rot	gelb

Insgesamt zeichnete sich mit der Analyse des Umgangs mit Wissen innerhalb des Unternehmens allerdings ein durchaus positives Bild ab, das zum einen bereits bekannte Verbesserungspotenziale bestätigte und zum anderen weitere Aspekte aufdeckte. Nach reichlicher Analyse und Beratung mit den unterstützenden Projektleitern der Fraunhofer-Institute setzte sich das Unternehmen die Bündelung und Bereitstellung des unternehmensspezifischen Wissens durch die Integration eines Wikis zum Hauptziel seiner Bemühungen im Rahmen des Projektes ProWis. Des Weiteren wurde die Reorganisation der Datei- und Verzeichnisstrukturen des Unternehmens als Nebenaktivität beschlossen, die in dieser Fallstudie allerdings keine weitere Betrachtung findet. Interessanterweise stellte sich im persönlichen Austausch mit den anderen Projektteilnehmern heraus, dass die aufgedeckten Verbesserungspotenziale in allen am Projekt teilnehmenden Unternehmen sehr ähnlich gelagert waren und infolgedessen ganz ähnliche Probleme angegangen werden sollten.

25.4 Einführung eines Wikis im Unternehmen

Mit der Zielsetzung die Integration eines Wikis vorzunehmen, war zugleich auch eine Entscheidung hinsichtlich der geplanten inhaltlichen Ausrichtung zu treffen. Hierbei bestand schon zu Beginn der Umsetzungsbemühungen das Bewusstsein darüber, dass nur jene Inhalte Eingang finden sollten, die auch auf ein gewisses Maß an Halbwertszeit schließen lassen. Im Rahmen dessen erfolgte zunächst eine „Grundbefüllung" des Wikis, um den Usern einen ersten Eindruck darüber zu vermitteln, wie die Aufbereitung der hierüber vorgesehenen Einstellung von Informationen vorgesehen ist und ebenso einen ersten Anreiz zur Nutzung der neuen Technologie zu bieten. Die im weiteren Verlauf vorgenommene Erst-Installation wurde daraufhin auf einem Arbeitsplatzrechner auf Basis einer Windows-Umgebung vorgenommen und konnte dank der Unterstützung durch die Projektleiter von ProWis erfolgreich umgesetzt werden. Als Wiki-Lösung wurde das frei verfügbare „MediaWiki" genutzt, welches auch die technische Grundlage von Wikipedia bildet.

Bei der Erstellung erster Artikel im Wiki wurde zunächst auf bereits vorhandene Dateien und Informationen zurückgegriffen, wobei darüber hinaus auch weitere neue Inhalte generiert wurden, welche insbesondere über die Einpflegung durch eine erweiterte „Erstusergruppe" den Eingang ins Wiki fanden. Beispielhaft seien hier die Daten der regenerativen Energieerzeugungsanlagen, Änderungsinformationen der im Unternehmen eingesetzten Programme sowie Informationen zum wöchentlichen Speiseplan angeführt. Darüber hinaus wird im Rahmen dessen gegenwärtig auch über den mit der Einführung des Wikis möglichen Aufbau sogenannter Yellow Pages nachgedacht, über die die Erstellung eines unternehmensbezogenen Expertenverzeichnisses möglich ist.

Die aktuelle Grobstruktur enthält folgende Punkte Allgemeinen, Normen, Material, Anlagen etc. Nach der Grundbefüllung soll diese Struktur frei erweiterbar sein/

beibehalten werden. Zukünftig wird das Wiki nicht nur zur zentralen Informationsbereitstellung und Verknüpfung von Informationen verschiedener Systeme dienen, sondern auch den aktiven Erfahrungsaustausch der Mitarbeiter verschiedener Abteilungen fördern. Hierfür sind bspw. Themenstellungen wie aktuelle Technologien oder Methodenbeschreibungen geplant.

25.5 Ergebnisse der Implementierung der Testumgebung des Wikis

Im Zuge der umfangreichen Nutzung der Testumgebung des Wikis durch 6 Testnutzer stellte sich zeitnah heraus, welche der Unternehmensdaten innerhalb des Wikis genutzt werden können und welche weiterhin über andere Technologien zur Verfügung gestellt werden müssen. Auf einige Aspekte sei hierbei im Folgenden näher eingegangen:

Wissen mit kurzfristigem Charakter

Aufgrund der dem Wissen grundsätzlich anhaftenden z.T. sehr begrenzten Halbwertszeit ist es weder nötig noch zweckdienlich, zu spezifische Inhalte in das Wiki aufzunehmen. Beispielhaft sei hier auf die Erfahrungen mit der Einstellung des wöchentlichen Speiseplans verwiesen, der innerhalb kürzester Zeit einen sehr veralteten und ungenutzten Informationsbestand zur Folge hätte. Um diese Datenfriedhöfe zu umgehen, wird der wöchentlich wechselnde Speiseplan über eine Verlinkung zur Verfügung gestellt, wobei die existierende Datei jeweils mit der neuen Datei überschrieben wird.

Dieses Vorgehen lässt sich nun auch auf weitere Beispiele problemlos übertragen. So werden aktuelle Kennzahlen nicht direkt innerhalb des Wikis abgebildet, während eine Definition dieser Kennzahlen dennoch Einzug ins Wiki gefunden hat.

Wissen mit „Lexikoncharakter"

Der lexikografische Charakter der im Zuge des Wikis zur Anwendung kommenden inhaltlichen Strukturierung der einzelnen Artikel respektive Beiträge ist und bleibt einer der wesentlichen Gründe, warum sich diese Methode aus unserer Sicht als wirklich effizient erweist. Die Erfahrungen haben allerdings gezeigt, dass den Anwender hier bereits ein gewisses Maß an Grundstruktur hinsichtlich der inhaltlichen Gestaltung bereitgestellt werden sollte. Aus unserer Sicht spricht einiges für dieses Vorgehen, da hierbei sonst der Aufbau eines gewissen Frustrationsgrades auf seitens des Mitarbeiters riskiert wird, der der Einführung und nachhaltigen Nutzung der Methode entgegenwirkt. Der „neue“ Anwender benötigt zunächst so etwas wie Testdaten, mit denen er die neue Technologie ausprobieren kann. Dies umfasst dabei sowohl das einfache Suchen spezifischer Informationen als auch erste Schritte bezüglich der eigenständigen Erstellung bzw. Bearbeitung von Artikeln innerhalb des Wikis. Nur so kann letztlich die Hürde zur Anwendung der Neuerung überwunden und das Wiki über eine sinnvolle „Grundbefüllung“ zum Leben erweckt werden.

25.6 Rechteverwaltung

Ein wichtiger Aspekt in jedem Unternehmens-Wiki ist die Sicherung des darin enthaltenen Wissens. Hierbei besteht natürlich eine gewisse Diskrepanz, da jede Einschränkung auch eine Form der Einschränkung von Kreativität nach sich zieht. Diese Kreativität stellt aber einen wichtigen Bestandteil zur Wissensmehrung dar. Wir haben uns dennoch dazu entschieden, eine Zugriffseinschränkung in unserem Wiki vorzunehmen, um somit ein Sicherungskonzept für unser Wiki aufzubauen.

Dieses Konzept sah in einem ersten Schritt zunächst die Installation des Wikis in eine geschützte Linux-Umgebung vor. Hierbei mussten leider weitreichende Änderungen unternommen werden, welche insbesondere durch eine geänderte Rechteverwaltung der beiden bestehenden Betriebssysteme bedingt waren. Folge dieser Änderung war die Notwendigkeit, die „hochgeladenen“ Inhalte erneut in die Datenbank zu integrieren. Aus unseren Erfahrungen heraus empfehlen wir daher jedem Unternehmen, das die Einführung eines Wikis plant, sich bereits im Vorfeld bei der Erstinstallation Klarheit darüber zu verschaffen, mit welchem Betriebssystem in der Endfassung zukünftig gearbeitet werden soll.

In einem daraufhin folgenden Schritt des Rechtekonzeptes wurde die Einstellung des Systems so vorgenommen, dass nur „eingeloggten“ Usern die Möglichkeit gegeben ist, Veränderungen an den Beiträgen vorzunehmen. Dieses Vorgehen begründet sich damit, dass Beitragsänderungen auf ihre Herkunft nachvollzogen werden können und infolgedessen der Missbrauch des Wikis eingeschränkt ist.

Abschließend und gegenwärtig noch in der Umsetzungsphase befindlich sollen zukünftig einzelne Inhalte des Wikis nur bestimmten Usergruppen zugänglich gemacht werden. Dies umfasst dabei u.a. Daten mit einer erhöhten Vertraulichkeitsstufe. Angedacht ist hierbei die Einteilung des Zugriffsgrades vor dem Hintergrund einer noch vorzunehmenden Gruppierung von Inhalten nach unterschiedlichen Vertrauensstufen. Inhalte mit niedriger Stufe sind im Rahmen dessen für jeden Mitarbeiter einsehbar, wohingegen jene mit höchster Vertrauensstufe nur für einen kleinen Bereich der User bereitstehen.

25.7 Ausblick

Das Wiki soll im weiteren Verlauf unserer Bemühungen nach und nach Eingang in alle Unternehmensbereiche finden und als zentrale Wissensplattform für alle Mitarbeiter dienen. Hierfür muss allerdings noch ein Konzept zum unternehmensweiten „Roll-out“ erstellt werden. Im Zusammenhang mit der Erstellung eines solchen Konzeptes muss hierbei jedoch die besondere Spezifik des Unternehmens aufgrund seiner zahlreichen Gesellschaften im Ausland Berücksichtigung finden. Es gilt daher noch als große Herausforderung, eine Möglichkeit zu finden, um das Wiki trotz bestehender Sprachbarrieren auch auf diese Ebene zu transferieren.

Ein wichtiger Punkt bei der Verbreitung des Wikis im gesamten Unternehmen stellt die begleitende Kommunikation dar. So begrüßt bspw. einer unserer Geschäftsführer alle Nutzer des Wikis auf der Startseite mit einigen persönlichen Worten (s. Abb. 68). Die bloße Kommunikation ist dabei jedoch nicht ausreichend, die Vorbildfunktion des Managements darf nicht unterschätzt werden. So sind wir besonders stolz darauf, dass unser Geschäftsführer selbst aktiver Nutzer des Wikis ist und nicht nur Artikel liest, sondern auch mit gestaltet.

Ein weiterer wichtiger Aspekt, der zukünftig in Mittelpunkt unserer Bemühungen stehen wird, ist der Ausbau der Key User. Mit der zunehmend ansteigenden Zahl an Usern des Wikis steigt zugleich auch der damit einhergehende Bedarf an der Pflege der geschriebenen Beiträge, wobei diese aus der Perspektive von Richtigkeit und Sinnhaftigkeit geprüft werden. Hier gilt es, innerhalb des Wikis sicherzustellen, dass Artikel rigoros gelöscht und geahndet werden, die anderen Mitarbeiter schaden.

Abb. 68. Startseite des Schmalz-Wikis mit Grußwort von Herrn Schmalz

25.8 Fazit

Ein wesentlicher Grund für die Effektivität und Effizienz des Wikis ist es, dass es sich dabei aus User-Sicht um keine hochkomplizierte Technologie handelt, die einen umfangreichen Schulungsbedarf zu Beginn der Nutzung des Systems erforderlich machen würde. Über das Wiki ist es aus Sicht unseres Unternehmens darüber hinaus möglich, Wissensbestände systematisch aufzubereiten und einer großen Anzahl von Mitarbeitern zur Verfügung zu stellen.

Es gibt allerdings auch Beschränkungen, welche das Wiki als „Allheilmittel" zur Verbesserung der Wissenskommunikation in gewisser Weise relativiert. Hierzu zählt insbesondere der Umstand, ein Bewusstsein dafür zu entwickeln, dass Wissen zu einer unternehmerischen Ressource gehört, die sich nur durch Teilung und Nutzung vermehrt. Zugleich geht mit einem sehr offenen Umgang mit Wissen natürlich auch ein gewisses Sicherheitsrisiko einher. An dieser Stelle ist es dabei die Aufgabe des jeweiligen Unternehmens, eine entsprechende Entscheidung dahingehend zu treffen, indem Vorteile den damit einhergehenden Nachteilen gegenübergestellt werden.

Mit einem grundsätzlichen Blick zurück auf die Geschehnisse innerhalb unseres Unternehmens im Zuge der Teilnahme am Projekt ProWis lässt sich feststellen, dass sich Dinge nur dann verbessern, wenn neben einem Bewusstsein über diese Potenziale auch die Bereitschaft besteht, neue Wege zu gehen. Im Rahmen dessen geht es allerdings nicht um das Kopieren von vermeintlich erkannten Ideallösungen für auftretende Probleme. Stattdessen muss es Ziel jedes Unternehmens sein, ein Weg zu finden, der die eigenen Spezifika berücksichtigt und der die Entwicklung des Unternehmens im Sinne einer Existenzsicherung gewährleistet. Die Ressource Wissen spielt dabei eine wesentliche Rolle und so sollte sich jedes Unternehmen auf seine ganz individuelle „Expedition zum Wissensmanagement" begeben.

Kapitel 26
Wie Wissen wandert – der Fall STELCO

Edmund von Pechmann, Cecil von Hahn

26.1 Unternehmenskurzportrait

Unternehmen:	STELCO GmbH Electronic Components
Firmensitz:	Neumarkt/Oberpfalz
Anzahl Mitarbeiter	um 140
Produktspektrum:	Entwicklung und Produktion passiver elektronischer sowie Piezo -keramischer Bauelemente für Kunden der Bereiche Automobil, Telekommunikation und Industrieelektronik
Branche:	Elektrotechnik

26.2 Was STELCO macht

STELCO GmbH Electronic Components ist 1999 als Management-Buy-out aus der 1922 gegründeten Stettner GmbH & Co KG entstanden. Die Firma, 2005 als eigenständige Einheit mehrheitlich Sumida Corporation, Tokyo, übernommen, produziert mit etwa 140 Mitarbeitern passive elektronische Bauelemente, zumeist auf Keramikbasis wie Kondensatoren und Induktivitäten (s. Abb. 69) und Piezo-keramische Bauelemente. Kunden kommen vorwiegend aus den Bereichen Automobil, Telekommunikation, Industrieelektronik, Medizintechnik.

STELCO ist in einem stark konkurrierenden Markt tätig und von zunehmend restriktiv gehandhabten Normen und Zertifizierungsvorgaben bestimmt. Genügte 1996 ein Zertifikat nach DIN ISO 9001, war ab 2004 der Nachweis der Anwendung eines Qualitätsmanagementsystems nach den technischen Spezifikationen der Automobilhersteller (ISO TS 16949:2002) vonnöten, um als Anbieter in Frage zu kommen; zusätzlich übertreffen Kundennormen sich und diese Normen in vielen Fällen.

© Springer 2009

Abb. 69. Eine Auswahl passiver elektronischer Bauelemente von STELCO aus der Palette der sogenannten „Wickelgüter"

Der Umsatz von STELCO wächst konjunkturell schwankend seit Jahren. Das Produktspektrum verschiebt sich von Standardbauteilen hin zu Kunden-spezifischen Produkten. Das erhöht die Belastung besonders in der Produktentwicklung, die, wegen der Firmengröße relativ „sparsam" besetzt, umso mehr auf gut verwendetes Wissen jedes/jeder Einzelnen angewiesen ist, um Konkurrenzfähiges anzubieten.

Wie auch die anderen ProWis-Partner hat STELCO sich einem Audit durch Wissenschaftler der Fraunhofer-Gesellschaft unterzogen, um den Umgang mit firmenwichtigem Wissen zu erfassen und zu analysieren. Als Keimzelle der Neugierde wählten wir unsere Entwicklungsabteilung und als deren angrenzende Bereiche die Mitarbeiter des Vertriebs und die Abteilungsleiter unserer Produktionslinie und schließlich die Verantwortlichen für Verwaltung, Einkauf und die Qualität, in summa gut 35 der 140 im Betrieb beschäftigten Menschen.

26.3 Die Befragung

Die bei STELCO Ausgewählten erhielten Online-Fragebögen mit standardisierten Fragen. Gleich als erste, gar nicht ursprünglich vorgesehene Wissensmanagement-

Maßnahme wurden, um die Bögen elektronisch bearbeiten zu können, auch alle Beteiligten in den Meisterbüros der Produktionshallen ans Internet angeschlossen – was zwar die Gefahr einer Wissensvertrödelung in sich birgt, aber zu dem wertvollen Effekt führte, dass die Produktion sich selbstständiger als bisher über Angebote, Neuheiten etc. informieren kann. Der Rücklauf von 92 Prozent der Fragebögen befriedigte.

Circa 60 Prozent aller Mitarbeiter hatten wenige Wochen vor dem WM-Audit an einer Mitarbeiterzufriedenheitsbefragung teilgenommen und ihre Hoffnungen und Vorschläge genannt; das Feld war also gut bereitet. Die im Zuge der GPO-WM-Analyse durchgeführten Interviews lieferten, wiewohl natürlich nicht so anonym wie die Fragebogenaktion, noch einmal sehr Ähnliches.

26.4 Einige Ergebnisse

Unsere in der Tabelle (s. Tabelle 24) gezeigten Wissensdomänen haben Nachdenk- oder -holbedarf: die Analyse bringt's ans Licht, wir sollten etwas tun beim „Erzeugen" von Fach- und Methodenwissen, beim Speichern dessen, was wir über unsere Kunden in Erfahrung bringen, und beim Bekanntmachen der Anforderungen aus der Welt der Normen und Gesetze.

Dank der Fragebogenaktion, der GPO-WM-Workshops und Netzwerk- sowie Meilensteintreffen haben wir Maßnahmen festgelegt und auch in rechtem Maße eingeführt respektive umgesetzt. Nach der Schilderung dieser rasch umsetzbaren Aufgaben wollen wir uns am Ende vorwiegend einem Bereich widmen, der sehr viel mit gutem Wissensmanagement zu tun hat und dessen Glücken auch von gelungener Umsetzung der anderen Maßnahmen abhängt, dem Komplex der Nachfolge.

Der E-Mail-Verkehr

STELCOs Mitarbeiterinnen und Mitarbeiter erfreuen sich wie viele Menschen weltweit der Herausforderung, die Flut elektronisch versandter Briefe zu dämmen. Im Wunsch, alles recht und gut zu machen, erscheinen in der Empfängerzeile zwar

Tabelle 24. Zusammengefasstes Ergebnis der GPO-WM-Analyse bei STELCO

Wissensdomäne	Kernaktivitäten			
	Erzeugen	Speichern	Verteilen	Anwenden
Wissen über Normen und Gesetze	gelb	gelb	gelb/rot	gelb
Wissen über Kunden	gelb	gelb/rot	gelb	gelb
Fach- und Methodenwissen	gelb/rot	gelb	gelb	gelb

vielleicht alle Betroffenen, jedoch nicht nur die, die aufgefordert sein könnten, auch Aktionen folgen zu lassen.

STELCO hat dank ProWis' Anregungen die Regel erlassen, möglichst nur noch einen Menschen in der Empfängerzeile zuzulassen. Erscheint mehr als eine Person in der Empfängerzeile, heißt das, dass deren jede(r) in der Mail eine Aufgabe finden wird, dazu auch einen Termin, zu dem die Aufgabe zu lösen sei. Jene, die in der cc-Zeile erscheinen, gelten als informiert, müssen und sollen sich aber nicht getrieben sehen zu handeln.

Die Besprechungskultur (Meetingregeln)

Die Analyse zeigte deutlich, dass es an der Zeit war, nachlässige Gewohnheiten von STELCO-Sitzungen auszubessern. Jetzt kommen die Teilnehmer pünktlich, niemand benutzt mehr sein Mobiltelefon während Sitzungen, jede Sitzung hat ihr fortlaufendes Protokoll, Protokolle nennen genau Aufgaben und Termine, Termine werden nachgehalten, Themen jedem vermittels Tagesordnung genannt. Die Dauer der Besprechungen hat sich verkürzt, und zwar erheblich, auch weil jede Sitzung eine(n) Moderator(in) hat. Die Stimmung in und nach Sitzungen ist besser geworden, weil nun niemand mehr die Zeit schweigend absitzen kann und weil es eine erfolgsvermittelnde Ergebnisabfrage gibt (Kontrolle von Protokollpunkten). Ziel war es, diese Zustände in der Firmenkultur zu festigen. Dass dies gelang – dank der ProWis-Betreuung (und weil wir den Vorzustand als Not empfunden haben müssen) – lässt den Mitarbeitern für ihre sonstige Arbeit viel mehr Freiheit.

Der Datenaustausch

Zwar nutzen die meisten der bei STELCO Verkabelten ein Kommunikationsprogramm namens Lotus Notes, doch sind dessen Möglichkeiten viel größer als der Nutzungsgrad in der Firma in Neumarkt. Nach systematischen internen Grund- und Fortgeschrittenenschulungen, die begonnen haben, werden wir u. a. über Lotus Notes unsere Terminplanung vornehmen, Dienstreisen planen, den Urlaub koordinieren, Anträge abstimmen und die Lenkung unserer qualitätsrelevanten Dokumente sichern.

Die Normung des Normenwesens

Dass wir ohne Normen und Gesetze und deren Befolgung nicht gut auskommen, wussten wir auch schon sehr gut vor ProWis. Die Mitarbeit bei ProWis hat uns noch einmal überdenken lassen, wie wir stets sicher auf dem neuesten Stand der internationalen Normung und Gesetzgebung sind. Dazu ist unser Datenserver noch einmal neu mit allen wesentlichen Vorgaben bestückt und diese allen zur Verfügung gebracht worden; ein junger Normenverwalter hat sein Amt von seinem ausgeschiedenen Vorgänger übernommen (und dazu gleich die Umsetzung der umfänglichen europäischen Chemikalienverordnung REACH). Zusätzlich ist genauer festgelegt, in welcher Form Kundenforderungen in den in Projekten mitlaufenden „Entwicklungsantragsmappen“ und z.B. auf Bauteilzeichnungen zu vermerken seien. Vor allem aber ist ein sicheres System eingeführt, um die Normen und Gesetze zum Firmen- und Kundenwohl zu berücksichtigen.

Das Tierreich der Elektronik – Schildkröten und Tintenfische

Um zu verbildlichen, wie Vorgänge ein Unternehmen durchlaufen, hat sich die nordamerikanische Automobilindustrie im Tierreich bedient und die Begriffe „turtle“ wie Schildkröte und „octopus“ wie Tintenfisch eingeführt. Ein Tintenfisch spiegelt die Gesamtheit aller Schildkröten wider, eine Schildkröte aber nur einen Prozess, ein Verfahren – und da die zertifizierten Unternehmen gehalten sind, prozessorientiert zu arbeiten, benutzen sie diese Bilder aus der Natur zur Verfahrensverdeutlichung.

Eine Schildkröte frisst; das ist der Auftrag, den jemand ausgeführt wünscht, sei es ein Kunde oder sei es jemand aus einer vorgeschalteten Abteilung in der Firma. Eine Schildkröte verdaut respektive verarbeitet diesen Auftrag und scheidet zur Zufriedenheit der Kundschaft norm- und gesetzestreu sowie ohne ein ppm (part per million) Fehler die Produkte aus – für eine Firma wie STELCO, die in zigfachmillionenfacher Menge gewickelte und in vielen Schritten bearbeitete Feinstbauteile meist von nicht mehr als einem oder zwei Millimetern Größe herstellt, ein lohnendes und „sportliches“ Ziel. Die vier Füße der Schildkröte seien, kurzgefasst, die nötigen Arbeitsmittel, das verlangte Können, die Kennzahlen aus und zu steter Verbesserung sowie die oben genannten Gesetze und Normen (s. Abb. 70).

Die Kunst wird sein, diese Prozesse, Verfahren und Unterverfahren so einfach und eindrücklich zu beschreiben, dass die Menschen im Unternehmen mit dem Bewusstsein leben, sie seien lebendige sich weiterentwickelnde Formen. Diese (grafische) Prozessbeschreibung wird also noch einige Zeit länger als das ProWis-Projekt dauern und immer wieder, bei jedem jährlichen Audit, zur Erlangung der Zertifikate für Unterhaltung sorgen.

Ebenso lange wird uns der nächste Punkt begleiten, der sich wie durch Zufall während der Begleitung durch die ProWis-Forscher der beiden Fraunhofer IPK und IFF herausschälte.

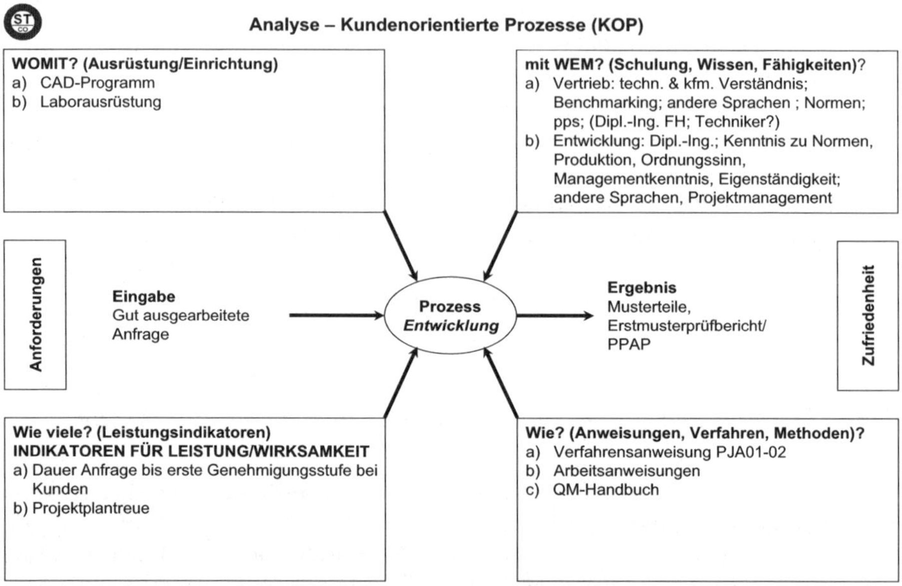

Abb. 70. Verkürzte Darstellung „Analyse – Kundenorientierte Prozesse (KOP)“

26.5 Was Wissen wert ist

STELCO stellt sich wie auch die anderen ProWis-Partner der Frage, wie viel ihr der Umgang mit Wissen wert ist. Sehr viel, lautet die kaum überraschende, aber sehr notwendige Antwort und hinterlässt gleich als weitere Frage die, was geschieht, wenn Wissen endgültig verloren zu gehen droht.

Einer Firma, die aus einem „Management-Buy-out“ entstanden ist und sich auf oftmals seit Jahrzehnten für das Unternehmen Tätige stützt und stützen kann, erscheint drohender Wissensverlust bei einem Personalwechsel etwa wegen Pensionierung als besondere Gefahr.

Wechsel warnt

Bei STELCO hat es in den letzten zwei Jahren diese Wechsel in vielen Bereichen gegeben. Einige Mitarbeiter gingen in Rente, andere haben die Firma verlassen. Deutet sich also solch ein Wechsel an, wird einer mittelständischen Firma mit Spezialprodukten, gelegen in einem prosperierenden Umfeld unfern der drei Industriezentren Nürnberg, Regensburg, Ingolstadt, bewusst, wie schwierig eine Nachbesetzung durch externe Kräfte sein kann. Am einfachsten ist es, und hier ist STELCO sicher nichts Besonderes, Berufsanfänger anzuwerben – für sie allerdings ist das

Thema der Einarbeitung in und Gewöhnung an Firmenwege besonders wichtig. Der Markt für junge Ingenieure der Elektronik/Elektrotechnik ist besonders „eng" – gute Kontakte zu Hoch- und Fachschulen helfen STELCO.

Einige Beispiele

Nach fast fünfzig Jahren ergreift der Leiter des Applikationslabors in der Entwicklungsabteilung die Chance eines Vorruhestands. Der Leiter des Lagers geht aus gleichem Grund. Die Vorzimmerdame des Vertriebschefs geht nach vierzig Jahren. Nach fünfunddreißig Jahren geht der Entwicklungsingenieur für keramische Massen in Pension ebenso wie der Leiter des Prüflabors. Es zeichnet sich ab, dass nach über vierzig Jahren der Verantwortliche für die Produktionsplanung Rentner werden wird. Der Leiter der Entwicklung geht nach zehn Jahren zu einer anderen Firma, der Verantwortliche für den Maschinenpark nach etwas kürzerer Zeit.

Es wären noch andere zu nennen, die in relativ kurzer Zeit den Stuhl oder das Haus wechselten. So sind bis auf die CAD-Zeichnerin in der Entwicklungsabteilung alle Posten ein- oder zweimal ausgewechselt.

Wie aber verhindert STELCO, dass durch Personalwechsel Unwiederbringliches verloren geht?

Der Vorteil der alten Firma

STELCO ist im letzten Jahrzehnt als neuer Trieb aus einer alten Firma herausgewachsen, in der in der „besten" Zeit einmal 3000 Menschen gearbeitet haben. Das Produktspektrum hat sich verändert, die Besitzer haben gewechselt, manches Personal aber ist auch der jungen Firma geblieben. Das Auswachsen unserer alten Äste hat den Vorteil, dass diese alten Äste ihre Früchte für die Jugend reifen lassen konnten.

Nicht erst seit dem Engagement von ProWis, aber seit STELCOs Engagement in dem weitvernetzten ProWis-Programm sehr bewusst, haben wir begonnen, das Wissen der in der Firma und/oder ihrem Gebiet Erfahrenen zu pflücken und zu sammeln für die Zeit eines möglichen Wechsels.

Die Prüfung durch ProWis

Wir haben also erfahrene Wissensträger, und wir möchten erreichen, dass, wenn sie ausscheiden sollten, sie viel vom über die längste Zeit in der Firma erworbenen Wissen an Jüngere weitergeben können und ihr Wissen der Firma nicht verloren geht. Auch dank dem WM-Audit wissen wir, dass wir Wege finden und gehen müssen, das zu übertragende Wissen zu sammeln und verwertbar verfügbar zu haben. Dafür wäre – vermutlich – nötig, das Wissen zu kartieren und dann zu bilanzieren.

Als nächstes wäre hilfreich, die in dem WM-Audit gewonnenen Vorschläge umzusetzen. Das haben wir zu einem Gutteil getan – allein die Änderung der Abläufe von Besprechungen mit Tagesordnung, Termin- und Ergebnisabfrage und strenger Protokollierung hilft, Zeit sparen, Wissen speichern und lokalisierbar machen, und fördert den Willen zur Zusammenarbeit.

Dass wir die Verbindung der Mitarbeiterinnen und Mitarbeiter auf elektronisch gestütztem Weg kanalisiert haben, dass also nicht Anfragen im Nichts verschwinden oder von mehr als den für eine Bearbeitung Nötigen parallel behandelt werden, ist ein anderer Schritt, unser Wissen zielgerichteter einzusetzen.

Gewiss gäbe es noch die Möglichkeit, in Schnittstellen-Treffen Alt und Jung oder Abteilung und Abteilung versöhnlich konfrontativ aufeinandertreffen zu lassen; dazu hat die Zeit noch nicht gereicht, aber ProWis hat den Appetit genährt.

Der STELCO-Weg der Wissenswanderung

STELCO GmbH beschreitet einen Weg, der genial einfach erscheint, doch mit viel unternehmerischem Einsatz verbunden ist – ausscheidende Mitarbeiter erhalten für möglichst lange Zeit eine Assistenz durch die Neue respektive den Neuen.

Begleitet wird dieser Prozess der Stellenübernahme durch unsere genau dokumentierten Verfahren der Einarbeitung und Schulung bzw. Weiterbildung. Jeder Stellenneuling erhält neben seinen Arbeitsmitteln am ersten Tag einen auf ihn/sie zugeschnittenen Laufzettel mit den Stationen in der Firma, an denen er/sie eine manchmal kurze, manchmal längere, manchmal sich wiederholende Einführung in alle Themen des Unternehmens in Neumarkt erhält.

Abschied gleich Anfang

Im Fall des Keramikingenieurs hat STELCO einen Berufsanfänger eingestellt und eine Übergangszeit von bald anderthalb Jahren eingehalten. In dieser Zeit hat der Neue den Alten auf allen Dienstgängen begleitet, sich in die Themen eingearbeitet, extern Schulungen besucht, die ProWis-Begleitung genossen und schließlich den Bereich, der einer der Kernbereiche des Unternehmens ist, allein übernehmen können.

Im Fall des Analyselabors, das sowohl tägliche Anwendungen wie auch Forschung zur Aufgabe hat, erhielt der ältere erfahrene Mitarbeiter sogar zwei Jungingenieurinnen zur Seite gestellt – und dieses Vorgehen hat sich bewährt. Zum einen, weil sich die Firmenleitung bewusst war, dass neue, vor allem Umweltforderungen (wie RoHS und China-RoHS) sehr viel Einsatz und Geduld erfordern würden, zum anderen, weil die beiden Ingenieurinnen sich vom ersten Tag an gegenseitig vertreten und stützen konnten, was wegen Krankheit des künftigen Pensionärs auch nötig wurde.

Im Fall des Applikationslabors hat STELCO einen auf vielen Gebieten aus- und weitergebildeten Fachmann eingestellt, dem etwas weniger Einarbeitungszeit zugebilligt wurde. Inzwischen gab es eine neue Rochade, indem der Applikationsfachmann dank seiner Refa-Kenntnisse die Produktionsplaner unterstützt und nun die Firma nach der Entwicklungssicht auch aus dem Inneren der Produktion kennenlernt.

Das Applikationslabor aber hat eine der Ingenieurinnen aus dem Analyselabor übernommen, wobei dieser Mitarbeiterin der Gesellinenbrief als Goldschmiedin bei ihrer materialintensiven Tätigkeit eine große Unterstützung bot.

Sorgsame Trennung

Wer Wissen für wertvoll hält, hält auf gute Kontakte, und wann immer möglich, trennt er sich nur „sanft" von seinen Mitarbeitern, selbst wenn sie von sich aus gekündigt haben und in einem „sensiblen" Bereich gearbeitet haben. Weil STELCO ganz im Sinne von ProWis erkannt hat, dass es einen Unterschied zwischen Infor-

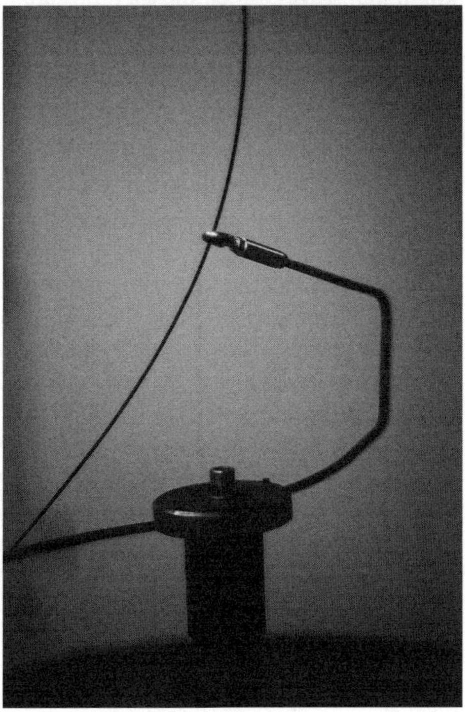

Abb. 71. ProWis hilft – ähnlich wie diese Konstruktion den Draht – Wissen zu führen

mation und Wissen gibt, versuchen wir, Ausscheidende so lange wie möglich auf ihre letzten Tage in guten Kontakt mit einem/einer Nachfolgenden zu bringen oder da zu halten – und es scheint mehr wert, Wissen resp. Wissenswertes weitergeben zu lassen als es per Freistellung o.Ä. zu kappen.

Dieser gute Kontakt der Jungen mit den Alten trägt ganz intuitiv zu einem gutem Management von Wissen bei – in traditionsreichen Firmen suchen die Jungen auch noch nach Jahren bei den Alten Rat, da bei bestimmten Fragen eher eine entsprechende Erfahrung als ein spezifisches Buchwissen zur Lösung des Problems dienlich ist.

26.6 Sorgsame Sicherung

Früher, so erzählen sich die Alten und Erfahrenen, gab es in Firmen Boten, die im besten Sinne Wissensträger waren. Heute brauchen wir dafür Wissensmanager, denn jedem scheint die Flut all dessen, was nicht vergessen werden soll, über den Scheitel zu wachsen.

Das ProWis-Projekt ist hilfreiche Anregung, wie heute die Botengänge in einer Firma sein können – oder, anders gesprochen: ein Bote ist früher Station nach Station abgelaufen und hat seine Nachrichten abgeliefert. Oft war er sogar erwartet worden. Heute erreicht eine einzige Mail manchmal schlagartig eine ganze Firma auf einmal. Das Ordnen dieser Flut von Wünschen gelingt STELCO dank ProWis besser.

26.7 Wie wir wissend wandern

Wie ein guter Bote einfach nicht aufhören kann zu wandern, so wird das bei ProWis gelernte Wissensmanagement weiterwandern und uns neugierig sein lassen, damit uns das Wissen, das wir in unserer Firma und für unsere Kundschaft brauchen, nicht wegwandert. Was wir – etwas überrascht – durch das Netz von ProWis gelernt haben, ist, dass es nicht selten die ganz kleinen Schritte sind, die früher keine Mühe gekostet hätten und auch heute nicht kosten, die das Leben im Büro leichter machen.

Einer dieser kleinen Schritte ist, andere Menschen zu fragen – ProWis hat das vermittelt – wie sie's denn machen. Ein anderer war bei STELCO, die Mitarbeiterinnen und Mitarbeiter zu fragen, wie sie's gerne machen würden.

Beide Schritte sind wir dank ProWis gegangen. Viele weitere werden wir mit dem in diesem Forschungsprojekt Erfahrenen tun und uns für die weitere Wanderung wappnen.

Kapitel 27
Terrawatt Planungsgesellschaft mbH – Effektive Nutzung windiger Zeiten

Kathrin Schneider

27.1 Unternehmensportrait

Unternehmen:	Terrawatt Planungsgesellschaft mbH
Firmensitz:	Grimma und Geschäftsstelle in Leipzig
Anzahl Mitarbeiter:	14
Produktspektrum:	Planung, Errichtung und Betrieb von regenerativen Energieanlagen – Schwerpunkt Windkraftanlagen Entwicklung, Test und Endfertigung eines mobilen Hybrid-Energie-Containers
Branche:	Maschinenbau/Elektrotechnik

Die Terrawatt Planungsgesellschaft mbH wurde 1996 durch vier Gesellschafter gegründet. Sie hat sich seit ihrer Gründung ständig weiterentwickelt und vereinigt heute die Kompetenzen Elektrotechnik, Maschinenbau, Bauingenieurswesen, Meteorologie, Vermessung und Betriebswirtschaft/Finanzen. Gegenstand des Unternehmens ist die Beratung sowie die Planung und die Errichtung von elektrotechnischen Anlagen und Anlagen zur Nutzung regenerativer Energien. Am Anfang stand die Entwicklung eigener Windparkprojekte, welche wir heute selbst betreiben. Aber auch für einige andere Projekte, die wir selbst entwickelt und verkauft haben, bieten wir dem Eigentümer eine effektive Betriebsführung. Als Planungs- und Beratungsgesellschaft hat sich Terrawatt im Bereich regenerativer Energien zum Komplettanbieter entwickelt und erbringt diese Dienstleistungen für eine Vielzahl renommierter Projektentwickler und Investoren. So kann unser Unternehmen auf die Erfahrung von über 190 Windprojekten mit mehr als 600 Windenergieanlagen zurückgreifen. Neben der Entwicklung von Windprojekten wurden weitere regenerative Geschäftsfelder erschlossen. So plant und betreibt die Terrawatt Planungsgesellschaft mbH Photovoltaikanlagen sowie Blockheizkraftwerke und ist mit der Entwicklung eines autarken Energiecontainers befasst (s. Abb. 72). Auf dem

© Springer 2009

Abb. 72. Energiecontainer der Firma Terrawatt

wachsenden Markt der regenerativen Energien haben wir uns kontinuierlich entwickelt und sind zunehmend auch international tätig. Auf unserem Spezialgebiet, der technischen Infrastruktur, haben wir bereits Planungs-, Beratungs- und Bauüberwachungsleistungen in Tschechien, Polen, Griechenland, Ägypten, Äthiopien, Indien und Südkorea erbracht.

27.2 Ausgangslage

Die Terrawatt Planungsgesellschaft befand sich Anfang 2007 in der Situation, dass es eine steigende Zahl von Projekten mit einer Vielzahl von Spezialisten der einzelnen Fachgebiete zu bewältigen galt. Dem einher ging eine stetig ansteigende Mitarbeiterzahl, welche nicht nur in die laufenden Projekte involviert werden sollte, sondern auch für innovative Entwicklungen zum Einsatz kommen sollte.

Zwangsläufig stellte sich in diesem Moment die Frage nach der Organisation des wachsenden Unternehmens und dem damit verbundenem Umgang mit Wissen. Auch sollten neue Mitarbeiter durch möglichst kurze Einarbeitungszeiten schneller in das Unternehmen integriert werden können.

Ein Großteil an Wissen wurde bis zu diesem Zeitpunkt in unserer monatlich stattfindenden Projektbesprechung, an der alle Mitarbeiter teilnahmen, erzeugt und weitergegeben. Hierbei ist festzuhalten, dass bei allen Mitarbeitern eine hohe Bereitschaft zur Weitergabe ihres Wissens vorhanden war und ist. Dies ist sowohl innerhalb der Abteilungen als auch im gesamten Unternehmen der Fall.

Diese monatliche Besprechung barg jedoch das Problem, dass die einzelnen Projekte sehr detailliert, besprochen wurden, aber nicht alle Mitarbeiter in alle Projekte involviert waren. Einige Mitarbeiter empfanden diese Besprechung teilweise als Ablenkung von ihrer tatsächlichen Arbeit. So ist es beispielsweise für den Elektroingenieur relativ unerheblich, wie weit ein Verkaufsprojekt fortgeschritten ist und umgekehrt. Auch war hierbei der zeitliche Aspekt zu berücksichtigen. Nicht selten wurde die Projektbesprechung aufgrund der Vielzahl von Informationen zu einer ganztäglichen Veranstaltung. Nach mehreren Stunden gingen alle frustriert auseinander und sahen für sich unter Umständen keine klaren Ergebnisse.

Das im Unternehmen ausreichend vorhandene und durch ständig neue Erfahrungen erzeugte Wissen war wenig strukturiert. So konnte zum Beispiel der dokumentierte Anteil von Wissen nicht immer von allen Mitarbeitern aufgefunden werden, da Ablagestrukturen bzw. standardisierte Dateistrukturen nur teilweise vorhanden bzw. nicht ausreichend kommuniziert waren.

Eine Transparenz über das vorhandene Wissen war nicht im erforderlichen Maße vorhanden, was teilweise dazu führte, dass einzelne Aufgaben, z. B. Recherchen zu einem bestimmten Sachverhalt, von mehreren Mitarbeitern durchgeführt wurden, was zu unnötigem Zeitaufwand führte. Teilweise hätten auch Fehler vermieden werden können, wenn auf die Erfahrungen anderer Mitarbeiter hätte zugegriffen werden können.

Zusammenfassend ist zu sagen, dass die vorhandenen Strukturen, was die Erzeugung, Bewahrung, Weitergabe und Anwendung von Wissen betraf, für das wachsende Unternehmen Terrawatt Planungsgesellschaft mbH, nicht zielführend waren und mit Hilfe des Wissensmanagement-Projektes eine gezielte Neustrukturierung erfolgen sollte.

Dies setzte eine genaue Analyse der vorhandenen Defizite voraus. Das erste Projekttreffen fand unter der Moderation der Fraunhofer-Institute in unserem Unternehmen statt und hatte die GPO-WM-Analyse zum Ziel. Durch die Einbindung aller Mitarbeiter in das ProWis-Projekt wurde nicht nur eine äußerst exakte Analyse möglich, sondern es erzeugte einen ernormen Motivationsschub, so dass alle Mitarbeiter auch in die Umsetzung der später festgelegten Handlungsfelder einbezogen wurden.

Im Ergebnis bestätigte diese Analyse die bisherige Erkenntnis des „etwas tun zu müssen". Wurde doch im Zuge dessen bestätigt, dass zwar ausreichend Fachwissen im Unternehmen vorhanden war und auch die Bereitschaft der Weitergabe an andere Mitarbeiter außergewöhnlich hoch war, so fehlte doch die anwendbare Wissensstrukturierung. Die bisher angewandten Methoden wurden laut Analyse von den Mitarbeitern als eher mittelmäßig eingestuft.

Handlungsbedarf bestand auch in der Verteilung und der Speicherung des vorhandenen Wissens. Hierbei war in erster Linie das Wissen über Organisation sowie über neue Regeln zu kommunizieren. Aber auch im Bereich der Bewahrung und erneuten Anwendung der Dokumentation von Projekterfahrungen war durchaus Verbesserungspotenzial vorhanden.

Mit den Lösungen im IT-Bereich war der größte Teil der Mitarbeiter zufrieden. Der Entwicklungsbedarf hinsichtlich der Kompetenzen der Mitarbeiter wurde von diesen als mittelmäßig eingestuft. Das Wissensmanagement an sich wird von den Mitarbeitern als wichtig angesehen, unter anderem, um eine Zeitersparnis zu erwirken.

Durch die professionelle Vorbereitung, Aufbereitung und Unterstützung durch das Fraunhofer IFF und das Fraunhofer IPK sowie die Einbeziehung aller Mitarbeiter konnten dringende Problemfelder herausgefiltert werden und Lösungsmöglichkeiten gemeinsam erarbeitet werden.

Auf Grundlage dieser genauen Analyse wurden die folgenden zentralen Handlungsfelder erarbeitet:

- Schaffung einer strukturierten Ablage und Zuordnung von Informationen
- Die Schaffung einer einheitlichen Grundstruktur hinsichtlich der Dateiablage und der Dateibezeichnungen: Hierbei werden Regeln festgelegt und kommuniziert, wie die Datenbezeichnungen künftig zu erfolgen haben und wie die Verantwortlichkeiten hinsichtlich der Dateipflege und Archivierung verteilt werden
- Verbesserung der Meetingkultur: Es werden Meetingregeln erstellt, welche eine effiziente Verteilung des Wissens fördern
- Verteilung von Informationen und E-Mails: Im Augenblick ist ein einheitlicher Zugriff für alle Mitarbeiter auf alle Informationen noch nicht möglich. Sobald dies erfolgt ist, werden strukturierte Regelungen zur Ablage von E-Mails und anderen Informationen erstellt
- Weitergabe von Projekterfahrungen und externem Wissen aus Seminaren, Tagungen, Messen o.Ä.: Es erfolgt eine unmittelbare Weitergabe des erworbenen Wissens, entweder durch einfließen lassen im Rahmen der Projektbesprechung oder in einem separaten Termin
- Erstellen von Prozessbeschreibungen bzw. Bereitstellung von Informationen über die Organisation: Wichtige Prozesse werden u.a. für neue Mitarbeiter detailliert beschrieben und zentral abgelegt

27.3 Umgesetzte Lösungen

Aus den durch die GPO-WM-Analyse erstellten Handlungsfeldern wurden mehrere Hauptaktivitäten festgelegt. Diese Festlegung erfolgte wiederum durch Befragung aller Mitarbeiter in Form eines Meetings, in welchem die Eckpunkte der einzelnen

Wissensmanagement-Maßnahmen, deren zeitliche Umsetzung und die Auswahl der Methoden festgelegt wurden. In diversen Einzel- und Flurgesprächen wurden alle Mitarbeiter für das Thema WM weiter sensibilisiert und motiviert um sich in das Projekt weiterhin einzubringen und aktiv an der Umsetzung der einzelnen Wissensmanagement-Maßnahmen mitzuwirken.

Unter Berücksichtigung des Tagesgeschäftes wurde eine Priorisierung der einzelnen Wissensmanagement-Maßnahmen vorgenommen. Die Priorisierung erfolgte unter der Prämisse der Umsetzbarkeit der einzelnen Wissensmanagement-Maßnahmen und wurde in der nachstehenden Reihenfolge von allen Mitarbeitern verabschiedet:

- Meetingregeln zu Kommunikationsstrukturierung und Effizienzsteigerung von Meetings erstellen
- Dateinamen standardisieren
- Neue Verzeichnisstruktur erstellen
- Wissens- und Kommunikationsplattform in Form eines Terra-Wiki schaffen
- Prozessbeschreibungen erstellen

Meetingregeln

Die oberste Priorität der Erstellung von Meetingregeln ergibt sich daraus, dass in der bisher monatlich stattfindenden Projektbesprechung die höchste Wissensvermittlung an alle Mitarbeiter erfolgte. Durch die Festlegung von klaren Regeln erhielten wir ein unverzichtbares Instrument der Informationsübermittlung, der Stärkung der Verantwortlichkeiten, der Aufgabenverteilung und dem Austausch von Projektständen und Arbeitsergebnissen.

Die erste Maßnahme zur Erstellung von Meetingregeln war die Festlegung, dass es künftig außer der monatlichen Projektbesprechung auch Einzelprojektbesprechungen geben wird, in denen die jeweiligen Projekte detailliert besprochen werden. Das heißt konkret, dass der jeweilige Projektleiter die Geschäftsführung und die Projektbearbeiter per E-Mail zu einem Kick-off-Meeting einlädt. Im Vorfeld wird von dem jeweiligen Projektleiter ein Projektplan mit der Festlegung von Kontrollzeitpunkten und Meilensteinen erstellt, welcher der Geschäftsführung zur Genehmigung vorzulegen ist. Über dieses Kick-off-Meeting ist ein Protokoll zu erstellen, in welchem das Datum, das Projekt, die Teilnehmer, der Verteiler, der Projektstatus und der Maßnahmeplan und sich eventuell ergebende Problematiken festzuhalten sind. Im Projektplan werden außerdem die Zeitpunkte von Zwischenmeetings und des Abschlussmeetings festgelegt. Im Abschlussmeeting wird der entstandene Wissenszuwachs ausgewertet, dokumentiert und die Nachkalkulation ausgewertet.

Für die monatlichen Projektbesprechungen wurden ebenfalls neue Regeln aufgestellt:

- In Vorbereitung jeder monatlichen Projektbesprechung erfolgt nunmehr eine Festlegung der Tagesordnungspunkte. Neben den jeweiligen Projektständen,

welche im groben Überblick besprochen werden, hat jeder Mitarbeiter die Möglichkeit neue Tagesordnungspunkte oder Informationen in die Agenda aufnehmen zu lassen.
- Per Rundmail wird allen Mitarbeitern der Zeitpunkt der nächsten Projektbesprechung mitgeteilt. Für die Besprechung selbst wird je nach Tagesordnung ein Zeitraum von höchstens drei Stunden angesetzt.
- Die Räumlichkeiten und Ausstattungen (Flip-Chart, Beamer) werden rechtzeitig geklärt.
- Es wird grundsätzlich pünktlich mit der Besprechung begonnen. Wer zu spät erscheint, ist bei der nächsten monatlichen Projektbesprechung für das Frühstück aller Teilnehmer verantwortlich. Mit dieser Disziplinierung haben wir sehr gute Erfahrungen gemacht. Es kommt nur noch sehr selten vor, dass ein Teilnehmer ohne wichtigen Grund zu spät erscheint.
- Jeder Teilnehmer sollte nicht nur pünktlich, sondern auch gut vorbereitet zur Projektbesprechung erscheinen.
- Für den Zeitraum der Besprechung gilt striktes Handy-Verbot, es sei denn, ein wichtiger Anruf wird erwartet und von dem jeweiligen Mitarbeiter angekündigt. In diesem Falle wird er den Raum zum Telefonieren verlassen. Dies gilt jedoch für nur für Anrufe von höchster Priorität.
- Es ist ein Protokollführer festgelegt, welcher auch als Moderator fungiert und welcher bei zu detailverliebten Darstellungen das Ruder wieder in die richtige Richtung schwenkt und die Teilnehmer zum eigentlichen Tagesordnungspunkt zurückholt.
- Jeder Teilnehmer darf ausreden und seine Meinung kundtun. Es wird themen- und sachbezogen argumentiert, Vielredner werden durch den Moderator gestoppt. Nebengespräche werden unterlassen. Es wird alles erwähnt, was für die gemeinsame Aufgabenbewältigung wichtig ist.
- Anstehende Aufgaben werden verteilt und Erledigungsfristen festgelegt.
- Es wird über jede Projektbesprechung Protokoll geführt. Im Protokoll werden der Beginn und das Ende der Besprechung festgehalten, es werden die Teilnehmer und die Verteilerliste aufgeführt. Zu jedem Projekt werden der derzeitige Stand, eventuell aufgetretene Probleme und der Maßnahmeplan mit Erledigungsfristen festgehalten.
- Das Protokoll der monatlichen Projektbesprechung wird für alle Mitarbeiter zugänglich auf dem Server abgelegt.

Bei der Erstellung der vorstehenden Meetingregeln war jedoch nicht nur die Einbindung aller Mitarbeiter hilfreich, sondern auch die Wissensmanagement-Lösungsbox im ProWis-Shop, durch welche eine gezielte Kommunikationsanalyse und die Erarbeitung eines Kommunikationskonzeptes wesentlich erleichtert wurde.

Aber auch für andere Themen, die nicht unbedingt als Handlungsfeld des ProWis-Projektes definiert wurden, war und ist die Wissensmanagement-Lösungsbox eine ideale Plattform um sich Anregungen für die ein oder andere Optimierung von

Abläufen zu holen. So haben beispielsweise einige in der Terrawatt Planungsgesellschaft mbH eingeführte Checklisten auf dem Gebiet der Rechnungslegung und Projektverwaltung ihren Ursprung im ProWis-Shop und wurden nur entsprechend angepasst.

Standardisierung von der Dateibenennung

Ein weiteres Handlungsfeld, welches durch die GPO-WM-Analyse priorisiert wurde, war die Standardisierung der Dateinamen. Zwar wurde in der Vergangenheit schon einmal eine Regel für die Dateibezeichnungen festgelegt, diese war jedoch nicht allen Mitarbeitern kommuniziert worden, so dass eine willkürliche Benennung erfolgte, welche unter Umständen weder auf den Inhalt noch den Ersteller des jeweiligen Dokumentes schließen ließ. Die Dateibenennungsstruktur sieht folgenden Aufbau des Dateinamens vor:

- Projekt,
- Kurzbeschreibung des Inhaltes (BR = Brief; RE = Rechnung; EM = E-Mail),
- Ersteller,
- Erstellungsdatum.

Externe Dateien werden gemäß dieser Struktur umbenannt und im jeweiligen Projektordner auf dem Server abgelegt.

Standardisierung der Verzeichnisstruktur

Um eine schlüssige Ablage der selbst erzeugten und der externen Dateien zu gewähren, wurde eine neue Grundstruktur der Dateiablage geschaffen. So gibt es jetzt insbesondere in den Projektordnern eine anfänglich für alle Projekte einheitliche Struktur im eigens dafür vorgesehenen „Musterordner“. In diesem Musterordner befinden sich alle Unterordner, welche ggf. für die Ablage eines Projektes erforderlich werden könnten. Dabei werden zwei Arten von Ordner unterschieden. Die fest vorgegebenen, also die welche in jedem Projekt immer wiederkehrend sind, z. B. Schriftverkehr, Angebot, Verträge etc. und die variablen Ordner, z. B. grundbuchliche Sicherungen. Die fest vorgegebenen Ordner sind nummeriert, so dass sich die Ansicht dieser nicht verändert (s. Abb. 73).

Für den Projektleiter bedeutet dies, dass er nun nicht mehr selbst den Projektordner auf dem Server aufbauen muss, sondern nur noch eine Auswahl der variablen Ordner treffen muss. Das spart Zeit und gewährleistet eine strukturierte Ablage. Was wiederum jedem Mitarbeiter das Auffinden bestimmter Dateien ermöglicht bzw. vereinfacht.

Abb. 73. Standardisierte Ordnerstruktur bei Terrawatt

Schaffung einer Wissens- und Kommunikationsplattform

Ein weiteres Handlungsfeld, welches sich die Terrawatt Planungsgesellschaft als Ziel definiert hat, ist der Aufbau einer Wissensdatenbank. Es sollte ein System sein, auf das alle Mitarbeiter schnell Zugriff haben, welches leicht zu bedienen ist und eventuell noch als Kommunikationsplattform dienen kann. Ein System, was allen Mitarbeitern ermöglicht, in kürzester Zeit die benötigen Informationen zu erhalten oder aber auch weiter zu geben. Auf dem ProWis-Netzwerktreffen zum Thema Wiki (s. Kap. 10) wurde nicht nur ein Überblick über Wikis gegeben und die Kernfunktionen des MediaWiki erläutert, sondern es erfolgten auch ausgiebige Gespräche mit anderen ProWis-Unternehmen, was letztendlich zur Entscheidung führte, das „Terra-Wiki" als Wissensdatenbank einzuführen. Mit der Implementierung des „Terra-Wikis" (s. Abb. 74) wird allen Mitarbeitern das im Unternehmen vorhandene Wissen auf kürzestem Wege zugänglich gemacht und die Möglichkeit gegeben, ihr Wissen (z. B. Fachwissen was auf Messen und Schulungen erworben wurde oder Organisationswissen) auf unkompliziertem Wege anderen Mitarbeitern zur Verfügung zu stellen. Dies ist nicht nur bei Fachwissen besonders vorteilhaft auch allgemeine Unternehmensinformationen können so verbreitet werden.

Die Grundbefüllung und die Freischaltung des Terra-Wikis für alle Mitarbeiter sind erfolgt.

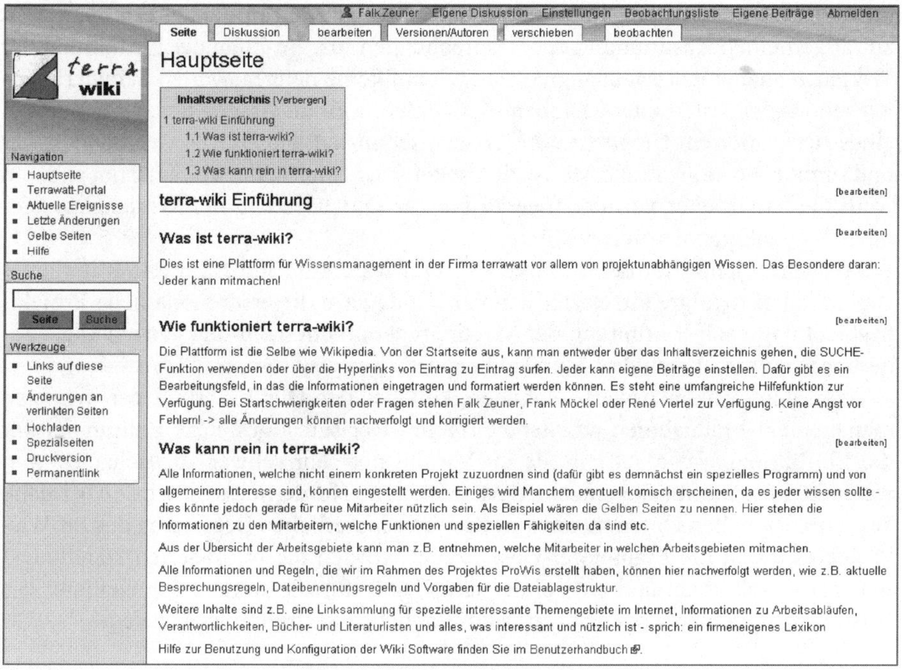

Abb. 74. Screenshot der Startseite des Terra-Wiki

Erstellung von Prozessbeschreibungen

Das letzte definierte Ziel der Terrawatt ist die Erstellung von Prozessbeschreibungen. Bei dem hierfür ausgewählten Bereich handelt es sich um den Prozess der Trassenplanung. Es erfolgte eine detaillierte Aufschlüsselung der einzelnen Arbeitsschritte. Angefangen über die Klärung der Kundenwünsche, über Ortsbegehungen, Verhandlungen mit Vertragserstellung und Einholen erforderlicher Vollmachten, bis hin zur Zusammenstellung der Ergebnisse und der technischen Ausführungsplanung wurden die einzelnen Prozesse festgehalten und für alle Mitarbeiter zugänglich auf dem Server gesichert. Insbesondere neue Mitarbeiter können somit von bereits vorhandenem Wissen und den jeweiligen Projekterfahrungen profitieren.

27.4 Erfahrungen

Durch die Einführung unserer Meetingregeln erfolgt nunmehr ein effizienter Informationsaustausch. Unsere monatlichen Projektbesprechungen sind aufgrund des gestrafften Informationsflusses für alle Mitarbeiter von Interesse. Die Detailfragen werden jetzt in Teilprojektsitzungen geklärt. Auch die Gewissheit, dass die monatlichen Besprechungen in einem überschaubarem Zeitrahmen erfolgen, trägt zur allgemeinen Zustimmung der Besprechungen bei. Im Zuge der Einführung der Wissensmanagement-Maßnahmen sind wir auf keine nennenswerten Schwierigkeiten seitens der Mitarbeiter gestoßen. Zum einen, weil im Unternehmen der Wunsch eines strukturiertem Umganges mit Wissen schon seit längerer Zeit vorhanden war und somit schon eine große Motivation seitens der Mitarbeiter vorlag. Zum anderen weil alle Mitarbeiter von der Idee an bis zur Durchsetzung der Wissensmanagement-Maßnahmen involviert waren.

Als sehr wichtig für den positiven Verlauf waren die sofort für alle Mitarbeiter ersichtlichen Erfolge, die erzielt wurden. So dauerte die erste monatliche Projektbesprechung nach Einführung der Meetingregeln nicht mehr den ganzen Tag, sondern war innerhalb von drei Stunden beendet.

Die einzige nennenswerte Schwierigkeit bei der Durchführung der Wissensmanagement-Maßnahmen war der Zeitfaktor. Der selbst gesteckte Zeitrahmen für die Einführung war recht eng, da im Vorfeld nur sehr schwer abzuschätzen war, welcher Aufwand für die einzelnen Maßnahmen erforderlich sein wird. Aber dank der professionellen Unterstützung und der kontinuierlichen Begleitung des ProWis-Projektes durch die Fraunhofer-Gesellschaft wurden die priorisierten Handlungsfelder abgeschlossen und ein solider Grundstein für die weitere Entwicklung des Wissensmanagements bei der Terrawatt Planungsgesellschaft mbH gelegt.

Kapitel 28
Würth Elektronik ICS – Wiki-Lösungen: Wer die Wahl hat, hat die Qual

Sven Wartenberg

28.1 Unternehmensportrait

Unternehmen:	Würth Elektronik Intelligent Connecting Systems GmbH & Co. KG
Firmensitz:	Öhringen
Anzahl Mitarbeiter:	140
Produktspektrum:	Produkte: Zentralelektriken, Powerboards, Backplanes, Folientastaturen Dienstleistung: Fast Prototyping, Design-Unterstützung, Qualitätssicherung, Baugruppenqualifizierung
Branche:	Elektrotechnik/Elektronik – Automotive/Nutzfahrzeuge

Würth Elektronik Intelligent Connecting Systems GmbH & Co. KG, im Weiteren Würth Elektronik ICS genannt, ist führender Anbieter von elektromechanischen und elektronischen Systemlösungen in Einpresstechnik[1].

Das Unternehmen Würth Elektronik ICS ist aus der ursprünglichen Leiterplattenherstellung Würth Elektronik entstanden, welche ihre Wurzeln 1971 im kleinen Elektronikbereich der Adolf Würth GmbH & Co. KG hatte. Aus diesem Leiterplattenhersteller, der heutigen Würth Elektronik Circuit Board Technology, haben sich bis heute mehrere eigenständige Firmen am Markt etablieren können.

Als Spezialist und Systemlieferant für Elektroniklösungen in Einpresstechnologie bietet Würth Elektronik ICS clevere Systemlösungen, welche eine intelligente Verbindung von unterschiedlichen Komponenten und Technologien, wie z. B. Leiterplattentechnologien, Steckverbindersystemen, Relais, Sicherungen und Stromeinspeisungskomponenten, zu einem fortschrittlichen und kompakten Gesamtsystem

[1] Verbindungstechnik elektrischer Systeme, bei denen die Verbindung Bauelement-Leiterplatte durch eine Einpressverbindung (mechanisch) hergestellt wird.

© Springer 2009

ermöglichen. Mit der Einpresstechnik lassen sich aufwändige Lötverbindungen und Kabelbäume reduzieren. Einpresstechnik, Management von hohen Strömen sowie Folienverarbeitung sind drei Pfeiler, auf denen die Kompetenz der Würth Elektronik ICS beruht. Zu den Produktbereichen zählen Zentralelektriken, Powerboards, Sicherungsverteiler, Backplanes und Bedienfelder für Kunden aus den unterschiedlichsten Bereichen, wie z. B. Land- und Baumaschinentechnik, Automotive (LKW/ Busse) und Anlagen- und Maschinenbau.

28.2 Ausgangslage und Initialisierung des WM-Projektes

Die allgemeine Lage von Würth Elektronik ICS Anfang 2007 war (wie in den Jahren zuvor) durch stetiges Wachstum gekennzeichnet. Dies lag in den erfolgreichen Technologien der Würth Elektronik ICS und deren Weiterentwicklung, aber auch in den steigenden Nachfragen der relevanten Märkte begründet. Parallel zur steigenden Zahl der Neuprojekte nahm auch deren Umfang zu. Hierzu zählt nicht nur das reine Projektvolumen sondern auch die Vielzahl der technischen und technologischen Bereiche.

Die beschriebene Lage führte zu der Erkenntnis, dass dem Wissen der Mitarbeiter insbesondere in den Bereichen Produkte, Lösungen und Entwicklungen eine entscheidende Bedeutung im Unternehmen zukommt. Dieser **grundsätzlichen Motivation** zur Einführung des Wissensmanagements stand die entscheidende Frage, wie diese Punkte umgesetzt werden können, gegenüber.

Die **Initialisierung des WM-Projektes** erfolgte durch die interne Abstimmung mit den Hauptverantwortlichen – der Betriebsleitung und der Abteilungsleitung des in Frage kommenden Musterprozesses – im Anschluss an die ProWis-Informationsveranstaltung. Unmittelbar nach dem Beschluss zur Teilnahme wurden alle beteiligten Mitarbeiter informiert. Zu diesem Zweck erhielten die Mitarbeiter per E-Mail eine Präsentation zu den verschiedenen Themenbereichen (Motivation, Begriffe und Bedeutung des Wissensmanagements und Informationen zu ProWis). Ergänzend zu dieser Information wurden die Inhalte in einem Vortrag erläutert und diskutiert.

28.3 Zentrale Ergebnisse der Analysephase

Basierend auf den eigenen Erkenntnissen im Vorfeld der Teilnahme an ProWis wurde mehrheitlich beschlossen, den Prozess Technisches Projektmanagement zu analysieren und damit als Musterprozess für die Einführung von Wissensmanagement festzulegen. Wegen der engen Verzahnung des Prozesses Technisches Projektmanagement mit dem Prozess Vertrieb und der Möglichkeit einer differenzierten Analyse beider Prozesse, wurde entschieden, die **Analyse des Technischen Projektmanagements unter Berücksichtigung des Vertriebsprozesses** durchzuführen.

Tabelle 25. Zentrale Ergebnisse der Analyse der Wissensdomäne

Wissensdomäne	Kernaktivitäten			
	Erzeugen	Speichern	Verteilen	Anwenden
Wissen über Kunden	gelb	rot	rot	rot
Wissen über Produkte	gelb/rot	gelb	gelb	gelb
Fach- und Methodenwissen	gelb	gelb/rot	rot	gelb
Wissen über Organisation	gelb	gelb	gelb	gelb

Das WM-Audit und die anschließende GPO-WM-Analyse lieferten als Ergebnis einerseits die Bestätigung bereits im Vorfeld aufgestellter Erwartungen. Hierzu zählen beispielsweise im Technischen Projektmanagement bei der Wissensdomäne Methodenwissen die Diskrepanz zwischen der Bedeutung und Verfügbarkeit des Wissens. Andererseits wurden auch bisher nicht bewusst wahrgenommene, aber verbesserungsbedürftige Wissensdomänen aufgedeckt – beispielsweise das Wissen über die Organisation. Bemerkenswert war das Ergebnis, dass gerade bei den für die jeweiligen Bereiche/Prozesse bedeutendsten Wissensdomänen teilweise die größten Abweichungen zwischen Relevanz und Verfügbarkeit des Wissens existieren – beispielsweise Wissen über Kunden (Relevanz im Prozess Vertrieb).

Die signifikanten **Wissensdomänen der Analyse** und die Ausprägung der Kernaktivitäten sind in. Tabelle 25 dargestellt.

Im Laufe der Analyse stellte sich heraus, dass die teilweise auf den ersten Blick dringlich wirkenden Ergebnisse zwar die Realität abbilden, aber objektiv betrachtet eine grundlegend gute Situation der Wissensdomänen darstellen. Außerdem ist die Analyse der Wissensdomänen Ausgangspunkt von Verbesserungen bereits existierender Bereiche.

Die Zweiteilung der Analysephase in einen quantitativen Abschnitt (WM-Audit) und einen qualitativen Abschnitt (GPO-WM-Analyse) wurde als sinnvoll beurteilt. Durch diese Zweiteilung war es möglich, unvoreingenommen durch rein quantitative Auswertung die signifikanten Wissensdomänen und Kernaktivitäten zu identifizieren und erst im zweiten Abschnitt die eindeutig benannten Themen zu qualifizieren.

28.4 Zielsetzung

Aus der Analyse wurden insgesamt **mehrere Handlungsfelder** bestimmt, welche den vier signifikanten Wissensdomänen der Analyse zugeordnet werden können – die Zuordnung kann teilweise eindeutig zu einer Domäne aber auch mehrdeutig zu mehreren Domänen erfolgen. Von diesen Handlungsfeldern wurden **zwei**

erste Haupthandlungsfelder unter Berücksichtigung von Bedeutung und Realisierbarkeit priorisiert. Folgende Ziele wurden für diese Handlungsfelder definiert:

1. **Anwendungstransparenz[2] erhöhen**: Für Standardanwendungen aber auch spezifische Anwendungen aus Neuprojekten soll eine bessere Transparenz, möglichst für das gesamte Unternehmen, erreicht werden. Hierzu wird ein einfacher, schneller und verständlicher Zugriff auf die Informationen gefordert.
2. **Fach- und Methodenwissen verfügbar machen:** Das für die Projekt- und Anwendungsentwicklung notwendige und vorhandene Fach- und Methodenwissen soll innerhalb des Prozesses Technisches Projektmanagement besser verfügbar gemacht werden. Hierzu soll eine Möglichkeit geschaffen werden, welche einen Zugriff und eine Erweiterung des Wissens mit vertretbarem Aufwand ermöglicht. Die Inhalte sollen auf den vorhandenen Themen eines bereits existierenden FAQ-Bereichs aufsetzen (FAQ = Frequently Asked Questions).

Für diese Haupthandlungsfelder wurden die nachfolgend aufgeführten konkreten Maßnahmen für die Zielerreichung geplant.

1. **Haupthandlungsfeld: Erhöhung der Anwendungstransparenz:**
   - Status quo des letzten Jahres in Form einer Projektmasterliste ermitteln
   - Definition der Kriterienliste zur Selektion und Auswertung der Projekte
   - Festlegung der festzuhaltenden Informationen der Projekte
   - Erste Auswertung der Projekte und Beurteilung der festgelegten Kriterien
   - Anpassung des ERP-Systems – Anpassung bzw. Erweiterung vorhandener Kriterien und Auswertefunktionen
2. **Haupthandlungsfeld: Fach- und Methodenwissen verfügbar machen:**
   - Festlegung der Anforderungen an das auszuwählende Werkzeug
   - Identifikation des geeigneten (IT-)Systems
   - Definition der Inhalte/Themenbereiche basierend auf FAQ-Bereich
   - Installation des gewählten (IT-)Systems
   - Initialfüllung des Systems mit Inhalten

28.5 Umgesetzte Lösungen

Allgemeines Vorgehen – Information, Befähigung, Kontrolle, Motivation

Während der einzelnen Phasen wurden die beteiligten Mitarbeiter regelmäßig über den Fortschritt informiert. Diese Information der Mitarbeiter wurde einerseits durch ihre eigene, aktive Mitarbeit andererseits durch gezielte Besprechungen erreicht.

---

[2] Unter Transparenz der Anwendung ist zu verstehen, welche Anforderungen, Auswirkungen, Hintergründe und Zusammenhänge eine Anwendung für einzelne Prozesse, andere Anwendungen und das Unternehmen hat.

Darüber hinaus erfolgte der Informationsaustausch in persönlichen, informellen Einzel- oder Kleingruppengesprächen, welche teils zufällig teils bewusst gesteuert stattfanden.

Die **grundlegende Befähigung der Mitarbeiter** für das Wissensmanagement bzw. das Wissensmanagement-Projekt war schon allein durch deren Motivation gegeben, welche bei allen durch die GPO-WM-Analyse geweckt worden war. Verstärkt wurde sie noch durch die Erkenntnis, dass sich das Unternehmen und die Mitarbeiter bewusst mit ihrem Wissen auseinandersetzen wollen, können und dürfen – wobei das Bewusstsein des Bedarfs an Wissensmanagement bereits seit geraumer Zeit bei dem Großteil der Mitarbeiter existiert, wenn eben nicht unter dem Begriff Wissensmanagement.

Die weitere, **an den Lösungen orientierte Befähigung**, insbesondere zur Umsetzung des Wikis (s. Kap. 10), wurde durch eine Schulung sowie ergänzend durch individuelle Unterstützung und Bereitstellung von Hilfsmaterialien erreicht. In der erwähnten Schulung wurde beispielsweise die Nutzung des Wikis möglichst pragmatisch vermittelt. Ziel war es, die Mitarbeiter mit Informationen zur Nutzung auszustatten – nach dem Motto „So viel wie nötig, so wenig wie möglich".

Um die **Verfolgung der Umsetzung der Maßnahmen** und die Kontrolle des aktuellen Status zu ermöglichen, wurden die Meilensteinpläne sowie die Anforderungslisten stetig mit dem aktuell Umgesetzten verglichen. Für die erfolgreiche Maßnahmenumsetzung bzw. Einführung der Lösung wurden konkrete Messgrößen festgelegt wie z. B. Anzahl verwertbarer, transparenter Anwendungen (Handlungsfeld 1), Eigenbeteiligung „kritischer" Mitarbeiter, Anzahl relevanter Wiki-Beiträge (Handlungsfeld 2). Die konsequente Verfolgung und Einhaltung dieser Hilfsmittel bzw. der früheste Eingriff zur Korrektur ist nach unseren Erfahrungen zwingend notwendig für die erfolgreiche Umsetzung. Dies hat sowohl die konsequente Verfolgung des Haupthandlungsfeldes 2 als eben auch die bedingt inkonsequente Verfolgung des Haupthandlungsfeldes 1 gezeigt.

Als weitere erfolgreiche Mittel zur **Motivation und Beteiligung** kann von der offiziellen Präsentation der Ergebnisse (z. B. der GPO-WM-Analyse) – neben anderen auch bei einer prozessübergreifenden Veranstaltung – und der offenen und konstruktiven Aufnahme von Vorschlägen und Kritik während aller Phasen berichtet werden. In der Analysephase wurde bereits durch das WM-Audit eine erste, hohe Motivation der Mitarbeiter erreicht, wobei aber die unterschiedlichen Stufen der Motivation erwähnenswert sind. Die Bereitschaft zur Beteiligung war anfangs sehr gering, unter anderem da der unmittelbare Nutzen trotz Erläuterungen und Beispielen nicht direkt zu erkennen war. Die genaue Umkehr dieser geringen Bereitschaft erfolgte mit den positiven Rückmeldungen Einzelner zu der Tatsache, seine Meinung ausführlich äußern zu können. Weiter wurden bei der Realisierung der Lösungen, insbesondere dem Wiki, die Punkte mit höchster Priorität umgesetzt, welche den Mitarbeitern schon länger „unter den Nägeln brannten". Hierdurch wurde ein Zeichen der Anerkennung der Bedeutung gegeben, welches noch zur Vergrößerung der Motivation führte – Bestätigung waren direkte und indirekte Rückmeldungen der Mitarbeiter.

Haupthandlungsfeld Fach- und Methodenwissen verfügbar machen – Firmeninternes Wiki als Lösung

Für dieses Haupthandlungsfeld wurde ein Wiki als Lösung gewählt, wobei neben der Beschreibung der Lösung besonders die Entscheidung für den Typ des Wikis interessant ist. Diese resultierte letztendlich aus dem Vergleich zwischen dem MoinMoin-Wiki und dem MediaWiki, einem häufig verwendeten Wiki-Typ. Nachfolgend wird die **Entscheidungsgrundlage für ein (MoinMoin-)Wiki als Lösung** für die Maßnahme dargestellt. Basis oder Ausgangspunkt der Entscheidung waren neben den Ergebnissen der GPO-WM-Analyse die Anforderungen der Mitarbeiter des Musterprozesses.

Sortiert nach absteigender Priorität **sollte die geforderte Lösung die einzelnen Wissenspunkte**

- verknüpfen können,
- für jeden Betroffenen innerhalb des Unternehmens zugänglich machen,
- leicht und ständig aktualisierbar machen,
- nach unterschiedlichen Berechtigungen zur Änderung zulassen,
- in klaren Grundstrukturen einordnen und einfach auffindbar machen.

Unter Berücksichtigung ihrer Priorität – bestimmt aus Anzahl der Nennungen je Einzelanforderung und einer Diskussion – wurden die Forderungen mit den Eigenschaften existierender Wiki-Systeme verglichen. Diese wurden aus dem ProWis-Shop und einer Internetrecherche ermittelt. Aufgrund der vorhandenen Möglichkeiten und Infrastruktur sowie des Zielprozesses wurde die Wahl eingegrenzt auf eine Lösung auf Basis eines IT-Systems (d. h. interne Serverstruktur bzw. Intranet).

Auf Basis dieser Anforderungen wurden die Hauptziele bei der Einführung der Lösung definiert:

- Einfache, strukturierte Auffindbarkeit der Informationen
- Ersetzen des TID-Handbuchs[3] – einschließlich der Möglichkeit einer einfachen Aktualisierung bei gleichzeitiger, eingeschränkter Änderungsberechtigung
- Themen aus FAQ-Ordner extrahieren und einbringen
- Forum zur Diskussion von Fachwissen und Methoden

Nach der grundsätzlichen Entscheidung für eine Wiki-Lösung wurde ein weiterer, detaillierter Vergleich zwischen den Anforderungen und den Eigenschaften der verschiedenen Wiki-Typen notwendig. Auf Grundlage dieses Vergleichs wurden das MoinMoin- und das MediaWiki selektiert – diese erfüllten mit Abstand die aufgestellten Anforderungen. Ausgehend von dieser Selektion wurden dann die wesentlichen Unterschiede beider gegenübergestellt – hierbei wurden neben den „harten"

[3] Das TID-Handbuch stellt eine Kombination aus offizieller Prozessbeschreibung und pragmatischer Handlungsanweisungen dar und ist Grundlage der täglichen Arbeit/Aufgaben des TID (Technischer Innendienst, gleichbedeutend mit Technischem Projektmanagement).

auch „weiche" Faktoren, wie Erfahrungen und Meinungen Dritter, berücksichtigt[4]. Nachfolgend sind die verglichenen Eigenschaften der Wiki-Typen MoinMoin und Media nach absteigender Priorität sortiert:

- MoinMoin-Wiki verwendet für die Speicherung der Informationen den Datentyp Flatfile. Dieser Datentyp ist eine einfache Textdatei ohne Datenbankrelationen, welche ggf. auch Formatierungskommandos enthalten kann. Im Vergleich hierzu basiert MediaWiki auf einem Datenbankkonzept auf Basis der Datenbanksprache SQL. Der administrative und systemtechnische Aufwand für die EDV-Verantwortlichen ist daher bei MoinMoin-Wiki wesentlich geringer als bei MediaWiki. Die gespeicherten Daten lassen sich bei MoinMoin-Wiki aufgrund der beschriebenen Systematik problemlos sichern, komprimieren, exportieren und auch ohne übergeordnetes Datenbanksystem weiter verwenden[5].
- MoinMoin-Wiki ermöglicht eine Verlinkung zu anderen Quellen/Daten, z. B. Verzeichnissen auf dem firmeninternen Server, Dokumenten, Internetseiten. Dies ist bei MediaWiki nur eingeschränkt gegeben. Während diese Eigenschaft bei öffentlichen Wikis nicht benötigt wird, stellt dies bei (firmen-)internen Wikis eine maßgebliche Anforderung dar. Viele Informationen bzw. Quellen sollen in ihrer ursprünglichen Form und an ihrem eigentlichen Speicherort erhalten bleiben, was eine Verknüpfung zwingend notwendig macht – soll doch das Wissen über die Quelle im Wiki aufgenommen werden.
- MoinMoin-Wiki verwendet sogenanntes CamelCase[6], was bei MediaWiki nicht bekannt ist.
- MoinMoin-Wiki unterstützt im Vergleich zu MediaWiki Creole[7], was einen nahtlosen Transfer von Inhalten in andere Wikis ermöglicht.
- Die Erfahrungen einzelner ProWis-Partner mit dem MediaWiki haben gezeigt, dass die Installation und Initialisierung systemtechnisch nicht unproblematisch ist. Erfahrungen mit MoinMoin-Wiki gab es bis dato noch keine innerhalb des ProWis-Verbundes.

---

[4] Als Beispiele seien genannt ProWis bzw. der ProWis-Shop, WikiMatrix, Wikipedia, Internetforen, Erfahrungsberichte.

[5] Die Suche benötigt zwar bei MoinMoin-Wiki generell länger als bei Datenbanksystemen. Da die Lösung aber nur firmenintern verwendet wird – d. h. die Datenmenge wird sich hier relativ in Grenzen halten – und gleichzeitig die Leistungsfähigkeit der Hardware zunimmt, ist dieser Punkt vernachlässigbar.

[6] Enthält eine zusammenhängende Zeichenkette mehrere Großbuchstaben, wird dies als CamelCase bezeichnet. Bei der CamelCase Syntax werden Links automatisch im Text erkannt – eine zusätzliche Syntax für die Verknüpfung ist nicht notwendig. So würde „ProWis" als CamelCase erkannt und automatisch eine Verknüpfung zur Wiki-Seite „ProWis" erstellt werden.

[7] Creole ist eine gemeinschaftlich entwickelte Wiki-Textauszeichnungssprache (Engl.: markup language), s. www.wikicreole.org.

Tabelle 26. Anforderungen an die Lösung – in absteigender Priorität

Anforderung	Eigenschaft von MoinMoin-Wiki
(Mehrfach-)Verlinkung	Hyperlink zu Daten, Ordnern, Internetseiten
Alle Dateien für jeden zugänglich	Basis: Intranet bzw. Intraserver
Gute Auffindbarkeit	Titel- und Text-Suche, Suche in Kategorien
Leicht zu pflegen, ständig aktualisiert	Kollaborationsprinzip eines Wikis
(Selektive) Änderungsberechtigung	Access Control List
Klare Grundstruktur, gute Übersichtlichkeit	Kategorienübersicht, Titel- und Wortverzeichnis
Einfache Bedienbarkeit, einfachstes erstellen von Inhalten	GUI Editor (Stichwort WYSIWYG[8])
FAQ-Ordner ablösen	Wird indirekt erfüllt, indem das Wiki mit den Inhalten „befüllt" wird
erweiterbar	Viele Plugins für die wichtigsten Funktionen
Kommentierung/Diskussion	Unterseiten, Inline-Kommentare, Diskussionsforum
Standardisierte Vorlagen für einheitliche Darstellung	Vorlagen können erstellt und editiert werden

Dieser Vergleich der beiden selektierten Wiki-Typen auf Basis der (begrenzt) vorliegenden Informationen führte zu der Entscheidung, ein MoinMoin-Wiki als Lösung zu favorisieren. Zur endgültigen Entscheidung wurden anschließend die Anforderungen an die Lösung (s. oben) in direktem Vergleich mit den Eigenschaften des MoinMoin-Wikis nach absteigender Priorität verglichen (s. Tabelle 26).

Beginnend mit einer gewichteten Aufführung der Anforderungen an die Lösung des Handlungsfelds wurde durch konsequentes Vorgehen und sukzessiver Beurteilung möglicher Lösungen letztendlich ein Werkzeug gewählt, welches in größtmöglicher Übereinstimmung der Anforderungen und Hauptziele steht. Eine abschließende Beurteilung der „richtigen" Lösung kann zum momentanen Zeitpunkt noch nicht getroffen werden.

Haupthandlungsfeld Anwendungstransparenz erhöhen – Projektmasterliste mit Selektionsmöglichkeit als Lösung

Für das Haupthandlungsfeld „Anwendungstransparenz" erhöhen wurde als Lösung ein Konzept aus bestehender Projekterfassung und neuer bzw. zu modifizierender Projektliste mit möglicher Eigenschaftenselektion gewählt. Realisiert wurde die

[8] Abkürzung für „What you see is what you get", beschreibt die Eigenschaft eines Editors, einen Text in der Ansicht so darzustellen, wie er formatiert wurde.

Lösung im ersten Schritt mit einem bereits existierenden, mehrseitigen Projekterfassungsformular für die (Neu-)Projekterfassung und einer Projektmasterliste. Beide sind mit Hilfe von Microsoft® Excel und zusätzlichen Automatikfunktionen auf Basis von Microsoft® Visual Basic realisiert.

Kurzbeschreibung der Lösung: Das bereits seit längerem existierende Projekterfassungsformular enthält alle notwendigen Parameter, zu welchen neben anderen, wie kaufmännischen Angaben, auch die für die Anwendungstransparenz notwendigen projektspezifischen und wiederkehrenden, kategorisierten Eigenschaften gehören. Basierend auf diesem Formular werden die festgelegten Parameter bzw. Projekteigenschaften automatisch in die Projektmasterliste übertragen. In der Projektmasterliste ist dann eine Selektion nach Eigenschaften möglich. Hiermit können im Zusammenhang mit einem Neuprojekt einerseits die Eigenschaften des Neuprojektes mit ähnlichen Anwendungen verglichen werden. Andererseits ist eine Analyse der Projekte auf Basis individueller Selektion möglich.

Die **Entscheidungsgrundlage für die Lösung** war, dass resultierend aus der unterschiedlichen Orientierung eines originären ERP-Systems einerseits und den sich stetig weiter entwickelnden Anforderungen der (technischen) Projektentwicklung andererseits, bereits in Ergänzung zum ERP-System ein sehr ausgereiftes, elektronisches Formular zur Projekterfassung unabhängig vom ERP-System existierte. Aufgrund dieser bewährten „Co-Existenz" sollte die Maßnahme zur Erhöhung der Anwendungstransparenz im ersten Schritt auf dem System der bisherigen Projekterfassung aufsetzen. Erst in einem weiteren Schritt ist geplant, nach Beurteilung und Optimierung der Maßnahme, die Erhöhung der Anwendungstransparenz in das ERP-System zu integrieren. Voraussetzung wird hier aber sein, dass dies nach der Phase der Beurteilung und Optimierung der momentanen Lösung einen weiteren Vorteil bringt.

Erste Auswertungen unter dem Aspekt der Anwendungstransparenz bestätigen die grundsätzliche Funktionalität der gewählten Lösung, zeigen aber auch eine notwendige Modifikation der bisherigen Eigenschaften bzw. deren Gruppierung auf. Insbesondere im Hinblick auf den doch weitreichenden Begriff Anwendungstransparenz ist eine Abstimmung zusammen mit der Detaillierung dieses Begriffs notwendig. Der Schritt zur Integration in das ERP-System konnte bisher noch nicht konkretisiert werden.

28.6 Erfahrungen

Erfolge und fehlende Umsetzungen

Erste **Erfolge und positive Perspektiven** können zum Abschluss der Zweitanwender-Phase von ProWis, Stand Januar 2008, nach einem Jahr intensiver Beschäftigung mit Wissensmanagement und Einführung erster Wissensmanagementaspekte festgestellt werden.

Zu den **allgemeinen Erfolgen** zählt, dass nicht nur die unmittelbar beteiligten Mitarbeiter des Musterprozesses fast uneingeschränkte, positive Resonanz zeigten und Eigeninitiative entwickelten, welche teilweise über die Erwartungen hinaus ging. Auch die nicht zum Musterbereich gehörenden Mitarbeiter reagierten durchweg positiv auf die erhaltenen Informationen über die Wissensmanagement-Aktivitäten. Diese Reaktion wird von uns als sehr wichtig beurteilt, da dies zeigt, dass auch in weiteren Bereichen neben dem Musterprozess eine Motivation der Mitarbeiter möglich bzw. teilweise schon vorhanden ist. Ausdrücklich anzumerken ist noch, dass selbst Mitarbeiter, welche oft unmotiviert im Zusammenhang mit neuartigen Aufgaben/Themen agieren, sich beteiligten und Beiträge leisteten.

Spezifische Erfolge der Handlungsfelder konnten hauptsächlich im Handlungsfeld „Fach- und Methodenwissen verfügbar machen" erzielt werden. So wurde bis zum momentanen Statuszeitpunkt systematisch und erfolgreich ein firmeninternes Wiki eingeführt, bei welchem zur Initialisierung erste Inhalte erzeugt wurden und der Wissensaustausch auch schon gelebt wird. Als bemerkenswertes Beispiel dient, dass bereits auch bisher implizites Wissen durch einzelne Wiki-Beiträge zu explizitem Wissen wurde – obwohl im ersten Schritt vorgesehen war, nur bereits explizites Wissen verfügbar zu machen.

Im Handlungsfeld „Anwendungstransparenz erhöhen" wurden erste Erfolge erzielt, welche die Entscheidung der Lösungswahl ausgehend vom momentanen Status bestätigen. Die in der Projektmasterliste gesammelten Projekte und deren Selektionsmöglichkeiten unter dem Aspekt der Anwendungstransparenz stellen eine erste Möglichkeit dieses Wissensaspekts dar. Es zeigt sich allerdings auch, dass eine Modifikation der Eigenschaften bzw. deren Gruppierung und Auswertung unter dem geforderten Aspekt der Anwendungstransparenz notwendig ist.

Zusammenfassend kann für die geplanten Maßnahmen der Handlungsfelder eine relativ hohe Erfolgsquote festgestellt werden. Die **fehlenden Umsetzungen** halten sich in Grenzen und sind begründet. Während bei der Maßnahme „Fach- und Methodenwissen verfügbar machen" der Erfolg nur minimal von der Planung abweicht, konnten die Planungen der Maßnahme „Anwendungstransparenz erhöhen" nur teilweise erfolgreich umgesetzt werden. Die nicht vollständig umgesetzten Planungen sind in den vorhandenen Ressourcen der Arbeitskraft zusammen mit dem teilweise schwer zu beurteilenden Aufwand begründet. Hieraus indirekt resultierend und aufgrund der unterschiedlichen Prioritäten der beiden Maßnahmen kam es zu den unterschiedlichen Erfolgsquoten.

Schwierigkeiten

Schwierigkeiten sind teilweise bei der Kommunikation mit Mitarbeitern und der Einführung der Wissensmanagement-Maßnahmen entstanden. **Schwierigkeiten bei der Kommunikation** mit Mitarbeitern waren hauptsächlich die unterschiedlichen Sichtweisen, negativ vorbesetzte Worte und die Kommunikation an sich. Unterschiedliche Sichtweisen basierten auf der verschiedenen Kenntnis der Zusammenhänge des Wissensmanagements bei Wissensmanagement-Projektverantwortlichen und den Mitarbeitern. So fühlten sich Mitarbeiter in manchen Situationen „gebremst“, wenn sie nicht nach intuitivem Verständnis aus der Alltagshandlung heraus agieren konnten, sondern im Rahmen umfassenderer Aspekte des Wissensmanagements vorgehen sollten.

Weiterhin sorgten bei Einzelnen negativ vorbesetzte Worte wie „Wissensmanagement“ bzw. „Management“ und zu praxisfern kommunizierte Informationen sofort für Desinteresse und Abwehr. Zusammenfassend wurde festgestellt, dass Kommunikation an sich schon ein bedeutendes und unterschätztes Thema ist, welches besonders im Zusammenhang mit einem teilweise abstrakten Thema Wissensmanagement leicht zu Missverständnissen und Blockaden führt.

Ähnlich verhielt es sich mit den **Schwierigkeiten bei der Einführung der Wissensmanagement-Maßnahmen**. Hier waren es hauptsächlich die Schwierigkeiten mit abstrakten Maßnahmen und das Problem der Lösungs- bzw. Einzelproblem-Fixierung. Es zeigte sich, dass je ungreifbarer, abstrakter eine Maßnahme ist, desto größer waren auch die Hemmungen oder gar der Widerstand gegenüber dieser. Das Problem der Lösungs- bzw. Einzelproblem-Fixierung stellte eine große Schwierigkeit bei der Einführung der Wissensmanagement-Maßnahmen dar, da hierdurch der Blick nicht frei war und die Bereitschaft bzw. Motivation nur schwer geschaffen werden konnte für die meist umfassendere Maßnahme.

Zu den **erwarteten Schwierigkeiten im weiteren Verlauf** wird es nach den bisherigen Erfahrungen besonders bezüglich des Blicks für den Gesamtzusammenhang kommen, d. h. den „roten Faden“ nicht zu verlieren. Hierbei werden die Analysen von ProWis als Basis für weitere Maßnahmen eine Hilfe sein. Mit den Kenntnissen und Erfahrungen aus den ersten Maßnahmen im Rahmen von ProWis soll ein Transfer auf weitere Bereiche und Prozesse des Unternehmens erfolgen. Dabei wird mit ähnlichen aber auch neuen Schwierigkeiten gerechnet. Der wesentliche Unterschied wird allerdings sein, dass durch die Erfahrungen im Projekt ProWis Fehler vermieden und mögliche Schwierigkeiten früher erkannt werden können.

Transfer in weitere Bereiche

Ausgehend von den Erfolgen und Erfahrungen aber auch der Analyseergebnisse von ProWis werden allgemeine und spezielle Transfers ausgeführt werden. Als **spezieller Transfer** wird das Wiki, welches bisher nur im Musterprozess genutzt wird, auf weitere Prozesse erweitert werden, welche ebenfalls Fach- und Methodenwissen benötigen. Dieser Transfer folgt im Anschluss an die Bewertung und Modifikation des Wikis Ende des 1. Quartals 2008. Die Einführung soll moderiert erfolgen, so dass die neuen Nutzer von den Erfahrungen des Musterprozesses profitieren.

Als **allgemeiner Transfer** werden die Erfahrungen im Zusammenhang mit ProWis und Wissensmanagement an andere Bereiche und Prozesse übertragen. Es soll hierbei das Projektteam des Musterprozesses die Moderation übernehmen. Des Weiteren werden als allgemeiner Transfer die Erfahrungen der beiden Handlungsfelder auf die aus der Analyse ermittelten, noch umzusetzenden und bisher nicht bearbeiteten Handlungsfelder übertragen.

Teil IV
Wissensmanagement im Mittelstand – Fazit und Ausblick

Kapitel 29
Fazit aus 15 mittelständischen Fallstudien

Stefan Voigt, Ina Finke, Ronald Orth

Die 15 Unternehmen kennzeichnen sich durch bestimmte Gemeinsamkeiten hinsichtlich der Anforderungen und der Umsetzung von Wissensmanagement in die unternehmerische Praxis. Gemeinsam sind ihnen bestimmte Rahmenbedingungen und Voraussetzungen, die sich für Wissensmanagement als förderlich herausgestellt haben. Die gemeinsamen Probleme und Lösungen sowie die Erfolgsfaktoren werden im Folgenden zusammengefasst.

29.1 Ergebnisse des WM-Audits

Im Rahmen des ProWis-Projektes wurde bei den 15 Pilotunternehmen das WM-Audit (s. Kap. 5) mit Hilfe eines Online-Fragebogens durchgeführt, der von insgesamt 270 Personen ausgefüllt wurde. Für die vorliegende Betrachtung wurden diese Werte auf Gesamtunternehmensebene zusammengefasst.

Erfolgskritisches Wissen und interne Verfügbarkeit

Hinsichtlich der Relevanz und der Verfügbarkeit von Wissen zeigt sich, dass das benötigte Wissen im Unternehmen nicht immer in ausreichendem Maß zur Verfügung steht. Diese Diskrepanzen werden in der Abbildung zum erfolgskritischen Wissen und der internen Verfügbarkeit deutlich (s. Abb. 75). Für die einzelnen Wissensdomänen wurden hier die Relevanz und die Verfügbarkeit anhand einer Skala

© Springer 2009

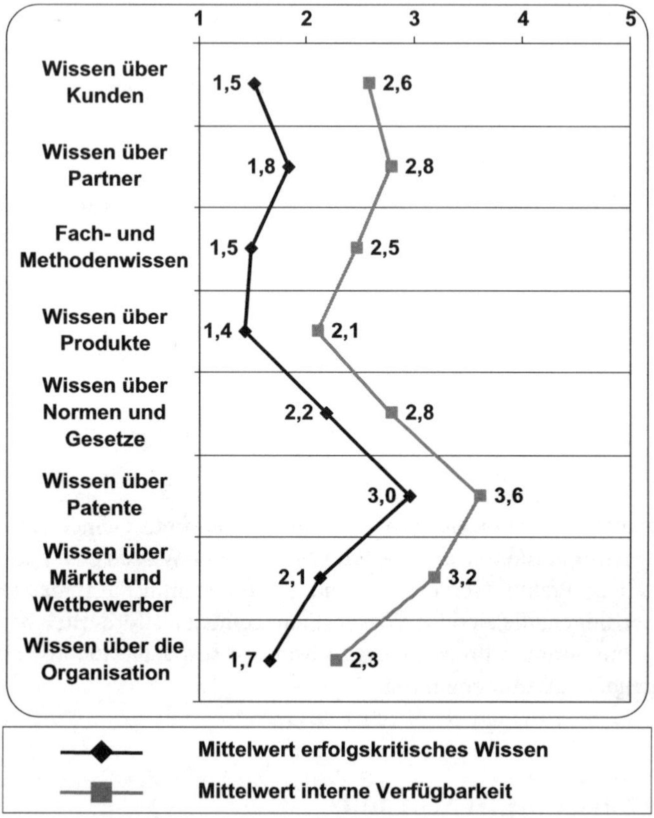

Abb. 75. Wissensdomänen: Relevanz und Verfügbarkeit (n = 15)

von eins bis fünf bewertet.[1] Folglich werden die größten Diskrepanzen an der Stelle wahrgenommen, wo die beiden Kurven am weitesten auseinander gehen.

Die Ergebnisse zeigen zum einen, dass bei den befragten Unternehmen der Bedarf an Informationen über ihr externes Umfeld stark ausgeprägt ist. Zum anderen, dass dieses Wissen nur eingeschränkt intern verfügbar ist. Das betrifft sowohl Kunden als auch Partner. Dieses Ergebnis gibt den alarmierenden Zustand mittelständischer Unternehmen wieder, die tatsächlich einen Großteil ihrer Daten aus Markt- und Wettbewerbsbeobachtungen kaum sinnvoll nutzen und einsetzen (können). Es gibt bereits Methoden, die helfen diese Wissenslücken zu schließen, sie

[1] Frage im WM-Audit: Überlegen Sie bitte, wie wichtig die folgenden Wissensgebiete für die Erledigung Ihrer zentralen Aufgaben sind und ob Ihnen das folgende Wissen in ausreichendem Maße zur Verfügung steht? Der Wert 1 bedeutet dabei „sehr wichtig" bzw. „immer verfügbar" und 5 „gar nicht wichtig" bzw. „nie verfügbar".

werden aber vom Mittelstand als noch zu kostspielig angesehen (vgl. z. B. Seidler-de Alwis 2006, Voigt et al. 2006). Durch die dynamischen Märkte und die zunehmende Internationalisierung geraten die kleinen und mittelständischen Unternehmen zunehmend unter Druck, das komplexe Umfeld zu beobachten und die Daten auch entsprechend zu nutzen.

Wissensträger

Wissen ist oft personengebunden und somit dem Unternehmen nicht unmittelbar zugänglich. Die Abfrage der Wissensträger soll Aufschluss darüber geben, in wie weit das Wissen in dokumentierter Form oder in den Köpfen der Mitarbeiter vorliegt.[2] Je nach Ausprägung der aktuellen Situation und den angestrebten Zielen des Unternehmens, lassen sich hieraus unterschiedliche Vorgehensweisen zur systematischen Handhabung des Wissens ableiten. Klassischerweise wird in diesem Zusammenhang zwischen zwei idealtypischen Arten von Wissensmanagement-Strategien unterschieden (Hansen et al. 1999): Der Fokus einer „Dokumentationsstrategie" richtet sich auf die Kodifizierung von Wissen. Ziel einer solchen technologieorientierten WM-Strategie ist es, durch den Einsatz von IT-Anwendungen die strukturierte Speicherung und Verteilung von Informationen zu gewährleisten. „Personalisierungsstrategien" hingegen zielen durch eine gesteigerte Vernetzung und Förderung der direkten Interaktion zwischen Mitarbeitern auf eine Verbesserung des Wissensaustauschs zwischen Personen.

Bei den 15 Pilotunternehmen wird Wissen über Kunden, Partner, Märkte und Wettbewerber sowie Fach- und Methodenwissen als meist in Köpfen gespeichert wahrgenommen (s. Abb. 76). Die eher informelle Verteilung spricht für das Nicht-Vorhandensein einer Systematik bei der Wissenserzeugung (s.o.). Wissen über Produkte, Normen und Gesetze, Patente und über die Organisation wird als sowohl in den Köpfen als auch in dokumentierter Form vorliegend beurteilt.

Es zeigt sich darüber hinaus, dass dort, wo der größte Handlungsbedarf (s.o.) wahrgenommen wird, das Wissen eher nicht dokumentiert ist und somit schwer zugänglich ist. Dies gilt vor allem für die Wissensdomänen, bei denen Wissen über andere Personen relevant ist und die Interaktion eine wesentliche Rolle spielt, wie z. B. bei Kunden, Partnern, Wettbewerbern, Fach- und Methodenwissen.

---

[2] Frage im WM-Audit: Wenn Sie die Wissensarten betrachten, wie liegt dieses Wissen vor? Bitte schätzen Sie ein, ob es eher in dokumentierter Form vorliegt oder in den Köpfen der Mitarbeiter?

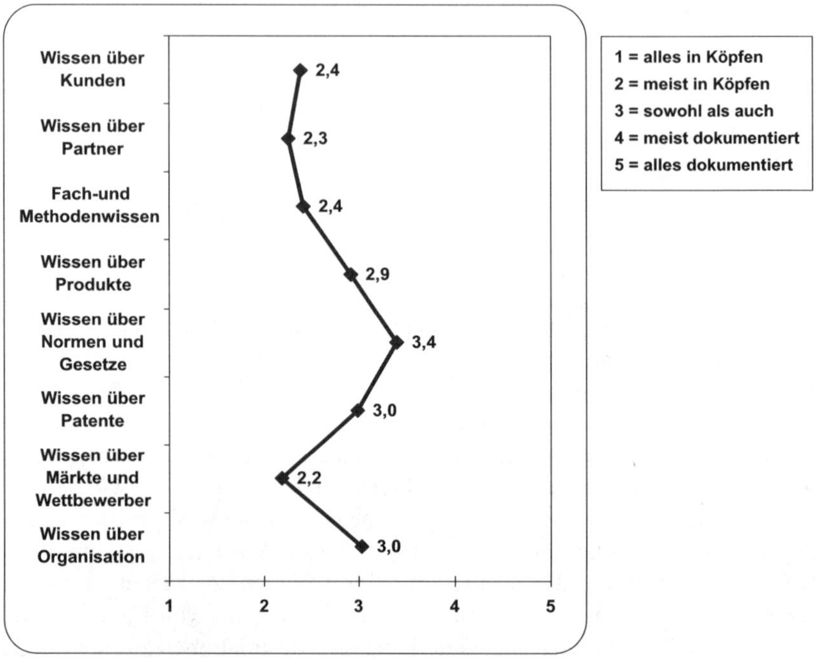

Abb. 76. Wissensträger (n = 15)

29.2 Auswertung GPO-WM-Analyse

Im Rahmen der Gruppeninterviews der GPO-WM-Prozessanalyse wurde von den Mitarbeitern der KMU der systematische Umgang mit Wissen in ausgewählten Bereichen näher betrachtet. Nach Auswahl der zu untersuchenden Wissensgebiete wurden diese durch die Workshopteilnehmer inhaltlich beschrieben. In den Gruppenworkshops wurde am häufigsten das Wissen über Kunden (28 Prozent), Wissen über Produkte (19 Prozent), das Fach- und Methodenwissen (15 Prozent) sowie das Wissen über die eigene Organisation (15 Prozent) näher betrachtet. Ferner wurde der Umgang mit Wissen über Märkte und Wettbewerber (9 Prozent) sowie Wissen über Partner (9 Prozent) und Wissen über Normen und Gesetze (6 Prozent) von den Workshopteilnehmern bewertet. Die Domäne Wissen über Patente wurde in keinem der Interviews vertieft (s. Abb. 77).

Dieses Ergebnis zeigt, dass der Kunde für die KMU im Mittelpunkt steht und Wissensmanagement genau im Umgang mit diesem Wissen unterstützen soll und muss. Die folgenden Wissengebiete spiegeln die starke Innensicht der KMU wieder; das relevante externe Wissen über das Umfeld steht kaum im Mittelpunkt der Betrachtungen. Es sind auch nach Meinung der KMU-Vertreter nicht unbedingt die klassischen Wissengebiete über die der Mitarbeiter verfügen sollte. Ob diese Meinung auch in Zukunft aufrechterhalten werden kann, wird sich zeigen.

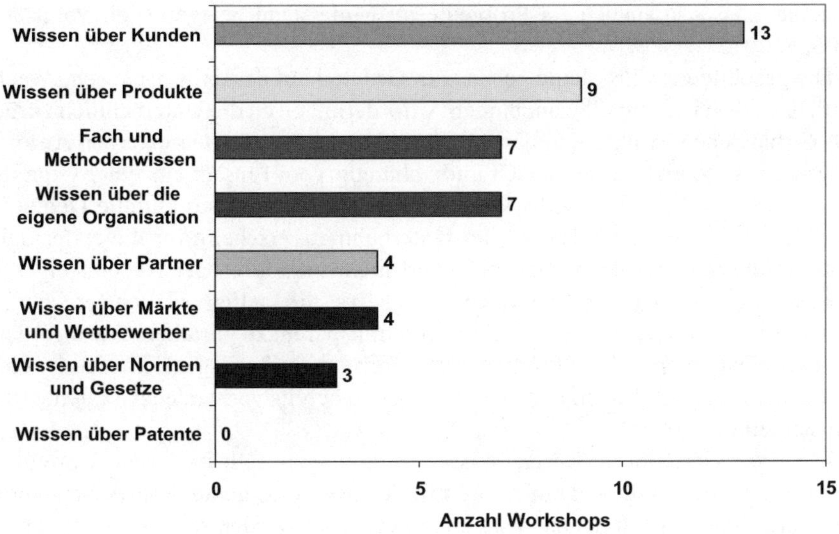

Abb. 77. Analysierte Wissensdomänen in den Workshops

29.3 Gemeinsame Herausforderungen im Mittelstand

Die 15 beschriebenen Unternehmen lassen sich drei verschiedenen Branchen zuordnen. Im Rahmen der Analysephase stellte sich schnell heraus, dass sich die Probleme über die Branchen hinweg sehr ähneln. Diese Erfahrung wird ebenfalls durch die Ergebnisse von Pawlowsky et al. (2006) gestützt. Die Autoren wiesen die systematische Gruppierung von Unternehmen nach Strategietypen anstelle von Branchen nach. Die Auswahl einer Wettbewerbsstrategie impliziert ein unterschiedliches Herangehen an Wissensmanagement. Konsequenzen, die sich daraus ergeben müssen zukünftig noch erforscht werden.

Folgende allgemeine Problemfelder kristallisierten sich in den 15 Unternehmen heraus:

- Uneinheitliche Dateiablage (fehlende allgemeingültige Verzeichnisstruktur sowie Datei- und Verzeichnisbezeichnungsregeln)
- Unzureichender abteilungsübergreifender Wissens- und Informationsaustausch
- Intransparenz über Zuständigkeiten/Kompetenzen
- Keine systematische Sicherung von Projekterfahrungen
- Unstrukturierte formelle Kommunikation (Besprechungen, E-Mail Verkehr usw.)
- Mangelnde zentrale Speicherung von kodiertem Wissen und Informationen
- Ausbaufähige Nutzung vorhandener Informationssysteme
- Verbesserungspotenzial in den Prozessbeschreibungen

Die vier erstgenannten Herausforderungen lassen sich auch durch eine den Unternehmensanalysen vorgeschaltete Unternehmensbefragung von ca. 50 KMU als allgemeine Wissensmanagement-Probleme im Mittelstand belegen (vgl. Voigt et al. 2006, S. 20).

Die geschilderten Probleme gehen zum Großteil auf das teilweise rasche Wachstum[3], bzw. die sich schnell wandelnden Anforderungen an die Unternehmen zurück. Die vorhandenen Strukturen passen sich nicht automatisch den externen Anforderungen an, sondern eher organisch und abhängig vom Einsatz einzelner Organisationsmitglieder. Das informelle Netzwerk kompensiert das strukturelle Defizit. Es trägt vor allem die „alten Hasen“ im Unternehmen, erscheint für die ersten Jahre zuverlässig, zerfasert dann aber mehr und mehr zugunsten der Neueinsteiger. Es werden kaum rechtzeitig Methoden eingesetzt, die helfen, die entsprechenden Strukturen zu entwickeln, geschweige denn transparent zu gestalten. Die erforderliche Partizipation an diesem Prozess wird aufgrund des Tagesgeschäftes auf wenige Mitdenker reduziert. Potenziale, wie der Ausbau bereits vorhandener Systeme, werden schnell übersehen.

Der prozessorientierte Ansatz Wissen zu managen, fällt in diesem Umfeld auf einen fruchtbaren Boden, denn er steht für Transparenz, gemeinsames Verständnis und klare Regeln, nach denen zusammen gearbeitet werden soll. In den Prozessen werden die Ebenen der Kommunikation, der Leistungserstellung und der technischen Unterstützung zusammengeführt. Eine wissensorientierte Gesamtsicht auf die Geschäftsprozesse wird möglich und erleichtert es, Potenziale an den richtigen Stellen im Unternehmen aufzudecken.

Fokussierung auf das relevante Wissen – Wissensdomänen

Das in den Fallstudien angewendete Konzept der Wissensdomänen ermöglicht eine weitere zusammenfassende Betrachtung der Unternehmen. Es hat sich gezeigt, dass das Konzept der Wissensdomänen für die Unternehmen sehr hilfreich war. Eine der wichtigsten Aufgaben bei der Einführung von Wissensmanagement ist die Fokussierung auf bestimmte Inhalte und Gebiete und dem gemeinsamen Verständnis des Betrachtungsgegenstandes, hier: der Wissensdomäne.

Das **Wissen über Kunden** stellt eine der wichtigsten Wissensressourcen in den Unternehmen dar. Die bisher in den Unternehmen genutzten IT-Systeme genügen jedoch meist nicht den Anforderungen, die aus der effektiven Bereitstellung und Anwendung von Kundenwissen resultieren. Das als relevant erachtete kundenbezogene Wissen kann kaum in ERP-Systemen gesichert werden. Hier mussten entweder kostspielige Anpassungen der Systeme vorgenommen werden oder andere – teilweise redundante – Wege der Sicherung gefunden werden. Darüber hinaus gab es Reibungsverluste an den Abteilungsgrenzen, wenn dort unterschiedlich intensive Kundenkontakte gepflegt wurden. Der Vertrieb gibt Wissen über den Kunden nicht

---

[3] Vgl. hierzu bspw. die Firmen Kristronics, PM-Automotive, Schmalz oder Terrawatt die in den letzten Jahren ein starkes Wachstum verzeichneten.

adäquat an die Entwicklung weiter oder die Erfahrungen des Kundendienstes wurden nicht in den Vertrieb oder die Produktentwicklung zurück gespiegelt.

Interessanterweise gibt es selbst bei mittelständischen Unternehmen bezogen auf das **Wissen über die eigene Organisation** Verbesserungspotenziale bezüglich der Transparenz. So besteht zwar meist die Transparenz über die standardisierten und zertifizierten Prozesse, jedoch nicht über übergreifende, zentrale Informationen über Projekte oder Kompetenzträger bzw. generelle Verantwortlichkeiten. Diese Phänomene traten vor allem an den Abteilungsgrenzen auf.

Beim **Fach- und Methodenwissen** lies sich vor allem feststellen, dass neu akquiriertes Wissen von Tagungen oder Messen etc. nicht adäquat und systematisch für andere Mitarbeiter/Abteilungen aufbereitet und gesichert wurde. Gleiches gilt für den präventiven Wissenstransfer zwischen älteren, erfahrenen – potenziell ausscheidenden – Mitarbeitern und neuen, jüngeren Kollegen.

Lebenszyklus des Wissensmanagements unterstützen

Der Kernprozess des Wissensmanagements, Wissen erzeugen, speichern, verteilen und anwenden, hat sich als sinnvolle Betrachtungsebene bewährt, um Defizite im Lebenszyklus des Wissens aufzudecken. Den Anwendern erschließt sich durch den Kreislauf die Ebene des Wissenstransfers im Unternehmen. Vor allem wird der Mitarbeiter für die verschiedenen Methoden und Hilfsmittel sensibilisiert, die er im Umgang mit Wissen einsetzt und lernt diese hinsichtlich ihrer Effektivität zu überprüfen.

In den analysierten Unternehmen fehlte beim **Erzeugen von neuem Wissen** die Systematik – im Gegensatz zu größeren Unternehmen, wo viele Prozesse durch standardisierte Methoden und Verfahren entsprechend untersetzt sind. Wissensquellen sind unternehmensintern und -extern vorhanden, werden aber nicht ausreichend und systematisch genutzt. Der Fokus liegt häufig auf dem internen Wissen. Teilweise liegt die Ursache in der Anzahl und Unübersichtlichkeit der vorhandenen Quellen. Teilweise auch an der fehlenden Kompetenz, die vorliegenden Daten und Informationen auszuwerten.

Diese Vielzahl an vorhandenen IT-Systemen führt dazu, dass es dem Nutzer an Transparenz fehlt: Wo soll der Mitarbeiter welche Informationen/welches Wissen **speichern** bzw. für welche Personen ist dieses Wissen relevant? Bemerkenswert ist daran, dass die Komplexität vorhandener IT-Systeme bereits in KMU für Mitarbeiter zu hoch ist. Hinzu kommt, dass sich im Mittelstand mit der geringen organisatorischen Komplexität (wenig Abteilungen, flache Hierarchien) keine einheitlichen Speicherstrukturen und Benennungsregeln durchsetzen konnten. Die übereinstimmenden Effekte sind Dateichaos und hohe Suchzeiten.

Beim **Verteilen** des Wissens liegen die Herausforderungen hauptsächlich in den unklaren Zuständigkeiten. Für wen ist das eigene Wissen relevant? Wem liefere ich zu oder wer muss es sich abholen (Hol- oder Bringschuld von Informationen)? Diese Herausforderungen treten naturgemäß vor allem abteilungsübergreifend auf, glücklicherweise werden sie oft aufgrund der ausgeprägten informellen Strukturen der KMU kompensiert.

Geht es um das erneute **Anwenden** des einmal gewonnenen und gesicherten Wissens fällt der hohe Zeitaufwand für die Suche auf. Hier schließt sich wieder der Kreis zu den anderen Aktivitäten.

29.4 Gemeinsamer Lösungsansatz: Integration step-by-step

Die meisten Unternehmen haben Lösungen gewählt, die relativ kleine Schritte auf dem Weg zu einem integrierten Wissensmanagement bedeuten. Dazu gehören beispielsweise die Überarbeitung von Meetingregeln oder die Schulung von Mitarbeitern in der Nutzung vorhandener IT-Systeme. Hierin spiegelt sich der Wunsch der mittelständischen Unternehmen wider, einfache und im operativen Geschäft umsetzbare Lösungen an die Hand zu bekommen. Die wirkungsvollsten Lösungen sind die, die mit wenig Aufwand einen wahrnehmbaren Effekt für die Mitarbeiter bringen. Der persönliche Nutzen für den Mitarbeiter stand daher bei jeder Aktivität im Vordergrund.

Die klein gewählten Schritte führten auch zu einer starken Fokussierung auf bestimmte Maßnahmen. Es kann dabei in Anlehnung an die Kodifizierungs- und Personalisierungsstrategie (Hansen et al. 1999) in IT- und kulturorientierte Maßnahmen unterschieden werden. Die Unternehmen waren sich einig, dass beide Ausrichtungen für eine erfolgreiche Umsetzung von Wissensmanagement dringend berücksichtigt und verzahnt werden sollten, aber sie gleichzeitig anzugehen gelang nur wenigen.

IT-orientierte Lösungen

Informationstechnik kann als Enabler für Wissensmanagement betrachtet werden, folglich ist die Nutzung von IT-Werkzeugen auch für mittelständische Unternehmen interessant. Dabei muss es sich nicht immer um teure, umfangreiche Dokumentenmanagementsysteme handeln, wie die Fallbeispiele zeigen. Die Bandbreite reicht hier von der Verbesserung der Nutzung oder Anpassung vorhandener IT-Lösungen (z. B. Krautzberger, Stelco) über die Nutzung kostenfreier Wiki-Systeme bis hin zur Entwicklung spezifischer IT-Tools in Eigenregie (z. B. GWB) oder mit Hilfe externer Dienstleister (z. B. PLATH, BMA).

Die meist gewählte Wissensmanagement-Lösung bei den beschriebenen Fallbeispielen ist das Wiki. Von den fünfzehn Unternehmen haben die Hälfte zentrale Wiki-Lösungen eingeführt (BMA, DESMA, Schmalz, Terrawatt, Würth Elektronik ICS), planen dies (AUCOTEAM) oder hatten sogar bereits vor dem Projekt dezentrale Wiki-Installationen (z. B. Kristronics, PLATH) im Einsatz. Der Reiz der Wikis liegt in verschiedenen Aspekten:

- Die kostenfreie Nutzungsmöglichkeit,
- Das allgemeine öffentliche Interesse am Thema („Hype"),
- Die allgemein verbreitete persönliche Nutzung von Wikipedia und die damit verbundene Kenntnis der Lösung sowie
- Der revolutionäre Ansatz: jeder darf teilnehmen und alles verändern.

Interessanterweise wird gerade der letztgenannte Punkt häufig durch unternehmensinterne Diskussionen über Berechtigungen wieder abgeschwächt. Der aktuelle Stand bei den hier beschriebenen Unternehmen mit Wiki-Lösungen ist noch zu frisch, um bereits fundierte Analysen über den Erfolg der Wikis erheben zu können. Hier bleibt abzuwarten, wie sich die Lösungen langfristig in den Unternehmen etablieren und durchsetzen können. Bisher fehlen aktuelle empirische Studien die hierüber Auskunft geben können.

Kultur-orientierte Lösungen

Neben dem IT-Fokus, der auf der technischen Ebene Probleme der Wissensstrukturierung und des Wissenstransfers lösen kann, wird die Ebene der Kultur als weiteres Gestaltungsfeld für den Umgang mit Wissen erkannt. Methoden wie Lessons Learned oder Schnittstellen-Workshops zielen auf die Verbesserung der internen Kommunikation, die Entwicklung einer gemeinsamen Sprache sowie auf den Aufbau eines gemeinsamen Erfahrungsschatzes. Bei diesen Unternehmen steht weniger die Kodifizierung des vorhandenen Wissens und dessen digitale Speicherung und Dokumentation im Vordergrund, als vielmehr der Wunsch aus Fehlern zu lernen und bei den betroffenen Mitarbeitern durch Kommunikation einen Lernprozess zu starten. Die eingesetzten Workshops wurden teilweise als Qualifizierungsmethoden für die Mitarbeiter verstanden: punktuell und stark verhaltensbezogen sowie mit klarem Transfer zum Tagesgeschäft. Damit hat sich der Workshop als Methode für KMU bewährt und kann den Prozess der Einführung positiv hinsichtlich der erforderlichen Kompetenzentwicklung der Mitarbeiter unterstützen.

29.5 Erfolgsfaktoren bei den 15 Unternehmen

Kleine Schritte und schnelle Erfolge

KMU sind stark vom operativen Geschäft getrieben und haben wenig Zeit für interne Projekte zur Entwicklung der eigenen Organisation. Um die Mitarbeiter im Rahmen des Wissensmanagement-Projektes nicht zu demotivieren, sollten zuerst Maßnahmen mit geringem Aufwand und möglichst schnell eintretendem Nutzen gewählt werden. Sicher müssen auch irgendwann die dringenden, großen Themen angepackt werden. Aber bei einem sensiblen Thema wie Wissensmanagement, was sehr schnell mit negativen Assoziationen behaftet werden kann („Bringt nichts außer Zusatzaufwand"), sind schnell wahrnehmbare Erfolge für die Mitarbeiter unabdingbar. Diese Erfolge sollten in der unternehmensinternen Kommunikation entsprechend transportiert werden, womit der nächste Erfolgsfaktor genannt ist.

Begleitende Kommunikation an die Mitarbeiter

Wissensmanagement lebt von den Mitarbeitern, denn in deren Köpfen befindet sich das relevante Wissen, seltener in Dokumenten oder IT-Systemen. In der Wissensmanagement-Forschung wurde sehr viel über Barrieren geforscht (vgl. Schüppel 1996, Kenning u. Blut 2005). Wichtig ist, dass diesen Barrieren begegnet wird. Die Unternehmen, die intern über das Wissensmanagement-Projekt kommunizieren, die Ziele und Vorgehen transparent machen, sind letztlich auch erfolgreicher bei der Maßnahmenumsetzung. An dieser Stelle sei noch einmal auf die Kommunikationsmaßnahmen entlang des Einführungsprozesses (s. Kap. 4) verwiesen. Letztendlich waren die hier vorgestellten und erprobten Konzepte der Wissensdomänen und der Prozessorientierung für eine verständliche Kommunikation hilfreich.

Partizipation der Mitarbeiter

Neben der stetigen Kommunikation ist auch die Einbeziehung der Mitarbeiter in die Umsetzung wichtig. Die Fallbeispiele haben gezeigt, dass die Maßnahmen erfolgreich umgesetzt werden konnten, bei denen die Mitarbeiter in der Ausarbeitung oder zumindest in der Abstimmung aktiv einbezogen wurden. Lösungen die „von oben" bestimmt werden, bedürfen dagegen einer größeren Akzeptanzbildung, um langfristig durchgesetzt zu werden.

Aus diesem Grund ist das ProWis-Vorgehen, wie in Kapitel 4 dargestellt, partizipativ gestaltet worden. Die Mitarbeiter werden bereits in der Initialisierung abgeholt und im Rahmen der Analyse aktiv mit einbezogen. In der Umsetzungsphase hat sich gezeigt, dass die Maßnahmen erfolgversprechend sind, welche von den Mitarbeitern des Unternehmens selbst umgesetzt werden können. Die Involvierung während der Umsetzung stärkte die Akzeptanz der Lösung im Unternehmen eindeutig.

Projektleiter mit definierten Zuständigkeiten und Budget

Die Unternehmen, die bereits zu Beginn der Wissensmanagement-Aktivitäten mit einem verantwortlichen Projektleiter gestartet sind, hatten es in der Regel leichter beschlossene Maßnahmen voran zu bringen. Ein Ansprechpartner für die Mitarbeiter, der sowohl über die Ziele als auch den aktuellen Stand informiert ist, erscheint unerlässlich. Es ist sehr hilfreich, wenn der definierte Projektleiter über ein gewisses „Standing“ im Unternehmen verfügt und mit entsprechenden Befugnissen sowie Budget, Zeit und Ressourcen ausgestattet ist.

Unterstützung des Managements

Bei einigen der beschriebenen Unternehmen war die Geschäftsführung direkt in das Projekt involviert – beispielhaft seien hier Beyers, PM-Automotive und Terrawatt genannt. Der Geschäftsführer war somit im Laufe des gesamten Wissensmanagement-Projektes für die Mitarbeiter präsent, bei wichtigen Meetings anwesend und immer informiert. Die operative Projektleitung wurde dabei an eine zweite Person delegiert, die jedoch in enger Abstimmung mit der Geschäftsführung stand. Die Mitarbeiter wussten so, dass die Geschäftsführung die Wissensmanagement-Ziele mit vertritt und hinter den Aktivitäten steht.

Die Unterstützung der Geschäftsführung kann allerdings auch auf andere Weise den Mitarbeitern deutlich gemacht werden. Beispielhaft sei hier auf die Startseite des Wikis von Schmalz verwiesen. Hier begrüßt einer der beiden Geschäftsführer die Mitarbeiter und fordert aktiv zur Wissensteilung auf. Wichtig ist dabei vor allem, dass das Management nicht nur „pro forma“ unterstützt, sondern aktiv eingreift und positiv vorlebt. Um beim Beispiel Schmalz zu bleiben: Herr Schmalz ist selbst auch Nutzer des Wikis und bearbeitet selbstständig einige Artikel. Diese Vorbildwirkung gilt es gezielt zu nutzen und in die unternehmensinterne Kommunikation mit einzubinden.

Klares, einfaches und systematisches Vorgehen

Die Stärke des gewählten Ansatzes ist in seiner Einfachheit und Systematik zu sehen. Alle 15 Fallstudien haben das ProWis-Vorgehen in der gleichen Art und Weise durchlaufen und sind alle zu positiven Ergebnissen gekommen. Dies soll als Beweis für einen funktionierenden Ansatz gelten.

Alle 15 Unternehmen wussten von Anfang an, was auf sie zu kommt und welche Schritte angegangen werden. Die Schritte sind transparent für alle im ProWis-Shop (http://shop.prowis.net) abgebildet gewesen. Unterstützt wurde die Transparenz dadurch, dass die 15 Unternehmen jeweils aufgefordert waren ihre aktuellen Ergebnisse in den Einführungsschritten zugeordneten Zwischenberichten festzuhalten. Diese Zwischenberichte waren den Projektleitern der anderen Unternehmen im ProWis-Shop zugänglich, was den Projektleitern zusätzliche Anregungen für ihre eigene Wissensmanagement-Einführung gab.

Externe Begleitung – „Hilfe zur Selbsthilfe“

Alle 15 Unternehmen wurden durch die Fraunhofer-Institute IFF und IPK betreut. Diese Begleitung wurde als sehr positiv von den Unternehmen empfunden, da sie Kontinuität und Objektivität in den Einführungsprozess brachte. Die Betreuung war eher „minimal invasiv“, aber aus Sicht der Unternehmen genau richtig. Wissensmanagement muss von den KMU selbst bewerkstelligt werden und aus eigener Kraft umsetzbar sein. Ein externer Treiber hilft den Unternehmen trotz des operativen Drucks des Tagesgeschäftes den internen Veränderungsprozess fortzuführen. Der ProWis-Ansatz bietet genau die richtige Mischung von Beratungsleistung und selbstorganisiertem Handeln.

Kapitel 30
Ausblick auf Forschungsbedarf im Wissensmanagement für KMU

Stefan Voigt, Ina Finke, Ronald Orth

Wissensmanagement ist ein weites Feld – in Forschung und Praxis. In den 15 Unternehmen konnte viel erreicht und angestoßen werden. Aus der Einführung und Anwendung heraus ergeben sich allerdings auch neue Herausforderungen, die zukünftig angegangen werden müssen[1].

30.1 Kopplung zwischen strategischem und operativem Wissensmanagement

In der Praxis lassen sich zwei grundsätzliche Herangehensweisen an die Einführung von Wissensmanagement beobachten. Zum einen finden sich Unternehmen, die sich dem Thema strategisch nähern. Zum anderen gibt es Unternehmen, die sich direkt mit den operativen Geschäftsprozessen auseinandersetzen wollen. Das hier vorgestellte ProWis-Vorgehen ist dem operativen Wissensmanagement zuzurechnen. Das derzeit bekannteste Verfahren zum strategischen Wissensmanagement ist die Wissensbilanz (s. Kap. 12). Erforderlich erscheint die Kopplung beider Ansätze, indem mit dem strategischen Vorgehen die unternehmensweiten Ziele und prioritären Bereiche vorgegeben werden, die dann mit operativen Ansätzen bearbeitet werden. Der Regelkreis würde sich im erneuten Durchlaufen des strategischen Ansatzes schließen, um die Zielerreichung zu bewerten und steuernd zu korrigieren. Wissensmanagement hätte somit zukünftig eine Chance, Entscheidungs- und Führungsprozesse in Unternehmen zu unterstützen und ermöglicht durch die Verbindung zu den Unternehmenszielen die Erfolgsmessung der geplanten Aktivitäten.

---

[1] Im Rahmen der Initiative „Fit für den Wissenswettbewerb" wird ab Ende 2008 ProWis 2 gestartet. Einige der hier genannten Forschungsaufgaben werden dort fortgeführt. Informationen finden Sie unter www.wissenmanagen.net und www.prowis.net

© Springer 2009

Zwei der fünfzehn vorgestellten Fallstudien stellen besondere Vorreiter dar, denn sie haben sowohl eine Wissensbilanz erstellt als auch operativ das ProWis-Vorgehen angewendet (vgl. BMA und Beyers). Beide Beispiele verdeutlichen, dass eine Verknüpfung beider Ansätze möglich und sinnvoll ist. Zukünftig gilt es, die Integration beider Ansätze voran zu treiben und Schnittstellen zwischen beiden Ansätzen stärker auszubauen.

30.2 Erfolgsmessung von Wissensmanagement

Wie bei allen Management-Themen stellt sich insbesondere für die Geschäftsführung die Frage nach dem quantifizierbaren Nutzen von Wissensmanagement. Vielfach wurden für die Beantwortung derartiger Fragen Hilfskonstrukte genutzt, die jedoch selten befriedigende Aussagen zum Ergebnis haben. Zudem fehlt eine verlässliche Vergleichsbasis über den quantifizierbaren Erfolg von Wissensmanagement-Aktivitäten. Die besondere Herausforderung liegt – wie bei anderen Management-Methoden auch – in dem Nachweis von Ursache-Wirkungsbeziehungen, die jedoch aufgrund der komplexen Systemvielfalt in Organisationen schwierig zu bestimmen sind.

Mit der Wissensbilanz werden zwar Indikatoren zur Bewertung des intellektuellen Kapitals bereit gestellt. In einer wiederkehrenden Anwendung und Erstellung der Wissensbilanz ergibt sich auch die Möglichkeit Effekte im Umgang mit intellektuellem Kapital sichtbar zu machen. Was leider heute immer noch nicht möglich ist, ist die Rückführung einzeln messbarer Effekte auf bestimmte Wissensmanagement-Maßnahmen. Wahrscheinlich ist dies auch nicht möglich, dennoch bedarf es weiterer Forschungsarbeiten, um zumindest Hilfsmittel zur Erfolgsbewertung von Wissensmanagement-Aktivitäten bereit stellen zu können.

30.3 Potenziale der Web 2.0-Technologien nach dem Hype

Die unter dem Schlagwort „Web 2.0" zusammengefassten Konzepte[2], Technologien und Anwendungen[3] sowie Dienste[4] eröffnen neue Möglichkeiten, um u.a. die Kommunikation und Vernetzung zwischen Mitarbeitern, Organisationseinheiten und Organisationen zu gestalten. Vor allem bei Prozessen, die primär auf der Vernetzung von Menschen sowie auf der Generierung und dem Austausch von Wissen basieren, können gerade auf Web 2.0-Konzepten und Web 2.0-Anwendungen basierende

[2] Partizipation, kollektive Intelligenz, Entwicklung von vernetztem Wissen in dezentralen Organisationen

[3] z. B. Wikis, Weblogs, Social Networking, Social Tagging

[4] z. B. XING, Youtube, Flickr

Plattformen eine große Unterstützung sein. Allerdings stellen Web 2.0-Anwendungen heute noch isolierte Einzellösungen dar und werden noch primär im privaten Bereich und weniger im Arbeitsleben genutzt (mit Ausnahme der Wikis). Web 2.0 und insbesondere Wiki-Anwendungen stellen derzeit ein vielfach beachtetes Thema dar, was als „Hype" bezeichnet wird.

Laut einer aktuellen Befragung unter fast 200 deutschen Unternehmen haben ca. 60 Prozent mindestens ein Wiki installiert und fast 20 Prozent planen zukünftig eine Installation. Laut McKinsey will zukünftig jedes dritte Unternehmen Wikis nutzen (vgl. McKinsey 2007). Anhand dieser Zahlen sieht man sehr deutlich, wie stark das Thema Web 2.0/Wiki aktuell öffentlich wahrgenommen wird (vgl. Bartel 2006). Dennoch ist Deutschland bspw. im Vergleich zu den USA noch ein „Web 2.0-Entwicklungsland". Die zukünftigen Herausforderungen der Web 2.0-Technologien umfassen folgende vier Schwerpunkte:

- Integration der verschiedenen Web 2.0-Technologien
- Integration in bekannte Arbeitsumgebungen (insbesondere Office-Anwendungen)
- Ermöglichung wirklicher Kollaborationsfunktionalität durch Integration mit Groupware-Systemen
- Governance: Qualität der Wiki-Lösung selbst und Unterstützung der Einführung in KMU

Entlang dieser vier Schwerpunkte besteht noch viel Forschungs- und Entwicklungsbedarf. Die in den Kinderschuhen steckenden Web 2.0-Technologien müssen erst noch beweisen, in wie weit sie wirklich das IT-orientierte Wissensmanagement nachhaltig revolutionieren können.

30.4 Projektbegleitende Kommunikation und Marketing

Wissensmanagement Aktivitäten können an Schwung gewinnen, wenn das Potenzial der internen Kommunikationsgestaltung stärker ausgeschöpft wird. Es werden derzeit zu viele Widerstände durch defizitäre Kommunikation geweckt und aufrechterhalten. Durch die Sensibilisierung und Befähigung der Führungskräfte kann dieses Defizit behoben werden.

In KMU wird selten eine professionelle interne Kommunikation geführt, dies wirkt sich vor allem negativ auf interne Projekte aus. Führungskräfte und Mitarbeiter stehen vor der Herausforderung, Wissensmanagement mit konkreten Inhalten und entsprechendem Nutzen zu verbinden – und diesen auch nachvollziehbar zu kommunizieren. Laufende Forschungsarbeiten versuchen, das aktuelle Defizit durch die Bereitstellung einfacher Hilfsmittel zur Kommunikationsplanung zu bewerkstelligen. Ziel bei der Entwicklung ist es, den selbstständig agierenden Projektleitern, einen Baukasten zur Verfügung zu stellen, der verschiedene Methoden und Hilfsmittel bereit hält, um die Motivation für das einzuführende Wissensmanagement dauerhaft zu stärken. Hierzu gehören sowohl Instrumente zur Sensibilisierung und Aufklärung (Reflexion) wie auch Methoden zur Mobilisierung und Überzeugung (Information und Kommunikation).

30.5 Integration in andere Management-Systeme

Wissensmanagement ist aus unterschiedlichen Entwicklungen und Sichtweisen hervorgegangen und hat daher zahlreiche Schnittstellen zu anderen Managementinstrumenten. Die Integration in das Unternehmen ist der Garant für die Akzeptanzbildung im Mittelstand. Zusätzliche „Systeme“ rufen zumeist Widerstand hervor. Daher ist es zukünftig umso wichtiger, diese Schnittstellen zu definieren und zu schließen.

Die im Rahmen des ProWis-Projektes eingesetzte GPO-WM-Analyse stellt die wertschöpfenden Geschäftsprozesse von Unternehmen in den Mittelpunkt. Schnittstellen ergeben sich daher insbesondere zu prozessorientierten Managementinstrumenten und -verfahren, wie etwa zum Qualitäts- und Geschäftsprozessmanagement.

Qualitätsmanagement zielt stets auf die Erfüllung von Kundenwünschen ab und ist in vielen Organisationen bereits seit Jahren zentraler Bestandteil des Unternehmensmanagements. Zum Qualitätsmanagement zählen grundsätzlich alle zielgerichteten Maßnahmen, die der Verbesserung von Produkten, (internen und externen) Prozessen oder Leistungen dienen (vgl. Kamiske 2003). Unter Geschäftsprozessmanagement wird generell die Identifikation, Dokumentation, Gestaltung und Optimierung von unternehmensweiten Geschäftsprozessen verstanden, um eine Verbesserung der Flexibilität des Unternehmens zu erreichen (vgl. Schmelzer u. Sesselmann 2006). In beiden Ansätzen werden neben Prozessmodellen häufig auch entsprechende Kennzahlensysteme zur Steuerung und Verbesserung der Unternehmensleistung verwendet. Die Verknüpfung von Wissensmanagement-Lösungen und operativen Geschäftsprozessen wurde in einer Vielzahl der Praxisbeispiele in diesem Buch beschrieben.

Neben Schnittstellen zu diesen operativen Konzepten eröffnet der prozessorientierte ProWis-Ansatz darüber hinaus auch Anknüpfungspunkte zu strategischen Instrumenten des Wissensmanagements wie etwa der Wissensbilanz (s. Kap. 12).

Zusammenfassend lässt sich festhalten, dass alle angesprochenen Methoden ähnlichen Managementprinzipien folgen und dadurch grundsätzlich kompatibel sind. Die hieraus entstehenden Synergien können zu erheblichen Zeit- und Kosteneinsparungen bei der Einführung und dem Betrieb der jeweils anderen Methoden führen. Es wird Aufgabe der Zukunft sein, ein integriertes Managementsystem zu entwickeln, dass für KMU einfach umsetzbar ist.

30.6 Aufbau von Themennetzwerken zum Austausch zwischen Mittelständlern

Mittelständler lernen am besten aus den Erfahrungen anderer Unternehmen. Dabei steht der persönliche Austausch ganz oben auf der Wunschliste. Aus persönlichen Kontakten entsteht unmittelbarer Nutzen für KMU-Vertreter, indem sie Antworten auf direkte Fragen erhalten. Um solche nachhaltigen Kontakte für KMU-Vertreter zu entwickeln, werden zukünftig sog. temporäre Themennetzwerke initiiert. Temporär bedeutet, dass die Netzwerke über einen bestimmten Zeitraum aufgebaut und begleitet werden. Danach existieren die auf persönlicher Ebene geknüpften fruchtbaren Beziehungen eigenständig weiter. Derzeit wird der Aufbau dreier Netzwerke mit im Wissensmanagement erfahrenen Unternehmen und Neueinsteigern angestrebt. Die Netzwerke werden nach dem Erfolgsrezept für Communities of Practice mit zwei Präsenzveranstaltungen geplant und durch den ProWis-Shop interaktiv begleitet (z. B. Experten-Chat zu Fragen aus der Praxis, Nutzung des Diskussionsforums). Die Themen der Netzwerke leiten sich aus dem identifizierten Bedarf der KMU ab:

1. Erfahrungssicherung/Wissensbewahrung sowie Wissensstrukturierung und Dokumentation,
2. Damit in Zusammenhang auch die Einführung und Nutzung neuer Technologien wie Wikis (Web 2.0),
3. Die nachhaltige Einführung von WM im Unternehmen, Aufbau und Förderung der Motivation der Mitarbeiter, Messung des Erfolgs.

Nähere Informationen zu den Themennetzwerken werden interessierten Unternehmen unter www.prowis.net rechtzeitig bereit gestellt.

30.7 Selbsthilfe-Einsteigermodule für Mittelständler

Im Rahmen von ProWis wurden innovative Konzepte zum Umgang mit Wissen weiterentwickelt und in der Praxis erprobt. Mit der Lösungssammlung des ProWis-Shops steht bereits eine umfassende Auswahl von WM-Lösungen mit Handlungsempfehlungen und Praxis-Tipps zur Verfügung.

Die gegenwärtigen Inhalte werden zukünftig um Hilfsmittel zur schnellen Selbstdiagnose des Umgangs mit Wissen im Unternehmen ergänzt. Dabei dient der „WM-Quick Check" zur Sensibilisierung und Ermittlung des Status quo für interessierte Mittelständler. Das Selbstdiagnose-Tool „GPO-WM-Analyse" stellt zukünftig ein weiteres systematisches Verfahren für die eigenständige Durchführung von GPO-WM-Workshops dar.

Ein systematisches und standardisiertes Vorgehen zur WM-Einführung ist ein klarer Vorteil für KMU. Daher wird ergänzend zu den Instrumenten zur Selbstbewertung ein Praxisleitfaden „Wissensmanagement einführen nach dem ProWis-Ansatz" und Schulungskonzept angeboten.

30.8 ProWis-Shop 2.0 als Lern- und Vernetzungsplattform

Der ProWis-Shop wird zukünftig weiter geöffnet und zu einer integrierten Lern- und Vernetzungsplattform ausgebaut. Die schon beschriebenen Einsteigermodule stellen einen zusätzlichen Anreiz zur Nutzung der Plattform dar. Darüber hinaus ist es ein erklärtes Ziel, den ProWis-Shop zukünftig verstärkt mit inhaltlichen und technischen Schnittstellen zu anderen Wissensmanagement-Internet-Plattformen anzubieten. Somit wird einerseits die nützliche Informationsvielfalt beibehalten und andererseits eine Integration unterschiedlichster Ergebnisse und Erfahrungen angestrebt. Im Fokus der Integration steht hierbei immer die Anwenderorientierung, die durch eine entsprechend benutzerfreundliche Struktur und Systematik einen schnell verständlichen Überblick für Wissensmanagement-Interessierte gewährleistet.

Darüber hinaus werden weitere Web 2.0-Ansätze in den Shop integriert, die es den KMU ermöglicht, selbstständig – wie in einem Wiki – Inhalte zu Methoden z. B. in Form von Erfahrungsberichten bereitzustellen. Der Einstieg über die Faktoren des intellektuellen Kapitals der Wissensbilanz (Human-, Beziehungs-, Strukturkapital) in die Lösungsbox und zu den Maßnahmen des ProWis-Shops stellt letztlich eine weitere wichtige zu implementierende Schnittstelle dar, um strategische und prozessorientierte Ansätze zu verbinden.

Anhang – Standarddefinitionen Wissensdomänen

Im Mittelpunkt des Begriffsverständnisses, das der der Methode des Geschäftsprozessorientierten Wissensmanagements zugrunde liegt, steht das Konstrukt der „Wissensdomäne". Die Beschreibung einer Wissensdomäne oder eines konkreten Wissensgebietes ermöglicht es, in der Praxis eine ganz genau umrissene Definition von Wissen zumindest für das jeweilige Unternehmen zu erarbeiten und festzulegen.

Anhand der Vielzahl der unterschiedlichen Gesichtspunkte in den Beschreibungen der Wissensdomänen durch die Teilnehmer der Gruppenworkshops wurden Standarddefinitionen für die zentralen Wissensgebiete aus Sicht der KMU-Praktiker verfasst. Bei der inhaltlichen Auswertung der Beschreibung der Wissensdomänen wurden einzelne Nennungen ausgezählt und zu Hauptkategorien und Kernaussagen verdichtet. Nachfolgend werden die einzelnen Kurzbeschreibungen der Wissensdomänen aufgeführt.

Wissen über Kunden

Diese Wissensdomäne umfasst in erster Linie das Wissen über ehemalige, gegenwärtige und potenzielle Kunden. Typische Teilbereiche sind einerseits die Kenntnisse über Anforderungen und interne Rahmenbedingungen des Kunden wie etwa Strategie, Ziele, Strukturen und Prozesse sowie die Kenntnis über die relevanten Personen (Ansprechpartner, Entscheidungsträger). Ferner zählen hierzu der wirtschaftliche Status, die Bonität und die Zahlungsmoral des Kunden. Andererseits zählt zum Kundenwissen auch die Kenntnis der externen Situation wie etwa das Marktumfeld und die Wettbewerbssituation des Kunden sowie das Wissen um die Belastbarkeit der Kundenbeziehung allgemein.

Wissen über Produkte

Produktwissen umfasst Kenntnisse und Informationen, die sich auf das unternehmensspezifische Portfolio an Produkten und Dienstleistungen beziehen. Typische Bestandteile sind beispielsweise das Wissen über technische Eigenschaften und Funktionalitäten von Produkten und Technologien sowie deren Beitrag zur Lösung eines Kundenproblems. Ferner zählt das Wissen über Preise und Lieferzeiten sowie Stärken und Schwächen vorhandener Produkte zu dieser Kategorie. Aus der Sicht der Produktentwicklung und Fertigung sind insbesondere der Kenntnisstand bezüglich der Konfiguration (Baugruppen, Bauteile, Werkzeuge), der technischen Machbarkeit sowie der einzusetzenden Produktionsanlagen und -verfahren zur Fertigung des Produkts von Bedeutung.

Fach- und Methodenwissen

Die Domäne des Fachwissens umfasst grundlegende Kenntnisse und Fähigkeiten, die zur Bewältigung der täglichen Arbeitsaufgaben eingesetzt werden. Erst das während der Ausbildung erworbene Basiswissen ermöglicht es, sich inhaltlich mit ihrem Aufgabenbereich auseinanderzusetzen, indem bestimmte produkt- oder branchenspezifische Fachmethoden und Kompetenzen anzuwenden sind. Darauf aufbauend erwerben die Mitarbeiter im Zuge ihrer Berufspraxis zusätzliches Erfahrungswissen, das ihr bereits vorhandenes Basiswissen erweitert und ergänzt. Im Einzelnen kann es sich dabei beispielsweise um das Wissen über spezielle Technologien, den Stand der Technik eines bestimmten Forschungsbereiches oder Methoden und Verfahren handeln sowie die damit verbundene Fähigkeit diese in speziellen Situationen anzuwenden.

Wissen über die eigene Organisation

Diese Domäne umfasst Kenntnisse über die aufbau- und ablauforganisatorischen Aspekte der eigenen Organisation sowie das Wissen über Leistungen und Kompetenzen einzelner Mitarbeiter und des Unternehmens im Ganzen. Ferner zählen Aspekte wie die Unternehmenskultur oder das Wissen über Leitbild, Vision, Strategie und Ziele des Unternehmens zu dieser Domäne. Es umfasst auch sämtliches Wissen über offiziell geltende Regeln und informelle Normen der Organisation.

Wissen über Märkte und Wettbewerber

Im Mittelpunkt der Domäne steht das Wissen über das externe Umfeld des Unternehmens. Hierzu zählen beispielsweise das Wissen um aktuelle und potenzielle Absatz- und Beschaffungsmärkte, Markttrends, Marktanteile oder Markteintrittsbarrieren. Ferner zählt hierzu das Wissen über das Portfolio und die Marktstellung der Wettbewerber, deren Strategien und Ziele sowie deren Stärken und Schwächen, wie etwa die Lieferfähigkeit, der Kundenstamm, die Kostenstruktur und deren Umsätze.

Wissen über Partner

Im Mittelpunkt stehen externe Beziehungen des Unternehmens zu Organisationen, zu denen ein partnerschaftliches Verhältnis besteht. Hierzu zählen beispielsweise Beziehungen zu Lieferanten, Verbänden oder Gremien. Ferner fallen Forschungs- und Entwicklungspartnerschaften, strategische Allianzen oder sonstige Kooperationsverhältnisse in diese Kategorie. Typische Wissensinhalte sind beispielsweise die Kenntnis über (gemeinsame) Ziele, Strategien, Strukturen und Ansprechpartner der Partner sowie die Einschätzung der Kompetenzen und Qualifikationen der Partner. Hierzu zählen beispielsweise Zuverlässigkeit, Flexibilität, Termintreue oder Finanzkraft.

Wissen über Normen und Gesetzte

Diese Wissensdomäne umfasst Kenntnisse über Inhalte, Gültigkeit und Reichweite nationaler und internationaler Normen und Gesetze. Ferner zählen hierzu das Wissen über rechtliche Anforderungen, Richtlinien, die in der Regel dem Unternehmen von außen auferlegt sind, wie etwa Aspekte des Handelsrechts, Arbeitsrechts, Patentrechts, Produkthaftungsgesetz, Umweltrichtlinien und Verpackungsnormen. Letztlich geht es hier auch um die Frage, welche Anforderungen gegenüber dem eigenem Unternehmen hieraus entstehen und welche Bedeutung dies für die internen Abläufe und die eignen Produkte hat.

Wissen über Patente

Unter Wissen über Patente kann jeweils sowohl die eigene Patentsituation als auch allgemeine, das Geschäftsgebiet des Unternehmens betreffende Patentsituation (z. B. des Wettbewerbs) zusammen gefasst werden. Dazu zählt zum einen die Art

(Geltungsraum und -dauer) und Anzahl der Patente als auch deren konkrete Inhalte (Welches Verfahren, welche Technologie oder welche Produktelemente werden geschützt?). Ferner kann auch das allgemeine Wissen über Patentwesen, wie zum Beispiel das Prozedere zur Beantragung eines Patentes, hinzu gezählt werden.

Literaturverzeichnis

Al-Laham A (2003) Organisationales Wissensmanagement. Vahlen, München

Alwert K (2006) Wissensbilanzen für mittelständische Organisationen. Fraunhofer IRB, Dissertation, Technische Universität Berlin

Alwert K, Hoffmann I (2003) Knowledge Management Tools. In: Mertins K, Heisig P, Vorbeck J (eds) Knowledge Management. Concepts and Best Practices. Springer, Berlin, pp 114–150

Argyris C, Schön D (1996) Organisational learning II – Theory, method and practice. Addison-Weasley, Reading, Mass.

Armutat S, Krause H, Linde F, Rump J, Striening W, Weidmann R (2002) Wissensmanagement erfolgreich einführen. Strategien – Instrumente – Praxisbeispiele. Deutsche Gesellschaft für Personalführung e.V. (Hrsg) Schriftenreihe Band 66, Düsseldorf

Auinger T (2008) Wissensmanagement-Audit. Eine Methode zur Istzustandsanalyse. VDM, Saarbrücken

Bahrs J, Schmid S, Müller C, Fröming J (2007) Wissensmanagement in der Praxis. Ergebnisse einer empirischen Untersuchung. Gito, Berlin

Bartel T (2006) Nutzung von Wikis in Unternehmen – Kollaboratives Arbeiten mit Wikis im Unternehmensumfeld. In: Gronau N, Pawlowsky P, Schütt P, Weber M (Hrsg) Mit Wissensmanagement besser im Wettbewerb! Konferenzband 8. KnowTech. CMP-WEKA München, S 161–168

Becker J, Algermissen L, Falk T (2007) Prozessorientierte Verwaltungsmodernisierung. Prozessmanagement im Zeitalter von E-Government und New Public Management. Springer, Berlin

Bick M (2004) Knowledge Management Support System. Nachhaltige Einführung organisationsspezifischen Wissensmanagements. Dissertation, Universität Duisburg, Campus Essen

Bukowitz WR, Williams RL (2002) Wissensmanagement. Effizientes Knowledge Management aufbauen und integrieren. Financial Times Prentice Hall, München

Bullinger HJ, Ohlhausen P, Rüger M (2000) Wissensmanagement – Der zukünftige Erfolgsfaktor Nr. 1. In: Foschiani S (Hrsg) Strategisches Management im Zeichen von Umbruch und Wandel. Schäffer-Poeschel, Stuttgart, S 199–213

Bullinger HJ, Warschat A, Prieto J, Wörner K (1998) Wissensmanagement – Anspruch und Wirklichkeit: Ergebnisse einer Unternehmensstudie in Deutschland. Information Management 1:7–23

BMWA (Bundesministerium für Wirtschaft und Arbeit) (Hrsg) (2004) Wissensbilanz – Made in Germany. Berlin

BMWi (Bundesministerium für Wirtschaft und Technologie) (Hrsg) (2007) Wissensmanagement in kleinen und mittleren Unternehmen. Ein Leitfaden. Berlin

Cross R, Parker A (2004) The hidden power of social networks. Understanding how work really gets done in organizations. Harvard Business School Publishing Corp., Boston

Davenport TH, Prusak L (1998) Working Knowledge. How Organizations Manage What They Know. Harvard Business School Publishing, Boston

Destatis (Statistisches Bundesamt) (2007a) Arbeitsmarkt. http://www.destatis.de/ jetspeed/portal/cms/Sites/destatis/Internet/DE/Navigation/Statistiken/ Arbeitsmarkt/Arbeitsmarkt.psml;jsessionid=3FB4B2A4FFA418354EEE707BBABC893E.internet, 10.01.2008

Destatis (Statistisches Bundesamt) (2007b) Volkswirtschaftliche Gesamtrechnungen – Inlandsproduktsberechnung Detaillierte Jahresergebnisse 2006. Fachserie 18 Reihe 1.4. https://www-ec.destatis.de/csp/shop/sfg/ bpm.html.cms.cBroker.cls?cmspath=struktur,vollanzeige.csp&ID=1020412, 10.01.2008

Doignon JP, Falmagne JC (1999) Knowledge Spaces. Springer, Berlin

Drucker PF (2004) Wissen – Die Trumpfkarte der entwickelten Länder. Harvard Business Manager, Oktober:64–68

Ebersbach A, Glaser M, Heigl R, Dueck G (2005) Wiki-Tools – Kooperation im Web. Springer, Berlin

Ehms K, Langen M (2002) Holistic Development of Knowledge Management with KMMM®. http://www.knowledgeboard.com/doclibrary/ knowledgeboard/kmmm_article_siemens_2002.pdf, 05.08.2008

Finke I, Will M, Heisig P (2005) Mitarbeiterorientierte Einführung von Wissensmanagement. Symposion, Düsseldorf

Fraunhofer-Wissensmanagement Community (2005) Wissen und Information 2005. Fraunhofer IRB, Stuttgart

Glaser H (2002) Netze des Wissens. Von Dr. Faustus zum Glasperlenspieler. In: Beyrer K, Andritzky M (Hrsg) Das Netz. Sinn und Sinnlichkeit vernetzter Systeme. Edition Braus im Wachter Verlag, Heidelberg S 115–124

Hammer M, Champy J (1994) Business Reengineering. Die Radikalkur für das Unternehmen. Campus, Frankfurt/Main

Hansen M, Nohira N, Tierney T (1999) What's your Strategy for Knowledge Management. Harvard Business Review 77:106–116

Heisig P (2005) Integration von Wissensmanagement in Geschäftsprozesse. Springer, Dissertation, Technische Universität Berlin

Heisig P, Orth R (2005) Wissensmanagement Frameworks aus Forschung und Praxis. Eine inhaltliche Analyse. eureka, Berlin

Heisig P, Vorbeck J (2001) Benchmarking Survey Results. In: Mertins K, Heisig P, Vorbeck J (Hrsg) Knowledge Management. Springer, Berlin pp 97–123

Hespe C (2007) Motivation zur Wissenskommunikation als Führungsaufgabe. Unter Berücksichtigung von Wissenskultur, Anreizgestaltung und Führungsverhalten. Kovac, Disseration, Universität München, Hamburg

John M, Schmidt S, Decker B (2005) Community-Management in Unternehmen mit Wiki- und Webtechnologien. In: Meißner KE (Hrsg) Virtuelle Organisation und Neue Medien (2005) TU Dresden S 105–120

Kamiske GF, Brauer JP (2003) Qualitätsmanagement von A bis Z. 4. Aufl. Hanser, München, Wien

Kenning P, Blut M (2005) Barrieren des Wissensmanagements aus theoretischer Sicht. In: Zelewski S, Ahlert D, Kenning P, Schütte R (Hrsg) Wissensmanagement in Dienstleistungsnetzwerken. Deutscher Universitäts-Verlag, Wiesbaden S 19–30

Kerth NL (2003) Post Mortem – IT-Projekte erfolgreich auswerten. Mitp-Verl., Bonn

Koch M, Richter A (2007) Enterprise 2.0: Planung, Einführung und erfolgreicher Einsatz von Social Software in Unternehmen. Oldenbourg, München, Wien

Königswieser R, Exner A (2002) Systemische Intervention – Architekturen und Designs für Berater und Veränderungsmanager. Klett-Cotta, Stuttgart

Kopperger D, Drawehn J, Kicherer F, Zähringer D (2008) Business Process Management-Werkzeuge im Fokus. ZWF – Zeitschrift für wirtschaftlichen Fabrikbetrieb 4:241–245

Krackhardt D, Hanson J (1993) Informal Networks: the Company behind the Chart. Harvard Business Review Jul-Aug:104–111

Krogh G v, Venzin, M (1995) Anhaltende Wettbewerbsvorteile durch Wissensmanagement. Die Unternehmung 6:417–436

Lange C (2005) Wiki. [Planen, Einrichten, Verwalten; für Anwender und Administratoren]. C&L, Böblingen

Lembke G, Vyborny M (2006) Soziale Netzwerkanalyse. Wissensmanagement Magazin 5:32–33

Liebowitz J, Rubenstein-Montano B, McCaw D, Buchwalter J, Browning C (2000) The Knowledge Audit. Knowledge and Process Management 7:3–10

Macharzina K (1999) Unternehmensführung. Das internationale Managementwissen. Konzepte – Methoden – Praxis. Gabler, Wiesbaden

Mandl H, Reinmann G (2000) Individuelles Wissensmanagement: Strategien für den persönlichen Umgang mit Information und Wissen. Huber, Bern

McKinsey (ed) (2007) How companies are marketing online. The McKinsey Quarterly 2007

Mertins K, Alwert K, Heisig P (Hrsg) (2005) Wissensbilanzen – Intellektuelles Kapital erfolgreich nutzen und entwickeln. Springer, Berlin

Mertins K, Alwert K., Will M (2006a) Measuring Intellectual Capital in European SME. In: Tochtermann K, Maurer H (Hrsg) Proceedings of I-KNOW ('06,) 6th International Conference on Knowledge Management, Graz, Austria, pp 21–25

Mertins K, Finke I, Orth R, Will M (2006b) Organisationales Wissensmanagement: Von der Strategie zur operativen Umsetzung. In: Gronau N, Pawlowsky P, Schütt P, Weber M (Hrsg) Mit Wissensmanagement besser im Wettbewerb! Konferenzband 8. KnowTech. CMP-WEKA, München, S 29–48

Mertins K, Heisig P, Vorbeck J (Hrsg) (2001) Knowledge Management. Best Practices in Europe. Springer, Berlin

Mertins K, Heisig P, Vorbeck J (Hrsg) (2003) Knowledge Management. Best Practices in Europe. 2nd edn. Springer, Berlin

Mertins K, Jäkel FW (2006): MO²GO – User Oriented Enterprise Models for Organisational and IT Solutions. In: Bernus P, Mertins K, Schmidt G (eds) Handbook on Architectures of Information Systems. 2nd Edition, Springer, Berlin pp 649–663

Mertins K, Knothe T, Jaekel F-W (2007a) Enterprise Interoperability enabling Enterprise Collaboration. In: Gonçalves, R J, Müller J P, Mertins K, Zelm M (ed): Enterprise interoperability II. New challenges and approaches. Springer, Berlin, pp 303–314

Mertins K, Orth R (2006) Strategisches und operatives Wissensmanagement – Ein ganzheitlicher Ansatz. VDI-Berichte 1964:3–24

Mertins K, Orth R, Finke I (2007b) Prozessorientiertes Wissensmanagement in KMU. ZWF – Zeitschrift für wirtschaftlichen Fabrikbetrieb 10:663–667

Miller GA (1956) The magical number seven, plus or minus two: Some limits on our capacity for processing information. Alexis: Marcus 63:81–97

North K (1998) Wissensorientierte Unternehmensführung: Wertschöpfung durch Wissen. Gabler, Wiesbaden

North K (2001) Wissensorientierte Unternehmensführung: Wertschöpfung durch Wissen. 2. Aufl. Gabler, Wiesbaden

Orth R, Finke I, Voigt S (2008) Wissen greifbar machen: Den Umgang mit Wissen beschreiben und bewerten. Ergebnisse aus den 15 ProWis-Unternehmen. Projektstudie Nr. 2. Download unter www.prowis.net

Pawlowsky P, Gerlach L, Hauptmann S, Puggel A (2006) Wissen als Wettbewerbsvorteil in kleinen und mittelständischen Unternehmen. Empirische Typologisierung auf Grundlage einer bundesweiten Befragung. FOKUS prints, Nr. 10, Chemnitz: Technische Universität Chemnitz. http://www.tu-chemnitz.de/wirtschaft/bwl6/prints/fokus_prints_09-06.pdf, 20.07.2008

Pfeifer T, Remmert C, Lorenzi P (2000) Wissensaudits als Schlüssel zum Wissensmanagement. Qualität und Zuverlässigkeit 45:1274–1278

Probst GJB, Raub S, Romhardt K (2006) Wissen managen – Wie Unternehmen ihre wertvollste Ressource optimal nutzen. 5. Aufl. Gabler, Frankfurt/Main

Rehäuser J, Krcmar H (1996) Wissensmanagement im Unternehmen. In: Schreyögg G, Conrad P (Hrsg) Wissensmanagement. Managementforschung 6. Gruyter, Berlin S 1–40

Remus U (2002) Prozessorientiertes Wissensmanagement. Konzepte und Modellierung. Dissertation, Universität Regensburg

Renner T, Vetter M, Rex S, Kett H (2005) Open Source Software: Einsatzpotenziale und Wirtschaftlichkeit. Fraunhofer IRB, Stuttgart

Riempp G (2004) Integrierte Wissensmanagementsysteme. Architektur und praktische Anwendungen. Springer, Berlin, Heidelberg, New York

Riempp G, Smolnik S (2007) Wissensunterstützung: was bleibt nach dem Hype? Nur integriertes Wissensmanagement ist nachhaltig. Economics 64:1–16

Romhardt K (1998) Die Organisation aus der Wissensperspektive – Möglichkeiten und Grenzen der Intervention. Gabler, Wiesbaden

Raabe A (2007) Social Software im Unternehmen. Wikis und Weblogs für Wissensmanagement und Kommunikation. VDM, Saarbrücken

Sackmann SA (2002) Unternehmenskultur. Erkennen – Entwickeln – Verändern. Luchterhand, Neuwied

Sackmann SA (2004) Unternehmenskultur: Erkennen, Entwickeln, Verändern. 2. Aufl. Luchterhand, Neuwied

Schein EH (1999) The Corporate Culture Survival Guide. Sense and Nonsense about Culture Change. Jossey-Bass, San Francisco

Schmelzer HJ, Sesselmann W (2006) Geschäftsprozessmanagement in der Praxis. 5. Aufl. Hanser, München

Schmid S, Orth R (2008) Storytelling im Geschäftsprozessorientierten Wissensmanagement. VDM, Saarbrücken

Schnalzer K, Wesoly M (2005) Ergebnisse zu aktuellen Entwicklungen und Trends im Wissensmanagement. In: Fraunhofer-Wissensmanagement Community (Hrsg) Wissen und Information 2005, Fraunhofer IRB, Stuttgart, S 25–36

Schnauffer HG, Staiger M, Voigt S, Reinhardt K (2004) Die Hypertext-Organisation – Ansatz und Gestaltungsmöglichkeiten. In: Schnauffer HG, Stieler-Lorenz B, Peters S (Hrsg) Wissen vernetzen. Wissensmanagement in der Produktentwicklung. Berlin, Heidelberg, S 12–45

Scholl W, Heisig P (2003) Delphi Study on the Future of Knowledge Management. Overview of the Results. In: Mertins K, Heisig P, Vorbeck J (Hrsg) Knowledge Management. Concepts and Best Practices. 2nd edn. Springer, Heidelberg, pp 179–190

Scholl W, König C, Meyer B, Heisig P (2004) The Future of Knowledge Management. An international Delphi Study. Journal of Knowledge Management 8:19–35

Schreyögg G (1998) Organisation. Grundlagen moderner Organisationsgestaltung. 2. Aufl. Gabler, Wiesbaden

Schüppel J (1996) Wissensmanagement – Organisationales Lernen im Spannungsfeld von Wissens- und Lernbarrieren. Gabler, Wiesbaden

Seidler-de Alwis R (2006) Competitive Intelligence im deutschen Mittelstand. In: Gronau N, Pawlowsky P, Schütt P, Weber M (Hrsg) Mit Wissensmanagement besser im Wettbewerb! Konferenzband 8. KnowTech. CMP-WEKA, München S 347–356

Spath D, Weisbecker A (2008) Business Process Management Tools 2008. Eine evaluierende Marktstudie zu aktuellen Werkzeugen. Fraunhofer IRB, Stuttgart

Spur G, Mertins K, Jochem R (1993) Integrierte Unternehmensmodellierung. Beuth, Berlin

Staiger M, Kilian S (2006) Nutzen statt Kosten – Wissensmanagement in KMU. Wissensmanagement 2:34–36

Staiger M (2008) Wissensmanagement in kleinen und mittelständischen Unternehmen. Systematische Gestaltung einer wissensorientierten Organisationsstruktur und -kultur. Hampp, Mering

Sveiby KE (1998) Wissenskapital – Das unentdeckte Vermögen. Moderne Industrie, Landsberg/Lech

Tan A (2005) Embrace collaboration tools or fall behind, says Expert. Online: http://www.zdnetasia.com/news/software/0,39044164,39234930,00.htm, 07.06.2005

Trillitzsch U (2004) Die Einführung von Wissensmanagement. Untersuchung aus der Perspektive der internen Wissensmanagement-Verantwortlichen am Fallbeispiel einer Konzern-Vertriebsorganisation. Dissertation, Universität St. Gallen

VDMA (Volkswirtschaft und Statistik) (2007) Maschinenbau in Zahl und Bild 2007. http://www.vdma.org/wps/wcm/resources/file/ebc97b004f5b919/Maschinenbau%20in%20ZuB2007.pdf, 10.01.2008

Vester F (2003) Die Kunst vernetzt zu denken. 3. Aufl. DTV, München

Voigt S, Staiger M, Finke I, Orth R (2006) Wissensmanagement in produzierenden KMU – Bedeutung und Herausforderungen. Magdeburg, Berlin, Online unter http://www.prowis.net

Vorbeck J, Finke I (2001) Motivation and Competence for Knowledge Management. In: Mertins K, Heisig P, Vorbeck J (eds) Knowledge Management. Best Practices in Europe. Springer, Berlin S 37–56

Will M, Alwert K, Bornemann M, Wuscher S (2007a) Auswirkungen eines Berichts über Intellektuelles Kapital auf die Unternehmensbewertung. Fraunhofer IPK, Berlin

Will M, Alwert K, Kivikas M (2007b) Wissensbilanzierung – Strategische Kommunikationsprozesse bewerten und steuern. In: Piwinger M, Zerfaß A (Hrsg) Handbuch Unternehmenskommunikation. Gabler, Wiesbaden S 615–630

Will M, Wuscher S, Bodderas M (2006) Projektstudie: Nutzung und Bewertung der Wissensbilanz durch die Pilotunternehmen. Fraunhofer IPK, Berlin

Im Rahmen von ProWis erstellte studentische Arbeiten

Balewski D (2007) Erstellung eines Kommunikationskonzepts für öffentliche Forschungsprojekte der Fraunhofer-Gesellschaft am Beispiel des Projektes „ProWis“. Diplomarbeit, Hochschule Magdeburg-Stendal, Fraunhofer IFF

Gallasch T (2007) KMU-anforderungsgerechte Konzeption und prototypische Umsetzung einer internetbasierten Wissensmanagement-Methodenbox. Diplomarbeit, Fachhochschule Brandenburg, Fraunhofer IFF

Geißler M (2007) Kundengenerierter Content unter Nutzung eines Content Management Systems – Wissenstypen-orientierte Konzeption und empirische Untersuchung am Beispiel des ProWis-Projektes. Diplomarbeit, Martin-Luther-Universität Halle-Wittenberg, Fraunhofer IFF

Giffey G (2007) Erstellung eines Rahmenkonzeptes zur Auswahl von geeigneten informationstechnologischen Instrumenten für das Wissensmanagement in Klein- und Mittelständischen Unternehmen. Diplomarbeit, Otto-von-Guericke-Universität Magdeburg, Fraunhofer IFF

Günther S (2007) Barrieren im Wissensmanagement. Maßnahmen und Lösungsansätze zur Überwindung typischer Barrieren. Diplomarbeit, Humboldt Universität Berlin, Fraunhofer IPK

Hecht M (2007) Veränderungsresistenz bei der Einführung von Wissensmanagement. Der Einfluss von Kommunikationsqualität, Wissenskultur, und veränderungsbezogener Selbstwirksamkeit. Diplomarbeit, Friedrich-Schiller-Universität Jena, Fraunhofer IPK

Holtorf M (2005) Entwicklung eines Systematisierungs- und Bewertungsrasters für Wissensmanagementmethoden. Studienarbeit, Otto-von-Guericke-Universität Magdeburg, Fraunhofer IFF

Kilian S (2007) Erstellung eines Rahmenkonzeptes in Form eines (Erfolgs-)Indikatorenkataloges zur Bewertung von Wissensmanagementprojekten in kleinen und mittelständischen Unternehmen – Unter der Berücksichtigung theoretisches und praktischer Ansätze. Magisterarbeit, Otto-von-Guericke-Universität Magdeburg, Fraunhofer IFF

Kopf J (2008) Die Aufrechterhaltung des Wissensmanagement in kleinen und mittelständischen Unternehmen anhand einer Marken- und Werbemittelerhaltung am Beispiel des Projektes ProWis. Diplomarbeit, Hochschule Magdeburg-Stendal, Fraunhofer IFF

Lüdecke A (2006) Wissensmanagement in kleinen und mittleren Unternehmen. Handlungsbedarf im Umgang mit Wissen. Diplomarbeit, Hochschule Magdeburg-Stendal, Fraunhofer IFF

Müller S (2007) Wissensmanagement in kleinen und mittelständischen Unternehmen. Eine empirische Untersuchung anhand von drei kleinen und mittelständischen produzierenden Unternehmen. Magisterarbeit, Universität Hildesheim, Fraunhofer IFF

Pilz E (2007) Führung im Wissensmanagement. Erprobung eines Instruments zur Selbstreflexion für Führungskräfte. Diplomarbeit, Universität Trier, Fraunhofer IPK

Schmid S (2006) Das Potenzial von Storytelling im Geschäftsprozessorientierten Wissensmanagement. Diplomarbeit, Freie Universität Berlin, Fraunhofer IPK

Schöndube J (2007) Barrieren bei der Einführung von Wissensmanagement in klein- und mittelständischen Unternehmen (am Beispiel von drei Praxisfällen). Diplomarbeit, Hochschule Harz, Fraunhofer IFF

Steinecker L (2007) Gestaltungsempfehlungen für die Entwicklung eines Handbuchs zur eigenständigen Implementierung von prozessorientiertem Wissensmanagement in klein- und mittelständischen Unternehmen. Bachelorarbeit, Otto-von-Guericke-Universität Magdeburg, Fraunhofer IFF

Störmer N (2006) Kundenwissen im Produktentwicklungsprozess – Ein prozessbasierter Ansatz zum Wissensmanagement in KMU. Magisterarbeit, Stiftungsuniversität Hildesheim, Fraunhofer IFF

Autorenverzeichnis

Wolfgang Beyers, Helmut Beyers GmbH
wolfgang.beyers@helmut-beyers-gmbh.de
Wolfgang Beyers ist Geschäftsführer des in inhabergeführten Unternehmens. Als Ingenieur der Elektrotechnik liegt ihm neben der technischen Entwicklung auch der Bereich des Wissensmanagements am Herzen.

Hinrich Brüggmann, PLATH GmbH
hinrich.brueggmann@plath.de
Hinrich Brüggmann verantwortet den Bereich Finanzen & Controlling der PLATH GmbH. Er verfügt über vielfältige Erfahrungen aus unterschiedlichen kaufmännischen Managementfunktionen.

Christian Decker, KLÖCKNER DESMA Schuhmaschinen GmbH
c.decker@desma.de
Christian Decker ist technischer Direktor beim Sondermaschinenbauer DESMA. Er hat vielfältige Projekte bezogen auf die Reorganisation des Unternehmens sowie des Produktspektrums durchgeführt.

Michael Dielmann, BMA AG
assistance@bma-de.com
Michael Dielmann ist freier Mitarbeiter der BMA. Er bearbeitet zusammen mit der Abteilungsleitung Assistance Handlungsfelder im Bereich Wissensmanagement.

Annegret Döhler, PM-Automotive GmbH
annegret.doehler@pm-automotive.de
Annegret Döhler ist Prokuristin der PM-Automotive GmbH. Sie hat Verantwortung für die Bereiche Finanz- und Personalbuchhaltung, Einkauf, Disposition/Logistik und IT.

Ina Finke, Fraunhofer IPK
ina.finke@ipk.fraunhofer.de
Ina Finke ist Leiterin des Competence Centers Wissensmanagement im Bereich Unternehmensmanagement am Fraunhofer IPK. Sie ist als Change Management Expertin bei der Einführung von Wissensmanagement tätig.

Jörg von Garrel, Fraunhofer IFF
joerg.garrel@iff.fraunhofer.de
Jörg von Garrel ist Projektleiter im Bereich Logistik- und Fabriksysteme. Arbeitsschwerpunkt ist die Dienstleistungsforschung, insbesondere im Bereich Fabrikplanung, Innovations- und Wissensmanagement.

Markus Gruhn, Krautzberger GmbH
m.gruhn@krautzberger.com
Markus Gruhn ist als Assistent der Geschäftsleitung bei der Krautzberger GmbH angestellt. Seine Schwerpunkthemen sind die interne Kostenrechnung, das QM/UM sowie Teile des Marketings (PR, Werbung).

Cecil von Hahn, Stelco GmbH
cvh@stelco.de
Cecil von Hahn ist Geschäftsführer der STELCO GmbH nach Studien in Geologie (B.Sc.hons, Vancouver), Mineralogie (Dipl.-Min., Heidelberg), Management (INSEAD Fontainebleau).

Prof. Dr. Kai Mertins, Fraunhofer IPK
kai.mertins@ipk.fraunhofer.de
Prof. Kai Mertins ist Direktor des Bereichs Unternehmensmanagement am Fraunhofer IPK. Er verfügt über langjährige Erfahrung als Manager internationaler Projekte mit europäischen und asiatischen Konsortien.

Dr. Volker H. Meywald, Dr.-Ing. Meywald GmbH & Co. KG
dr.volker.meywald@meyband.de
Dr.-Ing. Volker Meywald bietet als Verfahrensingenieur seit 15 Jahren innovativ beschichtete Band-Halbzeuge für – direkt vom Stanzband fertig fallende* – Stanz-, Stanzbiege- und -tiefzieh-Teile (*inklusive Oberflächen).

Bernd Molter, Kristronics GmbH
bernd.molter@kristronics.de
Bernd Molter ist Leiter des Entwicklungsbereiches der Kristronics GmbH. Tätigkeitsschwerpunkte des Bereiches sind Produkteinführungen, Test-Engineering und embedded HW/SW mit Leistungselektronik.

Kirsten Müller, PLATH GmbH
kirsten.mueller@plath.de
Kirsten Müller ist Gruppenleiterin des Vertriebsinnendienstes der PLATH GmbH. Sie ist ergänzend dazu für das Vertriebscontrolling und die Einhaltung der Prozesse im Vertrieb verantwortlich.

Michael Niewöhner, PLATH GmbH
michael.niewoehner@plath.de
Michael Niewöhner leitet das Produktmanagement und Marketing der PLATH GmbH. Der neu eingeführte Produktmanagementprozess ist Ausgangspunkt der Wissensmanagementaktivitäten bei PLATH.

Ronald Orth, Fraunhofer IPK
ronald.orth@ipk.fraunhofer.de
Ronald Orth ist wissenschaftlicher Mitarbeiter im Competence Center Wissensmanagement am Fraunhofer IPK. Arbeitsschwerpunkte sind das prozessorientierte Wissensmanagement und die Wissensbilanzierung.

Edmund von Pechmann, Stelco GmbH
evp@stelco.de
Edmund von Pechmann ist Mitarbeiter/Auditor im STELCO-Qualitätsmanagement nach Mineralogiestudium (Heidelberg), Forschung im Uranerzbergbau (Bonn), Pressesprechen für ABB und Uni Greifswald.

Jürgen Rühl, LTi DRiVES GmbH
Juergen.ruehl@lt-i.com
Jürgen Rühl ist Mitarbeiter der LTi DRiVES GmbH. Als Leiter der Abteilung Technologiemanagement und Patentwesen ist er für die Koordination und Durchführung der zugehörigen Aufgaben innerhalb der LTi-Unternehmensgruppe zuständig.

Sabine Salgado, Helmut Beyers GmbH
sabine.salgado@vestamatic.de
Sabine Salgado ist im Bereich Projektmanagement bei BEYERS tätig. Ihr Tätigkeitsschwerpunkt liegt dabei zurzeit in der Betreuung und Koordination der Projekte zum Thema Wissensmanagement.

Kathrin Schneider, Terrawatt Planungsgesellschaft mbH
schneider@terrawatt.de
Kathrin Schneider ist Assistentin der Geschäftsführung der Terrawatt Planungsgesellschaft mbH. Im Vordergrund ihrer Tätigkeit steht die Unterstützung und Entlastung der Geschäftsführung in allen Bereichen.

Holger Seidel, Fraunhofer IFF
holger.seidel@iff.fraunhofer.de
Holger Seidel ist Leiter des Geschäftsfeldes „Logistik- und Fabriksysteme“ am Fraunhofer IFF. Seine Beratungs- und Forschungsschwerpunkte liegen im Bereich Fabrikplanung und Prozessoptimierung.

Hartmut Stolte, BMA AG
assistance@bma-de.com
Hartmut Stolte ist Leiter der Abteilung Assistance der BMA. Er koordiniert die Aktivitäten im Bereich Wissensmanagement in der BMA.

Paul J. Thierse, AUCOTEAM GmbH
pthierse@aucoteam.de
Paul J. Thierse war langjährig Projektleiter für Softwareentwicklung auf dem Gebiet der technischen Prozessführungssysteme und Datenbankapplikationen. Er ist heute Berater der AUCOTEM GmbH für FuE-Aufgaben.

Patrick Ulmer, J. Schmalz GmbH
patrick.ulmer@schmalz.de
Patrick Ulmer ist Leiter des Qualitäts- und Umweltmanagements bei der J. Schmalz GmbH. Er verantwortet international das Qualität- und Umweltmanagement, zu dem auch das Wissensmanagement gehört.

Stefan Voigt, Fraunhofer IFF
stefan.voigt@iff.fraunhofer.de
Stefan Voigt ist als Gruppenleiter am Fraunhofer IFF für die Leitung von Forschungs- und Beratungsprojekten im Bereich Wissensmanagement zuständig. Er ist Koordinator des Projektes ProWis.

Sven Wartenberg, Würth Elektronik ICS GmbH & Co. KG
sven.wartenberg@we-online.de
Sven Wartenberg ist im Technischen Projektmanagement beschäftigt. Darüber hinaus ist er für übergreifende, interne Projekte mitverantwortlich – innerhalb der Abteilung und des Unternehmens (z. B. Wissensmanagement).

Markus Will, Fraunhofer IPK
markus.will@ipk.fraunhofer.de
Markus Will ist wissenschaftlicher Mitarbeiter im Competence Center Wissensmanagement am Fraunhofer IPK. Arbeitsschwerpunkt ist die Weiterentwicklung der Wissensbilanzierung auf europäischer Ebene.

Daniel Würstl, GWB – Gesellschaft für weltweite Beschaffung mbH
d.wuerstl@gwb-mbh.de
Daniel Würstl ist Qualitäts-Management Beauftragter bei der Firma GWB und als solcher auch mit bereichsübergreifenden Projekten wie dem Wissensmanagement betraut.

Jan-Stefan Würstl, GWB – Gesellschaft für weltweite Beschaffung mbH
j-s.wuerstl@gwb-mbh.de
Jan-Stefan Würstl ist geschäftsführender Gesellschafter der Firma GWB. Darüber hinaus zeichnet er sich als Inhaber der kiddy GmbH für die Autokindersitz-Produktlinie kiddy verantwortlich.

Sachwortverzeichnis

Printing: Krips bv, Meppel, The Netherlands
Binding: Stürtz, Würzburg, Germany